STARK

ABITUR 2011

Prüfungsaufgaben
mit Lösungen

Physik

Grundkurs
3. Prüfungsfach und Colloquium
Gymnasium
Bayern
2005–2010

STARK

ISBN 978-3-89449-086-7

31. ergänzte Auflage
www.stark-verlag.de

Inhalt

Fortsetzung nächste Seite

* Die mit einem Stern gekennzeichneten Prüfungsaufgaben enthalten Inhalte, die für den Prüfungsjahrgang 2011 wegen der vorgezogenen Abiturprüfung gestrichen wurden (vgl. Abschnitt „Hinweise und Tipps“, Seiten I und II).

Jeweils im Herbst erscheinen die Ausgaben
der Abitur-Prüfungsaufgaben mit Lösungen.

Autoren

Florian Borges, OStR
Ferdinand Hermann-Rottmair, StD (Astronomie)

Vorwort

Liebe Schülerinnen und Schüler,

das Übungsbuch, das Sie jetzt in Ihren Händen halten, gibt Ihnen die Möglichkeit, sich optimal auf die mündliche und schriftliche **Abiturprüfung des neunjährigen Gymnasiums** im Grundkurs Physik vorzubereiten.

Im ersten Teil finden Sie **„Hinweise zum Abitur in Physik“**. Sie enthalten
- Informationen zu Ablauf, Durchführung und Bewertung der Abiturprüfung im Grundkurs Physik am bayerischen Gymnasium;
- eine detaillierte Übersicht zu den Kürzungen des Prüfungsstoffs, die wegen der vorgezogenen G9-Abiturprüfung im Jahr 2011 seitens des bayerischen Kultusministeriums vorgenommen wurden;
- eine Auflistung bewährter Lösungsstrategien, die Ihnen dabei helfen, typische Fehler zu vermeiden, und Ihnen zeigen, wie Sie durch Beachtung einiger Grundregeln erfolgreich die Aufgaben der Abiturprüfung bearbeiten können.

Der Hauptteil dieses Buches enthält die vom Bayerischen Kultusministerium zentral gestellten **Abiturprüfungsaufgaben** der letzten Jahrgänge, mithilfe derer Sie sich umfassend und gezielt auf die schriftliche Prüfung vorbereiten können. Zu allen Aufgaben gibt es **vollständige, ausführlich kommentierte Lösungsvorschläge** sowie ab dem Jahrgang 2006 zusätzliche **separate Tipps zum Lösungsansatz**, die Ihnen das eigenständige Lösen der Aufgaben erleichtern.

Sollten nach Erscheinen dieses Bandes noch wichtige Änderungen in der Abiturprüfung 2011 vom Kultusministerium bekannt gegeben werden, finden Sie aktuelle Informationen dazu im Internet unter www.stark-verlag.de/info.asp?zentrale-pruefung-aktuell.

Die Autoren wünschen Ihnen viel Erfolg in der Abiturprüfung!

Stichwortverzeichnis

Hinweise und Tipps zum Abitur in Physik

Struktur der schriftlichen Abiturprüfung im Grundkurs Physik

Im Grundkursabitur werden vom Kultusministerium zentral sechs Aufgaben gestellt, von denen jeder Kursleiter zwei auswählt. Der klassische Physikkurs (ohne Astronomie) muss dabei stets zwei der Aufgaben aus den Themenbereichen 1 bis 4 bearbeiten, die Astronomiethemen 5 und 6 scheiden naturgemäß für diese Kurse aus. Für Astronomiegrundkurse müssen dagegen zwei der Aufgaben aus den Themenbereichen 1, 2, 5 oder 6 ausgewählt werden.

Die Prüfungsdauer beträgt 180 Minuten.

Zugelassene Hilfsmittel sind:
- Hammer-Hammer, Physikalische Formeln und Tabellen, 7. Auflage (und Korrekturblatt) oder 8. Auflage; J. Lindauer Verlag
- Barth-Mühlbauer-Nikol-Wörle, Mathematische Formeln und Definitionen, 7. Auflage oder 8. Auflage; bsv und J. Lindauer Verlag
- Elektronischer Taschenrechner (nicht programmierbar)

Prüfungsrelevante Themen und Inhalte

Die Aufgaben aus dem Themenbereich 1 beschäftigen sich schwerpunktmäßig mit zeitlich konstanten elektrischen und magnetischen Feldern, also im Wesentlichen dem Stoff des ersten Semesters. Die Inhalte von Thema 2 liegen hauptsächlich im Bereich zeitlich veränderlicher elektromagnetischer Felder, Induktion u. ä. und decken stofflich praktisch das zweite Semester ab. Die Atomphysik und der Themenkomplex Welle-Teilchen-Theorie folgen in Thema 3 (drittes Kurshalbjahr), das Thema 4 umfasst die Kernphysik (viertes Kurshalbjahr). Die Themen 5 und 6 betreffen nur die Astronomiegrundkurse. Eine strikte Trennung der Prüfungsinhalte bei den Themen 1 bis 4 lässt sich nicht zuverlässig vornehmen (so findet man etwa gelegentlich auch Induktionsaufgaben im Thema 1).

Für den Prüfungsjahrgang 2011 wurden wegen der vorgezogenen Abiturprüfung einige Lehrplaninhalte gestrichen. Dies sind im Einzelnen:

Streichthemen K13	**Abituraufgabe**	**Seite im Buch**
Heisenberg'sche Unschärferelation	2008/III/1e	2008-12
Atommodell von Bohr	2008/III/1e 2009/III/2	2008-12 2009-14
Schalenaufbau der Atomhülle und Periodensystem der Elemente	2006/III/2a 2008/III/1e	2006-13 2008-12
Röntgenspektren	2005/III/3 2007/III/3	2005-11 2007-14
quadratisches Abstandsgesetz	–	–
Absorption	2009/IV/2	2009-22
biologische Strahlenwirkung	–	–
Ausblick auf Kerntechnik und Elementarteilchenphysik	2005/IV/3d	2005-17

Streichthemen Astronomie	Abituraufgabe	Seite im Buch
Energiegleichung für eine elliptische Umlaufbahn	2005/V/2 b, c 2006/V/1 b–d 2008/V/1 c, d 2009/V/1 c 2010/V/1 b	2005-20 2006-26 2008-23 2009-27 2010-26
synodische und siderische Umlaufzeit der Planeten	2006/V/1 a	2006-26
Sonneninneres und Energietransport vom Kernbereich zur Oberfläche	2007/V/2 a 2010/V/2 a–c	2007-24 2010-27
Vorgänge an der Sonnenoberfläche	2008/V/2 b, c	2008-23
Granulation	2008/V/2 a	2008-23
Konvektion	–	–
größere Strukturen im Weltall	2008/VI/2 f 2009/VI/3 b	2008-29 2009-35

Der Kursleiter wird die beiden Themen so auswählen, dass sein Kurs das bestmögliche Ergebnis erzielen kann. Dazu ist es sinnvoll, den im Kurs behandelten Stoff möglichst wenig durch das „Ausschließen" bestimmter Bereiche einzuschränken. Andererseits ist es für den Kursleiter hilfreich, die Vorlieben seiner Schüler zu kennen und zu berücksichtigen. Setzen Sie daher durchaus Schwerpunkte, geben Sie Ihrem Kursleiter aussagekräftige Hinweise zu Ihren Wunschthemen, aber lassen Sie möglichst keinen Themenbereich völlig unvorbereitet, denn gelegentlich sind die Aufgaben in eigentlich unerwünschten Gebieten sehr angenehm zu bearbeiten und die Lehrkraft dadurch im Zwiespalt.

Zur Bewertung der Prüfung

Die Bewertung der Aufgaben erfolgt nach folgendem Schlüssel:

Notenpunkte	Notenstufen	Bewertungseinheiten	Intervalle in %
15 14 13	+1 1 1–	120–115 114–109 108–103	15
12 11 10	+2 2 2–	102–97 96–91 90–85	15
9 8 7	+3 3 3–	84–79 78–73 72–67	15
6 5 4	+4 4 4–	66–61 60–55 54–49	15
3 2 1	+5 5 5–	48–41 40–33 32–25	20
0	6	24–0	20

In die Bewertung gehen zunächst einmal die **fachliche Richtigkeit** und **Vollständigkeit** ein. Ein weiteres wichtiges Bewertungskriterium stellt die **Darstellungsqualität** dar, in welche der richtige Einsatz der Fachsprache und die Strukturiertheit der Ausführungen einfließen. Sollten Sie in Ihrer Lösung unkonventionelle aber richtige Wege gehen, so werden diese natürlich entsprechend gewürdigt.
Selbstverständlich geht auch die **Sprachrichtigkeit** (Rechtschreibung, Grammatik, Zeichensetzung) bei Erläuterungen, Beschreibungen oder im Fachaufsatz in die Bewertung ein. Hierbei führen Verstöße gegen die sprachliche Korrektheit oder die gute äußere Form zu Punktabzügen.

Bewährte Strategien für das Lösen physikalischer Aufgabenstellungen

- Lesen Sie sich jedes der beiden gestellten Themen zunächst in Ruhe und vollständig durch, bevor Sie mit der Bearbeitung beginnen.
- Schreiben Sie alle bei einer Teilaufgabe angegebenen Größen zusammen und rechnen Sie diese gegebenenfalls in gemeinsame oder Basiseinheiten um.
- Skizzen können Ihnen oft bei der Analyse der Aufgabenstellung helfen, tragen Sie gegebenenfalls wichtige Größen ein.
- Erhaltungssätze (Energie-, Impulserhaltungssatz) führen oft schnell und elegant zum Ergebnis. Überprüfen Sie deshalb, ob sich eine solche Anwendung gerade anbietet.
- Untersuchen Sie ihre Skizze auf mögliche funktionale, trigonometrische oder geometrische Zusammenhänge, die für den Lösungsansatz wichtig sein könnten (z. B. Pythagoras, Sinus, Kosinus, Tangens in rechtwinkligen Dreiecken, Symmetrien, Ähnlichkeit, Proportionalitäten).
- Rechnen Sie bei der Durchführung einer Berechnung die physikalischen Einheiten der Ausgangsgrößen sorgfältig in die Ergebniseinheit um. Sie verfügen dadurch über einen wertvollen, zusätzlichen Fehlerindikator, der oft sogar einen deutlichen Hinweis auf die Fehlerstelle beinhaltet (wenn sich beispielsweise statt der Einheit kg bei Ihnen $\frac{kg}{s^2}$ ergeben, ist Ihnen vermutlich irgendwo eine Zeit aus dem Zähler in den Nenner gerutscht, sodass sich die Sekunden nicht mehr kürzen lassen).
- Überlegen Sie am Ende jeder Berechnung, ob die Größenordnung des Ergebnisses plausibel ist. Diese Routine hilft einerseits Fehler mit Zehnerpotenzen vermeiden (so ist etwa eine zulässige Schneehöhe von 20 000 km auf einem Skihüttendach aus Holz vermutlich nicht korrekt berechnet worden). Andererseits können Sie dadurch auch die prinzipielle Richtigkeit des gewählten Rechenwegs prüfen: Erhalten Sie beispielsweise Geschwindigkeiten jenseits 10 % der Lichtgeschwindigkeit, so müssen Sie auch ohne vorliegenden Rechenfehler die Rechnung nochmals, aber jetzt unter Verwendung relativistischer Formeln, durchführen.
- Lesen Sie stets nach Bearbeitung einer Teilaufgabe diese nochmals durch und stellen Sie dadurch sicher, dass Sie nicht einen Teil der Aufgabe übersehen oder vergessen haben.
- Beachten Sie die erreichbaren Bewertungseinheiten, sie sagen oft viel über den erwarteten Umfang einer Antwort. Üblicherweise werden Zeichnungen wegen des zeitlichen Aufwandes reichlich bepunktet (gelegentlich darf man sich aber auch wundern, wie vergleichsweise leicht auch mal viele Punkte verdient sind). Diese Information sollte Sie also stets interessieren, aber niemals aus der Ruhe bringen.
- Gelegentlich raufen sich die Kursleiter bei der Eröffnung der Abituraufgaben die Haare, weil einzelne „schöne“ Themen durch einen kantigen Einstieg erschwert werden. Sollte ausgerechnet in Ihrem Jahrgang dieser Fall eintreten, dann lassen Sie sich durch eine unverständliche Aufgabe 1a nicht verunsichern, sondern versuchen Sie einstweilen eine andere Teilaufgabe. Üblicherweise werden auch bei Weiterverwendung von Zwischenergebnissen diese meist angegeben, sodass dieses Verfahren erfreulich oft möglich ist.

- Sollte eine Aufgabenstellung tatsächlich eine Wissenslücke bei Ihnen derart treffen, dass Sie keinerlei Vorstellung von einem möglichen Lösungsweg haben, dann sollten Sie umgehend die Formelsammlung zur Hand nehmen und im Stichwortregister (hinten!) geeignete Schlagwörter finden und die entsprechenden Seiten durchsehen: Oftmals bietet sich bei den gegebenen und der gesuchten Größe nur eine Formel zur Lösung der Aufgabe an.
- Für die Vorbereitungsphase hat sich bewährt: Bearbeiten Sie so viele alte Abituraufgaben wie möglich. Am besten stellen Sie für die Osterferien vor dem Abitur einen tagesgenauen Zeitplan auf, wann Sie welches Thema bearbeiten. Dabei ist es sinnvoll, zunächst nacheinander einzelne Themen des gleichen Bereiches zu bearbeiten, dann abwechselnd aus verschiedenen Bereichen, daraufhin dann zwei Themen wie im „Ernstfall“, aber zunächst ohne Zeitlimit, und schließlich dann mit der Zeitbegrenzung. Lassen Sie sich evtl. auch von jemand anderem zwei unbekannte, alte Aufgaben auswählen, die Sie dann bearbeiten. Sie sollten dann bei dem ersten Blick auf die „echten“ Abituraufgaben das Gefühl haben, diese schon lange zu kennen. Dann war die Vorbereitung sicherlich ausreichend und Sie müssen die Früchte Ihrer Arbeit nur noch ernten!

Operatoren

Aus der **Aufgabenformulierung** kann im Allgemeinen auf die Art und den Umfang der zu erbringenden Leistung geschlossen werden. Sie sollten sich deshalb bei der Vorbereitung auf Ihre Prüfung mit den üblichen „Signalwörtern“, den so genannten Operatoren, vertraut machen (siehe nachfolgende Zusammenstellung). Wenn also beispielsweise „Zeichnen Sie …“ verlangt ist, müssen Sie eine möglichst exakte Darstellung anfertigen, eine einfache Skizze reicht dann nicht aus.

Operator	**Bedeutung**	**Beispiel**
nennen, aufzählen	Fakten, Begriffe, Namen ohne weitere Erläuterung wiedergeben	Nennen Sie die Newton'schen Axiome.
angeben, formulieren	bekannte Inhalte wiederholen oder zusammenfassen	Geben Sie ein Beispiel für den Impulserhaltungssatz an.
bezeichnen, beschriften, benennen	Bestandteile von Versuchsaufbauten und Schemata kenntlich machen	Beschriften Sie das Energieniveauschema.
beschreiben	Merkmale, Eigenschaften, Vorgänge oder Zusammenhänge durch umfassende Angaben zusammenhängend und geordnet darstellen	Beschreiben Sie das experimentelle Vorgehen bei der Bestimmung der spezifischen Ladung des Elektrons ($\frac{e}{m}$).
darstellen, zeichnen	Sachverhalte beschreiben und durch eine vorgegebene Darstellungsform veranschaulichen	Stellen Sie den Zusammenhang in einem t-s-Diagramm grafisch dar.
definieren	einen Begriff durch die Angabe seiner wesentlichen Merkmale eindeutig bestimmen	Definieren Sie den Begriff Strahlung.
erklären, begründen	eine bestimmte Erscheinung zusammenhängend und geordnet darstellen; die Angabe der Bedingungen und der wirkenden Gesetze ist notwendig.	Erklären Sie an zwei geeigneten Beispielen die grundsätzlichen Wirkmechanismen bei der Induktion einer elektrischen Spannung.

Operator	Bedeutung	Beispiel
erläutern	Sachverhalte (Vorgänge, Arbeitsweisen) unter Angabe zusätzlicher Informationen (Beispiele, Fakten) anschaulich und verständlich darstellen	Erläutern Sie mithilfe einer geeigneten Skizze die Funktionsweise einer Elektronenstrahlröhre.
vergleichen	Gemeinsamkeiten und /oder Unterschiede feststellen und eventuell Schlussfolgerungen ableiten	Vergleichen Sie den experimentellen Wert mit dem Wert aus dem Tafelwerk.
interpretieren	mögliche Ursachen und Bedingungen für bestimmte Erscheinungen darstellen und Zusammenhänge des Sachverhaltes verdeutlichen	Interpretieren Sie das Ergebnis des Franck-Hertz-Versuchs.
kennzeichnen, charakterisieren, identifizieren	Das Typische und Wesentliche eines Sachverhalts nach bestimmten Gesichtspunkten benennen und beschreiben	Charakterisieren Sie die Kopplungsarten zwischen zwei Schwingkreisen.
auswerten	Ergebnisse von Experimenten mit vorgegebenen Fragestellungen festhalten und einordnen	Werten Sie die Ergebnisse bezüglich ihrer Genauigkeit.
anwenden	Modellvorstellungen, Gesetze und mathematische Beziehungen auf vorgegebene, auch neue Sachverhalte übertragen	Wenden Sie den Energie- und den Impulserhaltungssatz an.
analysieren	gegebene Quellen auf ihren Nutzen bei der Lösung eines Problems hin untersuchen	Analysieren Sie die Aussagen Einsteins im Hinblick auf die Vorstellungen vom Licht.
werten, bewerten, beurteilen, entscheiden	Die Bedeutung von Prozessen oder Aussagen für den Menschen aus aktueller oder historischer Sicht benennen und ein begründetes Urteil abgeben	Bewerten Sie den Vorschlag, alle Atomkraftwerke auf der Welt innerhalb kürzester Zeit vom Netz zu nehmen.
nachweisen	Argumente anführen oder experimentell erfassen, die aufzeigen, dass eine Aussage richtig ist. Häufig ist der Nachweis auch über eine mathematische Betrachtung oder Herleitung zu führen.	Weisen Sie experimentell nach, dass die Wurfweite s_W beim schrägen Wurf der folgenden Gleichung genügt: $s_W = \frac{v_0^2 \cdot \sin(2\alpha)}{g}$
berechnen	Angabe der Maßzahl einer Größe oder eines geeigneten Terms, wobei auf dem Weg ein exaktes analytisches Verfahren zu nutzen ist	Berechnen Sie die Gravitationsfeldstärke G 5 000 km über der Erdoberfläche.
bestimmen, ermitteln	Angabe der Maßzahl einer Größe oder eines geeigneten Terms, wobei auf dem Weg ein Näherungsverfahren (z. B. Auszählung der Fläche) genutzt werden kann	Ermitteln Sie die Volumenarbeit unter den gegebenen Isothermen.
erläutern, diskutieren	Eigene Gedanken zu einer Problemstellung entwickeln und zu einem begründeten Urteil kommen	Diskutieren Sie den Einsatz von radioaktiven Präparaten in der Medizin.
experimentieren	Planmäßige und zielgerichtete praktische Untersuchung eines zumeist vorgegebenen Problemfeldes, indem die Messwerte erfasst und ausgewertet und die Ergebnisse systematisiert werden	Bestimmen Sie experimentell die Wärmekapazität des vorgegebenen Kalorimeters.

Zum Umgang mit diesem Buch

Im ersten Teil des Buches finden Sie Informationen zu Richtlinien und Beurteilungskriterien der **Colloquiumsprüfung**. An zwei Beispielen gewinnen Sie ein konkretes Bild vom Ablauf einer typischen mündlichen Abiturprüfung. einige Beispielthemen und ein exemplarischer Prüfungsablauf folgen. Die anschließende Auflistung möglicher Gesprächsthemen für die einzelnen Kurshalbjahre schließt diesen Abschnitt ab.
Den Hauptteil des Buches bildet eine umfangreiche Sammlung der **vollständigen offiziellen Abituraufgaben** der letzten Jahre. Zu allen Prüfungsaufgaben finden Sie im Anschluss an die Aufgabenstellung komplett ausgearbeitete **Musterlösungen** mit Erläuterung des Lösungswegs. Darüber hinaus sind erstmals ab dem Prüfungsjahr 2006 zwischen Angaben und Lösungen separate **Tipps und Hinweise** zu sämtlichen Teilaufgaben eingefügt, die Ihnen helfen, die Aufgaben möglichst selbstständig zu lösen – für die Vorbereitung auf die Prüfung ist es wichtig, dass Sie versuchen, allein mit der Aufgabenstellung zu Recht zu kommen. Nutzen Sie daher immer zuerst die Tipps, wenn Sie bei der Lösung der einzelnen Teilaufgaben ins Stocken geraten – sie erhalten dann einen **Denkanstoß**, der Ihnen weiterhilft. Gehen Sie dabei schrittweise vor, d. h., lesen Sie den jeweiligen Tipp erst bei Bedarf.
Die Musterlösung dient zum einen zur **Kontrolle**, ob Sie die Aufgabe richtig und vollständig gelöst haben, zum anderen gibt Sie Ihnen eine **ausführliche Hilfestellung**, wenn Sie trotz der Tipps Schwierigkeiten bei der Bearbeitung haben (Tipps und Kommentare sind durch eine Raute am linken Textrand gekennzeichnet). Sie sollten Ihr Lern- und Übungspensum so planen, dass Sie am Ende Ihrer Prüfungsvorbereitung in der Lage sind, die Aufgaben weitgehend ohne Hilfestellung zu lösen.

Colloquiumsprüfung Physik

Amtliche Bestimmungen

Das dreißigminütige Colloquium besteht aus zwei Prüfungsteilen von etwa 15 Minuten Dauer:
- ein Kurzreferat des Schülers zu dem ihm gestellten Thema (ca. 10 Minuten) mit einem anschließenden Gespräch darüber (ca. 5 Minuten), bei dem Inhalte aus dem gesamten Themenbereich einbezogen werden können;
- ein Gespräch (ca. 15 Minuten) zu den Lerninhalten aus zwei weiteren Ausbildungsabschnitten, die vom Prüfling gewählt wurden, das auch Fragestellungen zu der angegebenen Begleitlektüre enthält.

Zur Wahl des Themenbereiches schreibt die Schulordnung vor:
Der Prüfungsausschuss benennt rechtzeitig die **Themenbereiche** der Colloquiumsprüfung. Sie sind allen vier Ausbildungsabschnitten zu entnehmen. Spätestens 14 Tage vor dem vom Prüfungsausschuss festgesetzten Termin entscheidet sich der Prüfling (schriftlich, d. h. also verbindlich!) für einen der angebotenen Themenbereiche. Gleichzeitig kann der Prüfling im Fach Physik einen der zwei Ausbildungsabschnitte 12/1 oder 12/2 als Prüfungsstoff ausschließen. Aus dem vom Schüler gewählten Themenbereich legt der zuständige Fachausschuss (in der Regel der Kursleiter und ein weiterer Fachlehrer) das Thema für das Kurzreferat fest. Das Thema wird dem Prüfling etwa 30 Minuten vor der Prüfung bekannt gegeben.

Prüfer im Colloquium ist der Kursleiter der 13. Jahrgangsstufe. Weiter ist noch ein Physiklehrer an der Prüfung beteiligt, die ebenfalls durch Fragen zum Prüfungsstoff helfend in das Gespräch eingreifen können. (Dies wird vermutlich dann geschehen, wenn der Prüfling in der 12. Jahrgangsstufe nicht im Kurs des Prüfers war, weil aus zwei Parallelkursen nur ein weiterführender Kurs entstanden ist.)

Jeder Prüfungsteil wird mit je zwei **Notenpunkten** bewertet, die gleich gewichtet werden. Die erste Punktezahl wird für die *Gesprächsfähigkeit*, die zweite Punktezahl wird für die *fachlichen Kenntnisse und Fähigkeiten* erteilt. Die Summe der vier Notenpunkte wird zur Halbjahresleistung im Abschnitt 13/2 addiert.

Bezüglich der **Gesprächsfähigkeit** (Fähigkeit zum themengebundenen und partnerbezogenen Gespräch) wird beurteilt, inwieweit der Prüfling die Fähigkeit gezeigt hat,
- sich von seinen in der Vorbereitungszeit erstellten Notizen zu lösen und das Ergebnis seiner Überlegungen in freier Rede zusammenhängend vorzutragen,
- seine Ausführungen logisch zu gliedern,
- komplexe Sachverhalte klar, übersichtlich und anschaulich darzustellen und dabei das Wesentliche herauszustellen,
- seinen eigenen Stadtpunkt zu begründen und von anderen Positionen abzuheben,
- sich auf das Gespräch zu konzentrieren, auf Fragen, Einwände, Anregungen des Prüfers einzugehen und gegebenenfalls Hilfen aufzugreifen.

Bei der **Beurteilung der fachlichen Kenntnisse** wird geprüft, wieweit der Prüfling Fähigkeiten gezeigt hat,
- das Thema zu erfassen,
- fachspezifische Verfahrensweisen anzuwenden und sich der Fachsprache korrekt zu bedienen,
- Sachverhalte und Probleme zutreffend zu beurteilen.

Diese Beurteilungskriterien sind naturgemäß sehr allgemein gehalten, da sie für alle Prüfungsfächer gleichermaßen gelten sollen. In Physik wird von Ihnen nicht erwartet, dass Sie Ihren eigenen Standpunkt zu einem Problem von anderen Positionen abheben können, da Sie in der Schule in den meisten Fällen nur eindeutige Sachverhalte kennen lernen. (Eine Ausnahme sind persönliche Folgerungen aus physikalischen Erkenntnissen. Zum Beispiel: Nutzung der Atomkraft). Ihre Prüfer werden diese allgemeinen Kriterien somit sicherlich sinnvoll auf die Belange der Physik anwenden.

Beispiele

1. Nehmen wir an, Sie hätten den Themenbereich **Bewegte Ladungen in elektrischen und magnetischen Feldern** als Prüfungsstoff gewählt. Wie oben dargestellt, erhalten Sie aus diesem Bereich ein Thema, auf das Sie sich dann unter Aufsicht eine halbe Stunde vorbereiten können. Ein mögliches Thema ist zum Beispiel:

   Beschreiben Sie den Hall-Effekt, und erklären Sie, wie er zur Messung eines Magnetfeldes verwendet werden kann.

   Zugelassene Hilfsmittel bei der Vorbereitung sind:
   - Hammer-Hammer, Physikalische Formeln und Tabellen
   - Barth/Mühlbauer/Nikol/Wöhrle, Mathematische Formeln und Definitionen
   - Taschenrechner

   Aus dieser Aufstellung ergibt sich, dass Sie keinerlei Skripten oder ähnliche Aufzeichnungen in den Vorbereitungsraum mitnehmen können.

   Vorbereitung
   Arbeiten Sie den von Ihnen gewählten Themenbereich noch einmal sorgfältig anhand Ihres Buches und Ihrer Aufzeichnungen aus dem Unterricht durch und achten Sie dabei auf folgende Dinge:

   Werden im Buch bzw. im Heft wichtige Versuche beschrieben?

   Beim oben gewählten Themenbereich sind dies zum Beispiel
   - das Fadenstrahlrohr;
   - der Hall-Effekt;
   - das Wienfilter.

   Überlegen Sie, wozu diese Versuchsanordnungen verwendet wurden:
   - Fadenstrahlrohr → Bestimmung der Elektronenmasse
   - Hall-Effekt → Messung von Magnetfeldern
   - Wienfilter → Auswahl von Teilchengeschwindigkeiten

   Zeichnen Sie die Versuchsaufbauten in Schaltskizzen und prägen sich diese ein.
   Suchen Sie in den Grundkursabituraufgaben Aufgabenstellungen, die sich auf die oben beschriebenen Versuche beziehen. Bearbeiten Sie diese Aufgaben möglichst selbstständig. Dabei finden Sie möglicherweise schon Hinweise, wie diese Grundversuche abgewandelt werden können.

   Prüfungsverlauf
   Die folgenden Hinweise helfen Ihnen, sich auf das Referat vorzubereiten.
   - Lesen Sie die Aufgabenstellung genau durch, und überlegen Sie dabei, ob ein Versuch, den Sie genauer gelernt haben, zu diesem Thema passt.
   - Sollte dies der Fall sein, so zeichnen Sie eine Versuchsskizze und beschriften diese ausführlich. Achten Sie auch auf die Funktion der einzelnen Schaltelemente, und überlegen Sie sich, wie man einzelne Messgrößen bestimmen kann.

- Dies wird Ihnen dann im Prüfungsverlauf die ersten Minuten des Referats erleichtern, denn Sie können die Skizze auf die Tafel übertragen und dabei auf die wichtigen Schaltelemente und deren Bedeutung für den Versuchsablauf hinweisen.
- Erfahrungsgemäß sprechen Schüler lieber (und leichter) über eine anschauliche Schaltskizze als über einen rein theoretischen Vorgang. Das Zeichnen ist auch ein gutes Mittel, eine eventuell vorhandene Nervosität zu bekämpfen!
- Der Prüfer wird sich bei seinen Fragen zum Referat vielleicht ebenfalls auf Ihre Skizze beziehen oder auf weitere Anwendungen dieses Versuchs eingehen. Damit haben Sie die erste Hürde der Prüfung hoffentlich einigermaßen glimpflich überstanden.

Kehren wir nun zu dem oben gewählten Beispiel eines Themas zurück:

„Beschreiben Sie den Hall-Effekt, und erklären Sie, wie er zur Messung eines Magnetfeldes verwendet werden kann."

Zeichnen Sie sich während Ihrer Vorbereitungszeit die nebenstehende Schaltskizze.

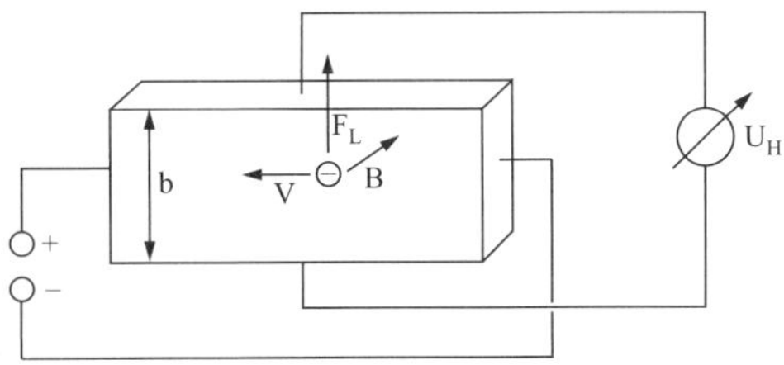

Dabei sollten Sie auf folgende Dinge, die sich als **Fragen** anbieten, genau achten:

a) Wo muss die Versorgungsspannung angelegt werden, und welche Spannungsart ist dabei zu wählen?

b) Wie beeinflussen die Bewegungsrichtung der Elektronen und die Richtung des Magnetfeldes die Ablenkrichtung der Elektronen?

c) Durch welche Formel wird die Lorentzkraft auf die Elektronen berechenbar?

d) Warum stellt sich nach einiger Zeit ein Gleichgewichtszustand ein, das heißt, warum werden nicht beliebig viele Elektronen abgelenkt?

e) Wie kann man den Gleichgewichtszustand in einer physikalischen Gleichung ausdrücken?

Antworten zu den Fragen

a) Die Versorgungsspannung muss an den Enden des Plättchens angelegt werden. Sie muss eine Gleichspannung sein, damit sich die Ladungsträger stets in eine Richtung bewegen.

b) Die Feldlinien des Magnetfeldes müssen senkrecht zur Stromrichtung stehen. Durch die entstehende Lorentzkraft werden die Elektronen sowohl senkrecht zur Stromrichtung als auch senkrecht zur Magnetfeldrichtung abgelenkt.

c) Für die Lorentzkraft gilt: $F_L = QvB$; dabei ist v die Geschwindigkeit der geladenen Teilchen, Q ihre Ladung und B die magnetische Flussdichte.

d) An der Oberkante des Plättchens entsteht ein Elektronenüberschuss, an der Unterkante ein Elektronenmangel, das heißt, es baut sich ein elektrisches Feld zwischen den beiden Kanten auf, wodurch eine elektrische Kraft entsteht, die gegen die Lorentzkraft wirkt.

e) Es entsteht ein Kräftegleichgewicht zwischen Lorentzkraft und Coulombkraft:

$$QvB = Q \cdot \frac{U_H}{b} \quad \Rightarrow \quad U_H = (v \cdot b) \cdot B \qquad \text{b: Breite des Leiters}$$

Die Hallspannung U_H ist also proportional zur magnetischen Flussdichte.

Weitere mögliche Fragen, die sich hier anbieten, sind zum Beispiel:
- Kann man durch den Hall-Effekt eine Aussage über die mittlere Geschwindigkeit der Leitungselektronen erhalten?
- Wie ändert sich die Polung der Hallspannung, wenn sich
  - nur negative,
  - nur positive und
  - sowohl negative als auch positive Ladungsträger bewegen?
- Lässt sich mit einer Hallsonde die Richtung des magnetischen Feldes eindeutig bestimmen?

Da nach der Schulordnung in diesem Teil der Prüfung auch **Fragen zum Inhalt des gesamten Themenbereiches** zugelassen sind, können Sie auch nach weiteren Grundversuchen gefragt werden, z. B. nach
- der Bestimmung der Elementarladung durch den Millikan-Versuch;
- dem Wienfilter;
- dem Massenspektrographen;
- dem Fadenstrahlrohr und der Bestimmung der Masse von Ladungsträgern.

Laut Schulordnung werden Sie in weiteren 15 Minuten über den **Stoff zweier weiterer Semester** (einschließlich der Begleitlektüre) geprüft. Zu dieser Prüfung lassen sich nur sehr allgemeine Ratschläge geben, da sie von Kurs zu Kurs verschieden sein kann. Sie machen sicher nichts in Ihrer Vorbereitung falsch, wenn Sie nach einem ähnlichen Muster vorgehen wie bei Ihrem Schwerpunktthema.

Lesen Sie auch zu den Themenbereichen für diese Semester die Texte im Buch, in Ihren Aufzeichnungen und in der Begleitlektüre, und versuchen Sie dabei die folgenden Fragen zu beantworten:
- Welche Versuche wurden in den beiden gewählten Semestern ausführlich besprochen?
- Warum wurden sie genauer behandelt? Liefern sie z. B. eine Naturkonstante, wie die Elementarladung oder die Masse des Elektrons?
- Welche Aufgaben werden zu diesen Semestern im schriftlichen Abitur gestellt? (Die Aufgaben liefern manchmal Hinweise auf „Grundversuche" des Semesters!)
- Prägen Sie sich Schaltskizzen dieser Versuche ein.
- Machen Sie sich Lösungsskizzen zu den Fragen, die in den Abituraufgaben gestellt werden. Formulieren Sie dabei die Ansätze möglichst auch in Worten und nicht nur mit physikalischen Formeln, z. B.:
  - Kräftegleichgewicht (Lorentzkraft = Zentralkraft)
  - Energieerhaltung (kinetische Energie = Arbeit im E-Feld)
  - Newton'sches Gesetz (Masse mal Beschleunigung = Coulombkraft)

Wenn Sie sich dieses Wissen erarbeitet haben, kann Sie eigentlich keine Frage mehr sonderlich erschüttern.

2. Sie haben den Themenbereich **Entstehen und Vergehen von Sternen** gewählt und bekommen folgende Aufgabe:

   „In unserer Galaxie entstehen ständig neue Sterne."
   Begründen Sie die Aussage mit astronomischen Begriffen (z. B.: Entwicklungszeit der Sterne; Entwicklungszeit der Sonne: $7{,}9 \cdot 10^9$ a) und charakterisieren Sie Sternentstehungsgebiete anhand von einem Beispiel.

   Zugelassene Hilfsmittel:
   - Hammer-Hammer; Physikalische Formeln und Tabellen
   - Barth/Mühlbauer u. a.; Mathematische Formeln und Definitionen
   - Taschenrechner

Vorbereitung
Aus dem Themenbereich Entstehen und Vergehen von Sternen sind mögliche Themengebiete genau durchzuarbeiten:

- Entstehung von Sternen
  - Woran erkennt man, dass es junge Sterne gibt
  - Voraussetzung für Sternentstehungsgebiete
  - Protosterne
  - Eingliederung auf die Hauptreihe
- Hauptreihenstadium
  - Was kennzeichnet einen Stern auf der Hauptreihe
  - Was bedeutet seine Lage auf der Hauptreihe
  - Bewegung auf der Hauptreihe
- Sterben der Sterne
  - Weiße Zwerge
  - Neutronensterne
  - Schwarze Löcher
  - Nova und Supernova

Dazu notwendige Grundlagen der Astronomie (wie Entfernungsmodul, HR-Diagramme – insbesondere Lebenswege im HR-Diagramm) sind ebenso sorgfältig durchzuarbeiten.

Ausarbeitung
Es gelten die Beziehungen

$$\tau_{\odot} = 7{,}8 \cdot 10^9\,\text{a}; \quad \tau \sim M; \quad \tau \sim \frac{1}{L}$$

und für Hauptreihensterne $L \sim M^3$. Daraus folgt $\tau \sim \frac{1}{M^2}$ und im Vergleich zur Sonne:

$$\frac{T}{T_{\odot}} = \frac{1}{M^{*2}}$$

Für einen O-Stern der Masse 120 $M_{\odot}$ ergibt sich eine Entwicklungszeit von ca. 10^5 a, ein M-Stern mit 0,1 $M_{\odot}$ dagegen hat eine Entwicklungszeit von 10^{11} a. Da es in unserer und in anderen Galaxien O- und B- Sterne gibt, müssen sie vor nicht allzu langer Zeit entstanden sein.

Sternentstehungsgebiete: z. B. Orionnebel; Adlernebel, Doradus 30 …
Es handelt sich um so genannte Riesenmolekülwolken (Wasserstoffmoleküle; andere Moleküle je nach Vorgeschichte, Staub) mit Gebieten hoher Dichter und geringer Temperatur. Dichteschwankungen (z. B.: ausgelöst durch nahe Supernova) begünstigen die Sternentstehung. Es bilden sich einzelne Globulen, in denen neue Sterne geboren werden. Die neuen Sterne sind zuerst im IR-Bereich sichtbar (vgl. Aufnahmen von Doradus 30 im sichtbaren Licht und im IR-Bereich). Nach der sog. Protosternphase blasen die Sterne noch vorhandenen Staub weg (starke Sternwinde; HH-Objekte), und zerstören z. T. andere Globulen durch ihre Strahlung.

30 Doradus; sichtbares Licht

30 Doradus; Infrarot

Quelle: hubblesite.org/newscenter

Mögliche Zusatzfragen
- Wo befinden sich die Sterne nach der Protosternphase auf der Hauptreihe? (anhängig von der zur Verfügung stehenden Masse)
- Was ist ein HH-Objekt? (Haro-Herbig Objekte; Jets)
- Warum leuchten Protosterne mit bis zu 60 Sonnenleuchtkräften im Infrarot Bereich? (Staubphotosphäre; Energie aus einfallender Materie)
- Wie sieht ein Protostern aus? (Gravitationszentrum/Protostern; Stoßfront; Opazitätslücke; Staubphotosphäre)

Natürlich sind an dieser Stelle gemäß Schulordnung auch Fragen zum Sternentod oder zum Hauptreihenstadium möglich (je nach dem, wie das Ausgangsthema gefasst ist).

Im Folgenden möchte ich Sie auf einige wichtige Versuche oder technische Anwendungen der Ergebnisse in den einzelnen Kurshalbjahren hinweisen, die sich für andere Prüfungsgespräche anbieten.

Themen für weitere mögliche Prüfungsgespräche

1. Kurshalbjahr
- Messung der elektrischen Feldstärke
- Bestimmung der Elementarladung durch Millikan
- Das Oszilloskop
- Das Fadenstrahlrohr und die Bestimmung der Masse des Elektrons
- Der Hall-Effekt und der Hallsonde
- Das Wienfilter
- Der Massenspektrograph
- Die Erzeugung von Wechselspannung durch Induktion

2. Kurshalbjahr
- Der elektromagnetische Schwingkreis
- Die Meißner'sche Rückkopplungsschaltung
- Der elektrische Dipol
- Interferenzversuche zur Wellenausbreitung der elektromagnetischen Strahlung
- Wellenlängenbestimmung von Licht

- Der Fotoeffekt
- h-Bestimmung mit dem Fotoeffekt

3. Kurshalbjahr

- Röntgenstrahlung und der Bragg-Versuch zur Bestimmung des Netzebenenabstandes
- Elektronenbeugung
- Materiewellen und ihre Folgerungen
- Der Ölfleckversuch zur näherungsweisen Bestimmung des Atomdurchmessers
- Rutherford'sche Streuversuche mit α-Strahlen und das Rutherford'sche Atommodell
- Balmer'sche Serienformel und Bohr'sches-Atommodell
- Franck-Hertz-Versuch
- Röntgenstrahlung und deren spektroskopische Untersuchung

Astronomie:

- Astronomische Koordinatensysteme
- Arbeiten mit der Sternscheibe
- Die Venus (oder andere Planeten)
- Kometen (Eingehen auf aktuelle Ereignisse bietet sich an)
- Experimentelle Bestimmung von Grunddaten der Sonne
- Die aktive Sonne
- Temperatur und Druck in der Sonne
- Energieerzeugung der Sonne

4. Kurshalbjahr

- Die natürliche Radioaktivität und deren Nachweis
- Absorption von radioaktiver Strahlung
- Wirkung radioaktiver Strahlung
- Altersbestimmung mit radioaktiven Isotopen
- Kernreaktionen
- Kernspaltung
- Elementarteilchen

Astronomie:

- Astronomische Entfernungsbestimmungen
- Entstehung der Sterne
- Sternendstadien
- Quasare (z. B. am Beispiel 3C273)
- Auswertung einer Supernova
- Doppelsternsysteme (Beispiel: Sirius)
- Die Milchstraße

Grundkurs Physik (Bayern): Abiturprüfung 2005 – Aufgabe 1
Millikanversuch, elektrische Feldkonstante, relativistische Elektronen

1. **Millikanversuch**
Bei einem Versuch nach Millikan schwebt ein zweifach negativ geladenes Öltröpfchen in einem Kondensator (Plattenabstand d = 5,0 mm), an den eine Spannung von U = 255 V angelegt ist.
a) Skizzieren Sie den Kondensator (Polung!) und die Kräfte, die auf das Tröpfchen wirken. 5 BE
b) Leiten Sie für den Schwebefall die Beziehung zwischen der Spannung und der Masse des Tröpfchens her; die Auftriebskraft soll dabei vernachlässigt werden. Berechnen Sie die Masse des Öltröpfchens.
[zur Kontrolle: $1{,}7 \cdot 10^{-15}$ kg] 7 BE
c) Zeigen Sie, dass man die Auftriebskraft tatsächlich vernachlässigen kann, indem Sie das Verhältnis von Gewichtskraft und Auftriebskraft berechnen.
(Dichte von Öl: 0,90 kg/dm^3; Dichte von Luft: 1,3 g/dm^3). 4 BE
d) Das Öltröpfchen wird mit UV-Licht bestrahlt und verliert dadurch ein Elektron. Was beobachtet man? Begründen Sie Ihre Antwort mithilfe der wirkenden Kräfte. Eine rechnerische Behandlung ist nicht erforderlich. 5 BE

2. **Bestimmung der elektrischen Feldkonstante**
Zur Bestimmung der elektrischen Feldkonstante ε_0 wird ein Kondensator benutzt. Dieser besteht aus zwei kreisförmigen Platten mit Radius 15 cm, die durch kleine Abstandshalter der Höhe 2,0 mm getrennt sind und genau übereinander liegen. Der Kondensator wird auf verschiedene Spannungen aufgeladen und dann jeweils über ein Ladungsmessgerät entladen. Es ergeben sich die folgenden Messwerte:

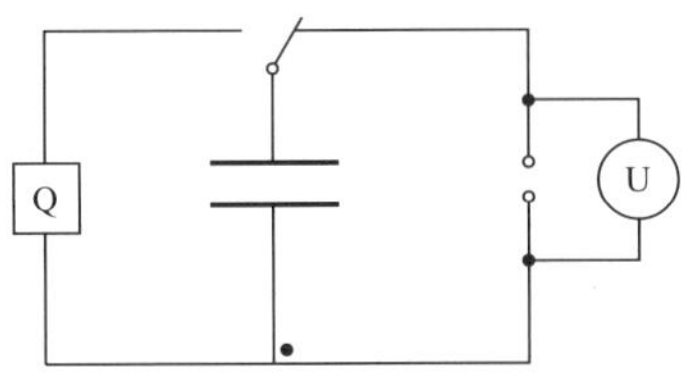

U in V	100	150	200	250	300	350
Q in nC	35	56	69	90	110	124

a) Tragen Sie die Messwerte in ein Koordinatensystem – Ladung in Abhängigkeit von der Spannung – ein. Zeichnen Sie eine Ausgleichsgerade und begründen Sie, warum sie den Koordinatenursprung enthalten muss. Welche physikalische Bedeutung hat die Steigung der Geraden? Bestimmen Sie ihren Wert. 8 BE
b) Berechnen Sie mit ihrem Ergebnis aus Teilaufgabe 2 a die elektrische Feldkonstante und geben Sie die prozentuale Abweichung vom Literaturwert an. 4 BE

Die obere Kondensatorplatte wird nun etwas in horizontaler Richtung verschoben und der Versuch dann bei gleichen Spannungswerten wiederholt.
c) Zeichnen Sie in das Diagramm von Teilaufgabe 2 a den Graphen einer möglichen Messreihe ein und begründen Sie seinen Verlauf. 4 BE
d) Welche Änderung ergäbe sich im Graphen, wenn nun zusätzlich noch höhere Abstandshalter verwendet würden? 3 BE

3. Relativistische Elektronen

Im Punkt P treten Elektronen mit der Geschwindigkeit $v = 0{,}98\,c$ in ein begrenztes homogenes Magnetfeld ein. In der Skizze ist die halbkreisförmige Bahn der Elektronen im Magnetfeld dargestellt.

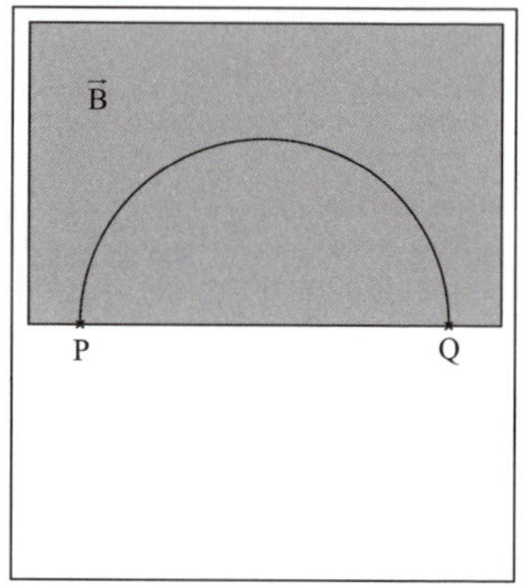

a) Übertragen Sie nebenstehende Skizze auf ihr Blatt. Ergänzen Sie sie durch eine beschriftete schematische Darstellung einer Anordnung zur Erzeugung und Beschleunigung der Elektronen und zeichnen Sie die Orientierung des Magnetfeldes ein. 4 BE

b) Berechnen Sie die Masse der Elektronen in Vielfachen der Ruhemasse und bestimmen Sie damit die notwendige Beschleunigungsspannung U_b.
[zur Kontrolle: $m = 5{,}0\,m_0$] 9 BE

c) Die Flussdichte B des Magnetfeldes beträgt 500 mT. Berechnen Sie den Bahnradius und die Flugdauer von P nach Q. 7 BE

60 BE

Lösung

1. a)

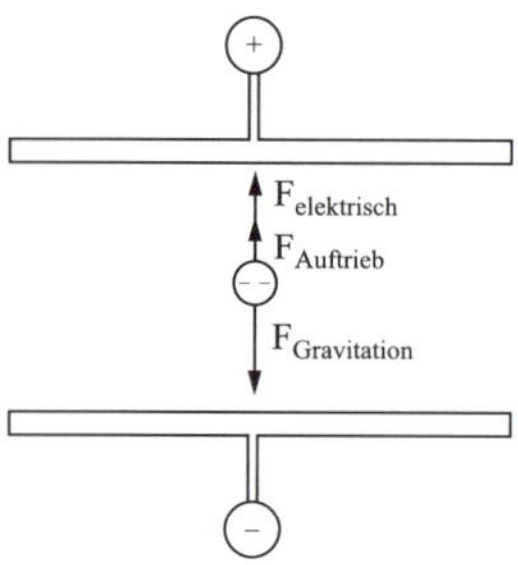

b) Im Schwebefall (ohne Berücksichtigung des Auftriebs) herrscht Kräftegleichgewicht:

$$F_{elektrisch} = F_{Gravitation}$$

$$Q \cdot E = m \cdot g$$

Mit $E = \frac{U}{d}$ und $|Q| = 2e$ folgt:

$$2e \cdot \frac{U}{d} = m \cdot g$$

$$\Rightarrow \quad m = \frac{2 \cdot e \cdot U}{g \cdot d} = \frac{2 \cdot 1{,}6 \cdot 10^{-19}\ \text{As} \cdot 255\ \text{V}}{9{,}81\,\frac{\text{N}}{\text{kg}} \cdot 5{,}0 \cdot 10^{-3}\ \text{m}} = 1{,}7 \cdot 10^{-15}\,\frac{\text{J}}{\frac{\text{Nm}}{\text{kg}}} = 1{,}7 \cdot 10^{-15}\ \text{kg}$$

c) Die Auftriebskraft ist bekanntlich die Gewichtskraft der verdrängten Luft. Wegen $V_{Öl} = V_{\text{verdrängte Luft}}$ folgt mit $m = \rho \cdot V$:

$$\frac{F_{Gravitation}}{F_{Auftrieb}} = \frac{\rho_{Öl} \cdot V_{Öl} \cdot g}{\rho_{\text{verdrängte Luft}} \cdot V_{Öl} \cdot g} = \frac{\rho_{Öl}}{\rho_{\text{verdrängte Luft}}} = \frac{0{,}90}{0{,}0013} = 6{,}9 \cdot 10^2$$

Die Auftriebskraft ist also nicht einmal 0,2 % der Gewichtskraft und damit vernachlässigbar. Übrigens könnte man auch nachrechnen, dass die beiden zusätzlichen Elektronen die Dichte nicht wesentlich beeinflussen, aber das war hier nicht verlangt.

d) Aufgrund der plötzlich nur noch halb so große Ladung wird die (nach oben wirkende) elektrische Kraft halbiert, die (nach unten ziehende) Gewichtskraft bleibt (fast) gleich, sodass das Tröpfchen mit konstanter Beschleunigung sinkt.

2. a)

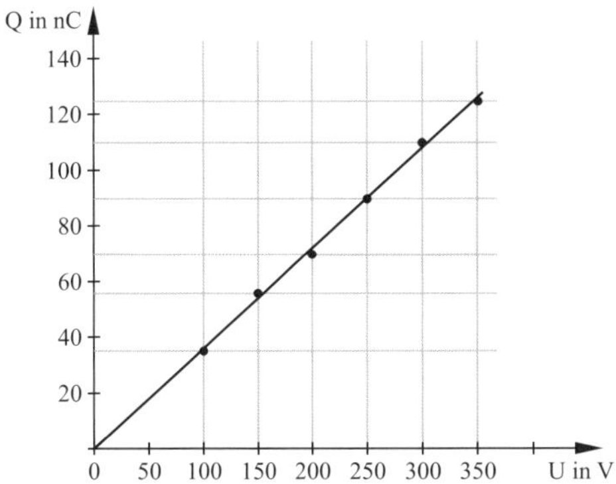

Legt man keine Spannung an (U = 0), dann werden die Platten auch nicht unterschiedlich aufgeladen und es muss Q = 0 sein, die Gerade also den Ursprung enthalten. Die Steigung m der Ursprungsgeraden gibt wegen

$$m = \frac{Q}{U} = C$$

die Kapazität $C = \varepsilon_0 \cdot \frac{A}{d}$ des Plattenkondensators an. Ihr Mittelwert beträgt:

$$\overline{\left(\frac{Q}{U}\right)} = \left(\frac{35}{100} + \frac{56}{150} + \frac{69}{200} + \frac{90}{250} + \frac{110}{300} + \frac{124}{350}\right) \cdot 10^{-9}\ \frac{C}{V}\ : 6 = 0{,}36 \cdot 10^{-9}\ F$$

b) Mit $\varepsilon_0 \cdot \frac{A}{d} = 0{,}36\ \frac{nC}{V}$, der Plattenfläche $A = r^2\pi = (0{,}15\ m)^2\pi$ und dem Plattenabstand $d = 2{,}0$ mm ergibt sich für die Feldkonstante:

$$\varepsilon_0 = 0{,}36 \cdot 10^{-9}\ \frac{C}{V} \cdot \frac{2{,}0 \cdot 10^{-3}\ m}{(0{,}15\ m)^2 \cdot \pi} = 1{,}0 \cdot 10^{-11}\ \frac{C}{Vm}$$

Tabellenwert:

$$\varepsilon_0 = 8{,}85 \cdot 10^{-12}\ \frac{C}{Vm}$$

Absolute Abweichung:

$$\Delta\varepsilon_0 = 10 \cdot 10^{-12}\,\frac{C}{Vm} - 8{,}85 \cdot 10^{-12}\,\frac{C}{Vm} = 1{,}15 \cdot 10^{-12}\,\frac{C}{Vm}$$

Relative Abweichung:

$$\frac{\Delta\varepsilon_0}{\varepsilon_0} = \frac{1{,}15 \cdot 10^{-12}\,\frac{C}{Vm}}{8{,}85 \cdot 10^{-12}\,\frac{C}{Vm}} \approx 0{,}13 = 13\,\%$$

c) Wegen der geringeren, effektiven Plattenfläche (nur der jeweils überlappende Teil zählt dazu!) wird die Kapazität geringer und damit (bei gleichen Spannungswerten) auch die gemessene Ladung. Eine flachere Ursprungsgerade ist also zu erwarten, beispielsweise die folgende:

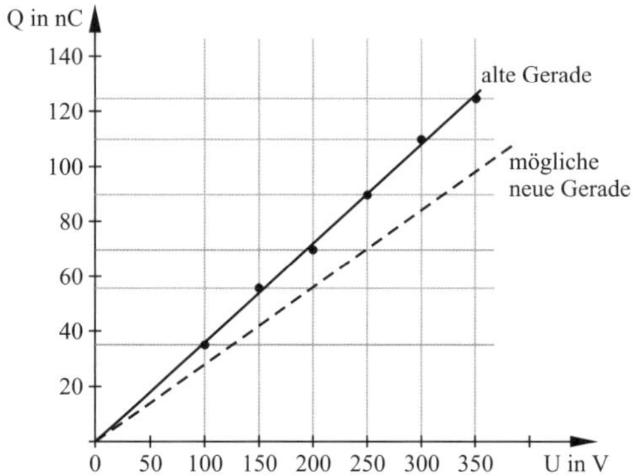

d) Durch höhere Abstandshalter würde wegen des dadurch größeren Abstandes d (im Nenner von $C = \varepsilon_0 \cdot \frac{A}{d}$) die Kapazität weiter sinken und damit die Gerade noch flacher werden.

3. a)

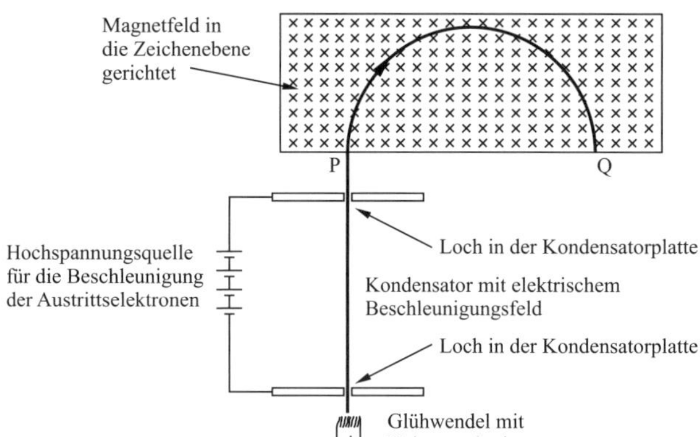

b) Wegen v = 0,98 c ist $\frac{v}{c} = 0{,}98$ und damit

$$m = \frac{m_0}{\sqrt{1-\left(\frac{v}{c}\right)^2}} = \frac{m_0}{\sqrt{1-(0{,}98)^2}} = \frac{m_0}{\sqrt{1-0{,}9604}} \approx \frac{m_0}{0{,}20} = 5{,}0\ m_0$$

Damit ergibt sich für die kinetische Energie

$$E_{kin} = (m - m_0) \cdot c^2 = 4{,}0 \cdot m_0 c^2 = e \cdot U$$

und damit für die Beschleunigungsspannung:

$$U = \frac{4{,}0 \cdot m_0 c^2}{e} = \frac{4{,}0 \cdot 9{,}1 \cdot 10^{-31}\ \text{kg} \cdot \left(3{,}0 \cdot 10^8\ \frac{\text{m}}{\text{s}}\right)^2}{1{,}6 \cdot 10^{-19}\ \text{As}} \approx 2{,}1\ \text{MV}$$

Einheitenberechnung:

$$1\ \frac{\text{kg} \cdot \text{m}^2}{\text{As} \cdot \text{s}^2} = 1\ \frac{\text{Nm}}{\text{As}} = 1\ \frac{\text{J}}{\text{As}} = 1\ \frac{\text{VAs}}{\text{As}} = 1\ \text{V}$$

c) Die für die Bahnkrümmung verantwortliche Lorentzkraft ist eine Zentripetalkraft, sodass gilt:

$$F_{Lorentz} = F_{Zentripetal}$$

$$QvB = \frac{mv^2}{r}$$

$$QB = \frac{mv}{r}$$

Der Bahnradius beträgt folglich:

$$r = \frac{mv}{QB} = \frac{5{,}0 \cdot m_0 \cdot 0{,}98\ c}{eB} = \frac{5{,}0 \cdot 9{,}1 \cdot 10^{-31}\ \text{kg} \cdot 0{,}98 \cdot 3{,}0 \cdot 10^8\ \frac{\text{m}}{\text{s}}}{1{,}6 \cdot 10^{-19}\ \text{As} \cdot 0{,}500\ \frac{\text{N}}{\text{Am}}}$$

$$= 1{,}7 \cdot 10^{-2}\ \frac{\text{kg} \cdot \text{m}^2}{\text{s}^2 \cdot \text{N}} = 1{,}7\ \text{cm}$$

Für die Flugzeit von P nach Q (Halbkreisbahn) erhält man:

$$t = \frac{s}{v} = \frac{r \cdot \pi}{0{,}98\ c} = \frac{1{,}7 \cdot 10^{-2}\ \text{m} \cdot \pi}{0{,}98 \cdot 3{,}0 \cdot 10^8\ \frac{\text{m}}{\text{s}}} \approx 1{,}8 \cdot 10^{-10}\ \text{s}$$

Grundkurs Physik (Bayern): Abiturprüfung 2005 – Aufgabe 2
Mittelwellenempfänger, Doppelspalt, Vakuumfotozelle

1. Ein Mittelwellenempfänger soll Radiosignale im Frequenzbereich von 530 kHz bis 1600 kHz empfangen.
   a) Begründen Sie durch eine Rechnung, dass selbst bei der kürzesten in Frage kommenden Wellenlänge die benötigten Empfangsdispole bei Resonanzanregung aufgrund ihrer Länge in der Praxis nicht geeignet sind. 5 BE

Statt eines Empfangsdipols verwendet man im Mittelwellenbereich so genannte Ferritantennen. Dies sind im Wesentlichen Spulen mit Ferritkern, die mit einem Kondensator einen Schwingkreis bilden. Der Schwingkreis wird in Resonanz mit der zu empfangenden elektromagnetischen Welle abgestimmt. Die im Empfänger benutzte Ferritantenne hat eine Induktivität von 0,22 mH. Die Kapazität ist ein Drehkondensator und damit variabel.

   b) Zwischen welchen Kapazitätswerten muss der Drehkondensator variiert werden können, damit über den gesamten oben genannten Frequenzbereich Resonanz möglich ist? 5 BE

Im Gegensatz zum Empfang werden bei der Erzeugung von Mittelwellen durchaus Dipole eingesetzt.

   c) Begründen Sie, warum die Dipolschwingungen stets gedämpft sind. 4 BE
   d) Die Aufschrift AM bei der Wahltaste für den Mittelwellenempfang an einem Radiogerät bedeutet Amplitudenmodulation. Als Signal soll ein Ton mit bestimmter Frequenz übertragen werden. Zeichnen Sie qualitativ in einem geeigneten Diagramm die amplitudenmodulierte Trägerschwingung und kennzeichnen Sie die Schwingungsdauer von Träger und Signalschwingung. 4 BE

2. Bei einem Doppelspalt für optische Versuche ist die Beschriftung nicht mehr erkennbar. Der Spaltabstand b soll nun experimentell mithilfe eines Lasers (Herstellerangabe: $\lambda = 633\ \text{nm} \pm 0{,}5\ \text{nm}$) durch einen Schüler ermittelt werden. Der Abstand ℓ zwischen Schirm und Doppelspalt kann auf einer optischen Bank sehr genau eingestellt werden und ist $1\,700\ \text{mm} \pm 0{,}5\ \text{mm}$. Der Schüler kann am Schirm auf beiden Seiten des 0. Maximum jeweils 4 weitere Maxima beobachten. Den Abstand d der beiden äußersten Maxima zueinander misst er zu $26\ \text{mm} \pm 0{,}5\ \text{mm}$.
   a) Skizzieren Sie den Versuchsaufbau mit den relevanten geometrischen Größen und zeigen Sie unter Verwendung der Kleinwinkelnäherung, dass die Beziehung

$$b = \frac{8 \cdot \lambda \cdot \ell}{d}$$

   zur Berechnung des Spaltabstandes gilt. 8 BE
   b) Berechnen Sie den kleinstmöglichen Wert sowie den größtmöglichen Wert für den Spaltabstand. 4 BE

Der Schüler bildet aus den Werten von Teilaufgabe 2 b den Mittelwert für den Spaltabstand und will den Doppelspalt mit dem Wert 331,5 μm beschriften.

   c) Begründen Sie, warum diese Aufschrift eine falsche Genauigkeit vortäuschen würde. 3 BE

3. Eine Vakuumfotozelle wird mit monochromatischem Licht der Wellenlänge 436 nm bestrahlt. In Abhängigkeit von einer zwischen der Kathode und der Ringanode liegenden Spannung U wird der Fotostrom I gemessen. Dabei wird die folgende U-I-Kennlinie aufgenommen.

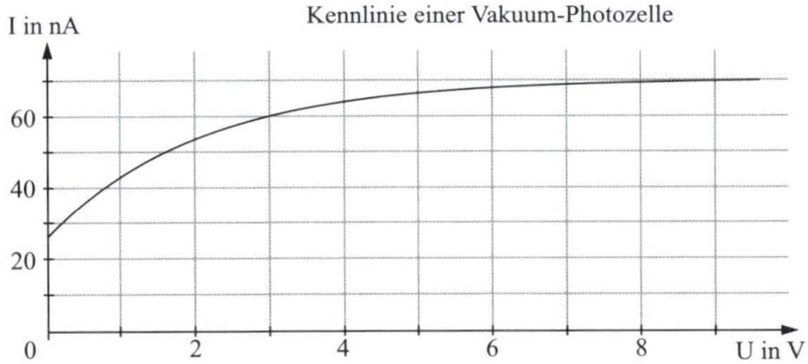

a) Erstellen Sie eine beschriftete Skizze einer Versuchsanordnung, mit der die U-I-Kennlinie einer Vakuumfotozelle aufgenommen werden kann. 6 BE

b) Erklären Sie, warum auch bei der Spannung $U = 0$ V schon eine Stromstärke I_0 gemessen wird. Erläutern Sie, warum der Strom die so genannte Sättigungsstromstärke I_S (im Diagramm $I_S = 70$ nA) trotz zunehmender Spannung nicht übersteigt. 6 BE

c) Um jeglichen Stromfluss zu unterdrücken, ist eine Gegenspannung

$$U_g = -0{,}90 \text{ V}$$

gerade ausreichend. Bestimmen Sie die Austrittsarbeit für die Elektronen und geben Sie das Kathodenmaterial an. 6 BE

Die gesamte auf die Fotozelle fallende Lichtleistung beträgt 1,0 W.

d) Berechnen Sie die Anzahl N_{Ph} der Photonen, die pro Sekunde auf die Fotozelle fallen.
[zur Kontrolle: $N_{Ph} = 2{,}2 \cdot 10^{18}$] 4 BE

e) Nicht jedes Photon aus Teilaufgabe 3 d kann ein Elektron auslösen. Ermitteln Sie mit dem Wert für die Sättigungsstromstärke I_S die Anzahl der ausgelösten Elektronen pro Sekunde und geben Sie an, welcher Anteil der einfallenden Photonen Fotoelektronen auslöst. 5 BE

60 BE

Lösung

1 a) Bei einem Frequenzbereich von $f_1 = 530$ kHz bis $f_2 = 1600$ kHz liegen die Wellenlängen zwischen

$$\lambda_1 = \frac{c}{f_1} = \frac{3 \cdot 10^8 \ \frac{\text{m}}{\text{s}}}{530000 \text{ Hz}} \approx 566 \text{ m}$$

und

$$\lambda_2 = \frac{c}{f_2} = \frac{3 \cdot 10^8 \ \frac{\text{m}}{\text{s}}}{1600000 \text{ Hz}} \approx 187{,}5 \text{ m},$$

sodass selbst ein $\frac{\lambda_2}{2}$-Dipol über 90 m lang wäre!

b) Löst man die Thomson-Formel $f = \frac{1}{2\pi\sqrt{LC}}$ nach C auf, erhält man die Gleichung

$$C = \frac{1}{L(2\pi f)^2}$$

und für die Randfrequenzen $f_1 = 530$ kHz und $f_2 = 1600$ kHz mit $L = 0{,}22 \cdot 10^{-3}$ H die Kapazitätswerte:

$$C_1 = \frac{1}{0{,}22 \cdot 10^{-3}\ \text{H} \cdot 4\pi^2 \cdot \left(530 \cdot 10^3\ \frac{1}{\text{s}}\right)^2} = 410\ \text{pF}$$

$$C_2 = \frac{1}{0{,}22 \cdot 10^{-3}\ \text{H} \cdot 4\pi^2 \cdot \left(1600 \cdot 10^3\ \frac{1}{\text{s}}\right)^2} = 45\ \text{pF}$$

c) Die Ursache für die starke Dämpfung liegt in der Energieabstrahlung des Dipols in den Raum. Wäre eine Dipolschwingung nicht oder nur schwach gedämpft, dann würde eine kleine Abweichung von der Resonanzfrequenz, also eine minimale „Verstimmung“, bereits zu einem starken Intensitätsabfall führen, weil bei schwacher Dämpfung die Resonanzkurve sehr steil verläuft. Bei starker Dämpfung dagegen hat sie einen flachen Verlauf, bei Abweichungen von der Resonanzfrequenz fällt die Intensität nur schwach ab.

d)

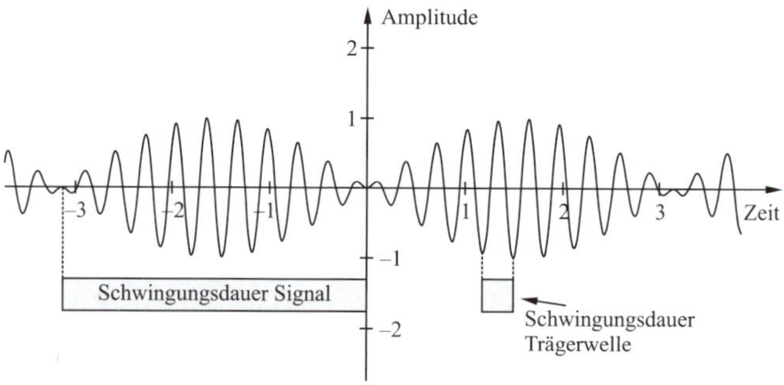

2 a) Skizze vom Versuchsaufbau:

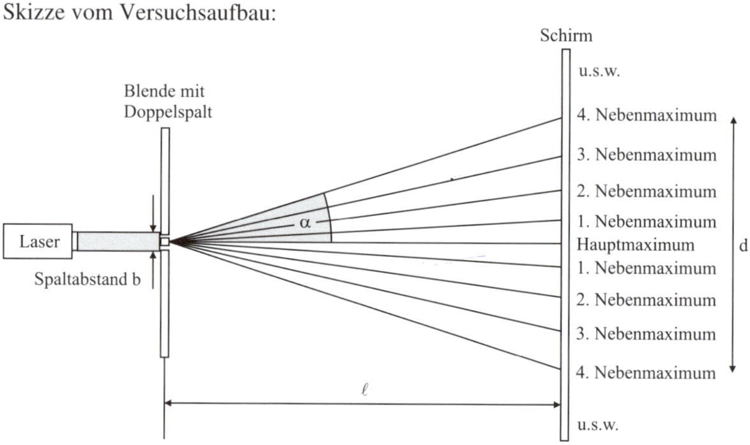

Für den Winkel α, unter dem das 4. Maximum gegen das Hauptmaximum erscheint, gilt:

$$\tan\alpha = \frac{0{,}5 \cdot d}{\ell}$$

Zusätzlich gilt für den Gangunterschied $\Delta s = k \cdot \lambda$ der beiden Wellen aus den Spalten mit k = 4:

$$\Delta s = 4\lambda = b \cdot \sin\alpha \quad \Rightarrow \quad \sin\alpha = \frac{4\lambda}{b}$$

Da wegen $\ell \gg d$ der Winkel α sehr klein ist, sind Tangens und Sinus fast gleich, sodass folgt:

$$\frac{0{,}5 \cdot d}{\ell} = \frac{4\lambda}{b} \quad \Rightarrow \quad b = \frac{8 \cdot \lambda \cdot \ell}{d}$$

b) Beim kleinstmöglichen Wert ist zu beachten, dass die fehlerbehafteten Größen λ und ℓ im Zähler, d dagegen im Nenner auftreten. Für den kleinstmöglichen Wert von b muss also d maximal, λ und ℓ aber minimal angenommen werden:

$$b_{min} = \frac{8 \cdot \lambda_{min} \cdot \ell_{min}}{d_{max}} = \frac{8 \cdot 632{,}5 \cdot 10^{-9}\ \text{m} \cdot 1699{,}5 \cdot 10^{-3}\ \text{m}}{26{,}5 \cdot 10^{-3}\ \text{m}} \approx 3{,}25 \cdot 10^{-4}\ \text{m}$$

Ganz analog ergibt sich für den größtmöglichen Wert innerhalb der Fehlergrenzen:

$$b_{max} = \frac{8 \cdot \lambda_{max} \cdot \ell_{max}}{d_{min}} = \frac{8 \cdot 633{,}5 \cdot 10^{-9}\ \text{m} \cdot 1700{,}5 \cdot 10^{-3}\ \text{m}}{25{,}5 \cdot 10^{-3}\ \text{m}} \approx 3{,}38 \cdot 10^{-4}\ \text{m}$$

c) Die ungenaueste Angabe ist die Schülermessung mit 0,5 mm Abweichung bei 26 mm Messwert, das sind etwa 2 %; genauer als dieses kann folglich das Ergebnis der Rechnung mit der fehlerhaften Größe auch nicht sein. Die Angabe von 331,5 nm deutet dagegen auf die (nicht vorhandene) Gültigkeit von vier Ziffern hin: der wahre Wert läge also angeblich im Intervall [331,45; 331,55[, was einem relativen Fehler von weniger als 0,02 % entspräche – das ist nicht legitim. Korrekt wäre die Angabe $b \approx 3{,}3 \cdot 10^{-4}$ m (zwei gültige Ziffern wie die Schülermessung).

3. a)

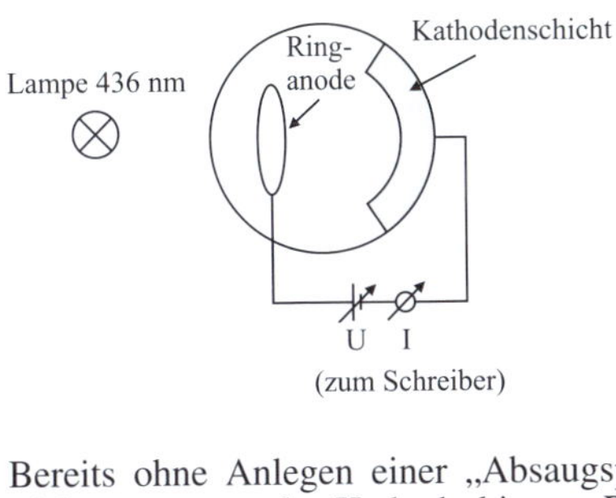

b) Bereits ohne Anlegen einer „Absaugspannung“ schaffen es einige der ausgelösten Elektronen, von der Kathode bis zur Ringanode zu gelangen. Man kann sogar eine Gegenspannung anlegen, gegen die es die energiereichsten Austrittselektronen dann gerade noch oder eben gerade nicht mehr schaffen, zur Ringanode zu gelangen (siehe Teilaufgabe c).

Die Sättigungsstromstärke wird erreicht, wenn alle ausgelösten Elektronen durch die Absaugspannung zur Ringanode gebracht werden. Um die Stromstärke weiter zu erhöhen, müsste man mehr Elektronen auslösen, indem man etwa die Beleuchtungsstärke erhöht.

c) Bei der Gegenspannung von $U_g = -90$ V schaffen es die energiereichsten Austrittselektronen gerade nicht mehr, durch das elektrische Gegenfeld zur Ringanode zu gelangen. Die Bewegungsenergie dieser Elektronen errechnet sich aus der Photonenenergie abzüglich der Auslösearbeit und muss gleich der durch die Gegenspannung erzeugten elektrischen Beschleunigungsarbeit sein:

$$e \cdot |U_g| = E_{kin} = E_{Photon} - W_{Austritt} = hf - W_{Austritt}$$

Daraus folgt mit $f = \frac{c}{\lambda}$:

$$W_{Austritt} = h \cdot \frac{c}{\lambda} - e \cdot |U_g|$$

$$= 6{,}62 \cdot 10^{-34}\ \text{Js} \cdot \frac{3{,}0 \cdot 10^8\ \frac{m}{s}}{436 \cdot 10^{-9}\ m} - 1{,}6 \cdot 10^{-19}\ \text{As} \cdot 0{,}90\ \text{V} =$$

$$= 4{,}5 \cdot 10^{-19}\ \text{J} - 1{,}4 \cdot 10^{-19}\ \text{J} = 3{,}1 \cdot 10^{-19}\ \text{J} = 1{,}9\ \text{eV}$$

Vermutlich handelt es sich bei dem Kathodenmaterial um Caesium. (Tabellenwert Austrittsarbeit: 1,94 eV).

d) $P = 1{,}0$ W, also ist die je Sekunde eingestrahlte Energie $E = P \cdot t = 1{,}0\ \text{W} \cdot 1\ \text{s} = 1{,}0$ J. Jedes einzelne Photon besitzt die Energie

$$E_{Ph} = hf = h \cdot \frac{c}{\lambda} = 4{,}56 \cdot 10^{-19}\ \text{J},$$

sodass in jeder Sekunde

$$N_{Ph} = \frac{1{,}0\ \text{J}}{4{,}56 \cdot 10^{-19}\ \text{J}} \approx 2{,}2 \cdot 10^{18}$$

Photonen eintreffen.

e) Bei Fließen eines Stromes der Sättigungsstromstärke $I_S = 70$ nA fließen

$$\frac{N'}{t} = \frac{70 \cdot 10^{-9}\ \text{A}}{1{,}6 \cdot 10^{-19}\ \text{As}} \approx 4{,}4 \cdot 10^{11}\ \frac{1}{s}$$

Elektronen, die jeweils von einem Photon ausgelöst worden sind. Die „Erfolgsquote" liegt somit bei bescheidenen

$$\frac{N'}{N_{Ph}} = \frac{4{,}4 \cdot 10^{11}}{2{,}2 \cdot 10^{18}} = 2 \cdot 10^{-7} = \frac{1}{5000000}$$

also trifft nur eines von 5 Millionen Photonen „richtig"!

Grundkurs Physik (Bayern): Abiturprüfung 2005 – Aufgabe 3
Fraunhofer-Linien, Spektren von He und He^+, Röntgenspektren

1. **Fraunhoferlinien**
Joseph von Fraunhofer katalogisierte 1815 mehr als 500 dunkle Linien, die im Spektrum der Sonne auftreten. Mittlerweile sind etwa 25 000 solcher „Fraunhofer-Linien" bekannt.
a) Erläutern Sie, wie diese Linien entstehen und wieso sie Auskunft über die Zusammensetzung der äußeren Schichten der Sonnenatmosphäre geben. 5 BE
b) Unter anderem findet man hier auch dunkle Linien, deren Wellenlängen mit denen der Balmer-Serie im Wasserstoff-Emissionsspektrum überstimmen. Unter welcher Voraussetzung können dunkle Balmerlinien auftreten? Begründen Sie Ihre Antwort. 5 BE

2. **Spektren von He und He^+**
Das Edelgas Helium wurde 1868 durch seine Fraunhofer-Linien im Sonnenspektrum entdeckt und erst 1895 in Erdgasquellen auf der Erde gefunden.
a) Zum Spektrum von atomarem Helium (He) gehört u. a. eine Linie mit der Wellenlänge 588 nm. Berechnen Sie die zugehörige Photonenenergie. 3 BE

Daneben lassen sich aber auch Linien nachweisen, die von einfach ionisiertem Helium (He^+-Ionen) stammen. He^+ ist wie das H-Atom ein Einelektronensystem. Der Wert der Bindungsenergie des Elektrons auf der n-ten Energiestufe berechnet sich durch:

$$E_n = \frac{Z^2 \cdot R \cdot h \cdot c}{n^2} \quad \text{(R ist die Rydbergkonstante, Z die Ordnungszahl)}$$

Gehen Sie zunächst davon aus, dass die Rydbergkonstanten des Wasserstoffatoms und des He^+-Ions gleich groß sind.
b) Berechnen Sie die Ionisierungsenergie von He^+, das sich im Grundzustand befindet.
[zur Kontrolle: 54,4 eV] 4 BE
c) Zeigen Sie, dass die 2., 4. und 6. Energiestufe des He^+-Ions mit den ersten drei Stufen des H-Atoms übereinstimmen. 6 BE
d) Die H_α-Linie hat die größte Wellenlänge in der Balmer-Serie des Wasserstoffatoms. Welcher Übergang im He^+-Ion führt zur Emission einer Strahlung mit dieser Wellenlänge? Begründen Sie Ihre Antwort. 4 BE
e) Tatsächlich ist die Rydbergkonstante des He^+-Ions geringfügig größer als die des H-Atoms. Was folgt daraus für die Wellenlänge der He^+-Linie aus Teilaufgabe 2 d im Vergleich zur H_α-Linie? 4 BE

3. **Röntgenspektren**
a) Skizzieren Sie qualitativ das typische Emissionsspektrum einer Röntgenröhre. Tragen Sie dazu die Intensität der Strahlung in Abhängigkeit von der Wellenlänge auf. (Die Betriebsspannung U_B der Röhre sei so groß, dass auch die charakteristische Strahlung des Anodenmaterials auftritt.) 5 BE
b) Aus der Grenzwellenlänge λ_G des kontinuierlichen Spektrums und der Beschleunigungsspannung U_B lässt sich die Planck'sche Konstante h bestimmen.

Erklären Sie zunächst, welcher Prozess zur Entstehung von Röntgenquanten mit der Wellenlänge λ_G führt. Welcher Wert für h ergibt sich aus den Messwerten $U_B = 40$ kV und $\lambda_G = 31$ pm? 6 BE

c) Erklären Sie allgemein die Entstehung der K_α-Linie (Wellenlänge λ_{K_α} im Röntgenspektrum. 4 BE

d) Welchen Einfluss hat eine Erhöhung der Beschleunigungsspannung U_B auf die Werte von λ_G und λ_{K_α}? Begründen Sie Ihre Antwort. 5 BE

e) In Teilaufgabe 3 b wurde unter Verwendung von Röntgenstrahlung eine Möglichkeit zur Bestimmung der Planck'schen Konstante h betrachtet. Erläutern Sie eine weitere experimentelle Methode zur Bestimmung von h unter Verwendung eines anderen Bereichs des elektromagnetischen Spektrums (Messverfahren, Auswertung, Berechnung von h). 9 BE

60 BE

Lösung

1 a) Im Inneren der Sonne entsteht Licht in einem kontinuierlichen Spektrum, das keine schwarzen Linien aufweist. Ebenso verhält es sich bei der Glühlampe. Durchstrahlt man mit diesem Licht einer Glühlampe etwa einem Glasbehälter, der mit Natriumdampf gefüllt ist, dann absorbieren die Natriumatome das gelbe Licht mit der für Natrium typischen Wellenlänge. Diese Photonen besitzen gerade die Energie, die notwendig ist, um ein Elektron von einer Schale auf eine andere Schale zu „heben". Weil diese Schalenkonfiguration instabil ist, „fällt" das Elektron gleich wieder zurück und gibt dabei wieder die gleiche Energie in Form von wiederum gelbem Licht ab. Im Gegensatz zu dem vorher gerichteten gelben Licht wird dieses jetzt nach allen Seiten gleichermaßen emittiert, sodass in der ursprünglichen Strahlrichtung nur noch ein verschwindend kleiner Anteil an gelbem Licht zu finden ist. Darum erscheinen an den entsprechenden Stellen im Spektrum (fast) schwarze Linien, die man Fraunhofer-Linien nennt.
Bei der Sonne finden diese Prozesse in den äußeren Schichten ihrer Atmosphäre statt, sodass aus den schwarzen Linien im Spektrum auf die dort vorhandenen chemischen Elemente geschlossen werden kann, weil man von all diesen Elementen die Spektren kennt.

b) Die Balmer-Serie hat als gemeinsames unteres Energieniveau den ersten angeregten Zustand n = 2 als Ausgangszustand, von dem aus weiter angeregt wird. Wenn nun im Sonnenspektrum eben diese Linien fehlen, dann liegen offensichtlich in den äußeren Sonnenschichten ausreichend Wasserstoffatome im Anregungszustand n = 2 vor, die vorzugsweise diese Balmer'schen Photonen schlucken. Gäbe es dort nur Wasserstoff im Grundzustand, dann dürfte man nur die Lyman-Serie (von n = 1 ausgehend) im Spektrum vermissen.

2 a) $$E_{Photon} = hf = h \cdot \frac{c}{\lambda} = 6{,}62 \cdot 10^{-34}\ \text{Js} \cdot \frac{2{,}998 \cdot 10^{8}\ \frac{\text{m}}{\text{s}}}{588 \cdot 10^{-9}\ \text{m}} = 3{,}38 \cdot 10^{-19}\ \text{J} = 2{,}11\ \text{eV}$$

b) Im Grundzustand n = 1 ergibt sich für die Ionisierungsenergie durch Einsetzen in die gegebene Formel:

$$E_1 = \frac{Z^2 \cdot R \cdot h \cdot c}{1^2} = 2^2 \cdot 1{,}097 \cdot 10^7\ \frac{1}{\text{m}} \cdot 6{,}62 \cdot 10^{-34}\ \text{Js} \cdot 2{,}998 \cdot 10^8\ \frac{\text{m}}{\text{s}}$$
$$= 8{,}71 \cdot 10^{-18}\ \text{J} = 54{,}4\ \text{eV}$$

c) Mit

$$E_n = -\frac{Z^2 \cdot R \cdot h \cdot c}{n^2} = -\frac{2^2 \cdot R \cdot h \cdot c}{n^2} = -\frac{4 \cdot R \cdot h \cdot c}{n^2};$$

erhält man für die 2., 4. und 6. Energiestufe des He^+-Ions:

$$E_{2,\,He^+} = -\frac{4 \cdot R \cdot h \cdot c}{2^2} = -\frac{R \cdot h \cdot c}{1^2} = E_{1,\,H}$$

$$E_{4,\,He^+} = -\frac{4 \cdot R \cdot h \cdot c}{4^2} = -\frac{R \cdot h \cdot c}{2^2} = E_{2,\,H}$$

$$E_{6,\,He^+} = -\frac{4 \cdot R \cdot h \cdot c}{6^2} = -\frac{R \cdot h \cdot c}{3^2} = E_{3,\,H}$$

d) Die H_α-Linie gehört der Balmer-Serie an und erscheint beim Übergang zwischen n = 2 und n = 3, beim Heliumion also entsprechend (vgl. Teilaufgabe 2 c) beim Übergang n = 4 nach n = 6.

e) Die Rydbergkonstante erscheint im Zähler als Faktor; wird sie größer, dann wird auch der Wert des Bruches größer. Dieser Bruch stellt aber bis auf einen konstanten Faktor den Kehrbruch der Wellenlänge dar, sodass diese dadurch etwas **kleiner** wird.

3. a)

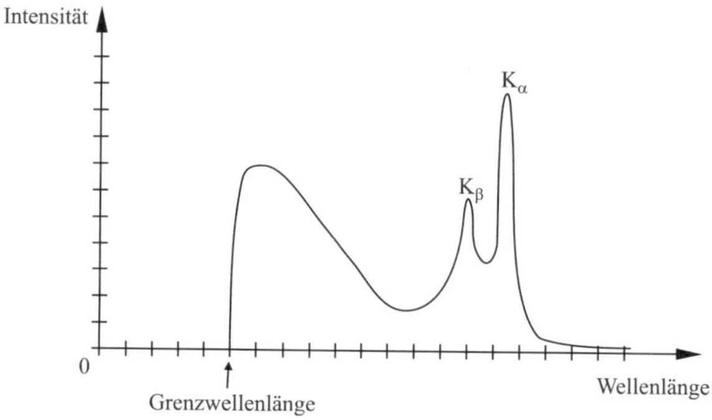

b) Grundsätzlich entsteht Röntgenstrahlung als Bremsstrahlung von zunächst im elektrischen Feld beschleunigten Elektronen beim Aufprall auf schwere Atomkerne, etwa Molybdän. Die Elektronen geben ihre kinetische Energie dabei als Photonen ab. Die Grenzwellenlänge stellt eine kleinste Wellenlänge dar, das zugehörige Röntgenquant besitzt also größtmögliche Energie. Es handelt sich genau um die kinetische Energie, die ein Elektron in der Röhre durch das Beschleunigungsfeld erhalten und anschließend bei einem **einzigen** Stoß wieder abgegeben hat – in Form von einem einzigen, sehr energiereichen Photon.
Die Photonen mit Grenzwellenlänge haben also exakt die Energie $E_{ph} = e \cdot U$, gleichermaßen gilt aber auch $E_{ph} = h \cdot f = h \cdot \frac{c}{\lambda}$, woraus sich durch Gleichsetzen und Auflösen die Planck'sche Konstante ergibt:

$$h = \frac{\lambda \cdot e \cdot U}{c} = \frac{31 \cdot 10^{-12}\ \text{m} \cdot 1{,}6 \cdot 10^{-19}\ \text{As} \cdot 40 \cdot 10^{3}\ \text{V}}{3{,}0 \cdot 10^{8}\ \frac{\text{m}}{\text{s}}} =$$
$$= 6{,}6 \cdot 10^{-34}\ \text{AVs}^2 = 6{,}6 \cdot 10^{-34}\ \text{Js}$$

c) Ein Photon der Wellenlänge λ_{K_α} entsteht beim Übergang eines Elektrons zwischen der innersten (K-) Schale und der zweitinnersten (L-)Schale. Diese Wellenlänge ist in besonders hoher Intensität vertreten, weil energiereichere Elektronen andere, gebundene Elektronen aus den K-Schalen herausschießen und beim anschließenden Auffüllen der K-Schale aus der L-Schale eben diese Röntgenphotonen der Wellenlänge λ_{K_α} entstehen. Im Gegensatz zu den anderen Wellenlängen jenseits der Grenzwellenlänge tritt dieser Wert also bevorzugt auf, weil diese Energiedifferenz typisch für das verwendete Anodenmaterial ist.

d) Die Grenzwellenlänge wird für größere Beschleunigungsspannungen immer kleiner, d. h. das Spektrum beginnt weiter links im Diagramm. Die K_α-Linie dagegen ist nur vom Material abhängig und bleibt bei der gleichen Wellenlänge.

e) Man könnte die Planck'sche Konstante auch mit dem **Fotoeffekt** experimentell bestimmen. Dazu verwendet man etwa eine Hochvakuum-Fotozelle, die innen auf einer Seite mit einer Caesiumschicht belegt ist. Auf der anderen Seite befindet sich eine Ringanode im Inneren:

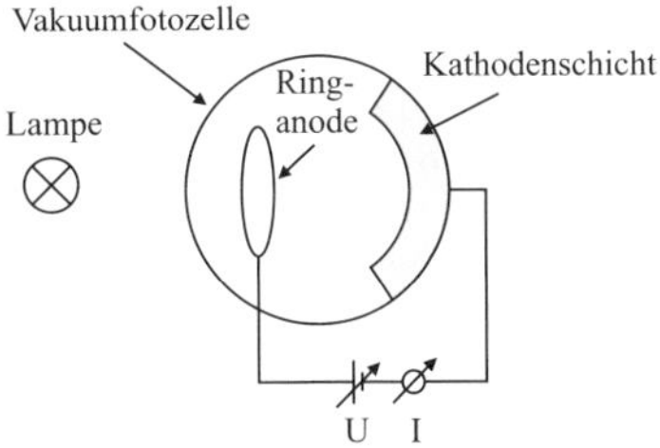

Beleuchtet man nun die Caesiumschicht durch die Ringanode mit Licht geeigneter Wellenlänge, lösen sich einzelne Elektronen aus der Caesiumschicht und fliegen zur Ringanode. Durch Anlegen einer Saugspannung kann man dies fördern, bis ein Sättigungsstrom erreicht wird, der von der Zahl der ausgelösten Elektronen abhängt.
Die eingestrahlten Photonen haben dabei die Energie $h \cdot f$, die sie an die Hüllelektronen des Caesiums abgeben. Nach Abzug einer materialtypischen Auslösearbeit (hier 1,95 eV) bleibt der Rest an kinetischer Energie beim wegfliegenden Elektron. Mit dieser Energie können sie sogar gegen ein gewisses elektrisches Gegenfeld die Ringanode erreichen, das man durch Umpolen der variablen Spannungsquelle erreicht:

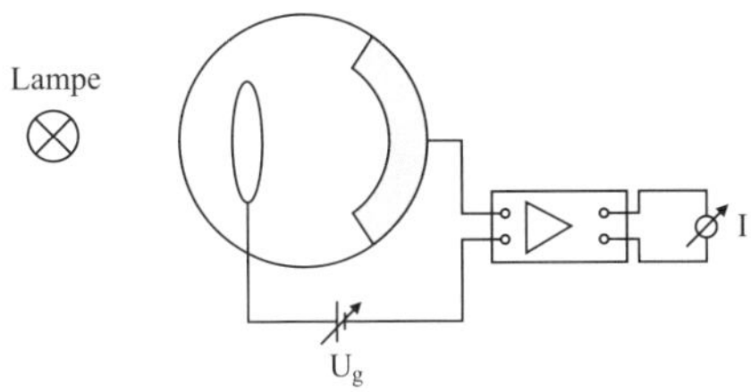

Fließt bei Anlegen der Gegenspannung U_g gerade kein Strom mehr (zum Nachweis verwendet man am besten einen Messverstärker wie eingezeichnet), schaffen es die schnellsten der ausgetretenen Elektronen gerade nicht mehr bis zur Ringanode. Ihre kinetische Energie $h \cdot f - W_{Austritt}$ hat also den Wert $e \cdot U_g$, sodass sich die Gleichung

$$h = \frac{e \cdot U_g + W_{Austritt}}{f}$$

und damit eine Berechnungsmöglichkeit für die Planck'sche Konstante ergibt.

Grundkurs Physik (Bayern): Abiturprüfung 2005 – Aufgabe 4
^{14}C-Methode, Forschungsreaktor Garching II

1. **Altersbestimmung mit der ^{14}C-Methode**

Durch die kosmische Strahlung entstehen in der Atmosphäre schnelle Neutronen. Trifft ein solches Neutron auf einen Stickstoffkern ^{14}N , so kommt es gelegentlich zur Kernumwandlung in das Kohlenstoffisotop ^{14}C.

a) Geben Sie die Reaktionsgleichung an. 3 BE

^{14}C ist radioaktiv. Es zerfällt unter Aussendung eines β^--Teilchens mit einer Halbwertszeit von $5{,}7 \cdot 10^3$ Jahren.

b) Erläutern Sie die Entstehung des β^--Teilchens und geben Sie die Zerfallsgleichumg beim ^{14}C-Zerfall an. Die entstandenen β^--Teilchen besitzen keine einheitliche Energie. Skizzieren Sie das Energiespektrum der β^--Teilchen und erklären Sie sein Zustandekommen. 7 BE

In der Atmosphäre stellt sich zwischen dem radioaktiven und dem stabilen Kohlenstoff ein Gleichgewicht ein, sodass pro Gramm Kohlenstoff 15,3 Zerfälle pro Minute stattfinden. In diesem Gleichgewichtsverhältnis findet man den radioaktiven Kohlenstoff auch in lebenden Organismen. Beim Absterben des Organismus hört jegliche Aufnahme von Kohlenstoff auf und die Aktivität nimmt im Lauf der Zeit ab.

c) In eincm alten Holzstück ist Kohlenstoff der Masse 50 g enthalten; der ^{14}C-Anteil beträgt $4{,}4 \cdot 10^{-12}$ g. Berechnen Sie für diese Probe die Anzahl der darin enthaltenen ^{14}C-Atome und damit die Aktivität pro 1 g Kohlenstoff. [zur Kontrolle: $A/m = 0{,}015$ Bq/g] 9 BE

d) Schätzen Sie mithilfe der Halbwertszeit ab, ob die Probe älter als 20 000 Jahre sein kann. 5 BE

2. **Der Forschungsreaktor Garching II**

Der Reaktor FRM-II in Garching stellt eine effiziente Neutronenquelle dar. Die Neutronen werden gewonnen, indem ^{235}U durch thermische Neutronen gespalten wird.

a) Wie erhält man aus den bei den Kernzerfällen entstandenen schnellen Neutronen die benötigten thermischen Neutronen? 4 BE

b) Bei einem möglichen Spaltprozess von ^{235}U entstehen als Spaltprodukte u. a. ^{94}Rb und zwei Neutronen. Geben Sie die Reaktionsgleichung an. 4 BE

Bekanntlich sind freie Neutronen instabil. Der Reaktor in Garching erlaubt die genauere Untersuchung des Neutronenzerfalls. Die Reaktionsgleichung für diesen lautet:

$$^1_0n \rightarrow {}^1_1p + {}^0_{-1}e + \overline{\nu}$$

Berechnet man die Differenz der Gesamtmasse vor dem Zerfall und der Gesamtmasse nach dem Zerfall, so erhält man $\Delta m = 8{,}4 \cdot 10^{-4}$ u.

c) Berechnen Sie die entsprechende Massendifferenz für einen angenommenen Protonenzerfall

$$^1_1p \rightarrow {}^1_0n + {}^0_{+1}e + \nu$$

Erläutern Sie, warum das Proton im Gegensatz zum Neutron als stabil betrachtet wird. 8 BE

Protonen und Neutronen bestehen nach dem Quarkmodell jeweils aus drei Quarks der Sorten u (up) und d (down). Ein up-Quark besitzt die Ladung $\frac{2}{3}$e, ein down-Quark $-\frac{1}{3}$e.

Der Neutronenzerfall kann durch nebenstehendes Diagramm beschrieben werden.

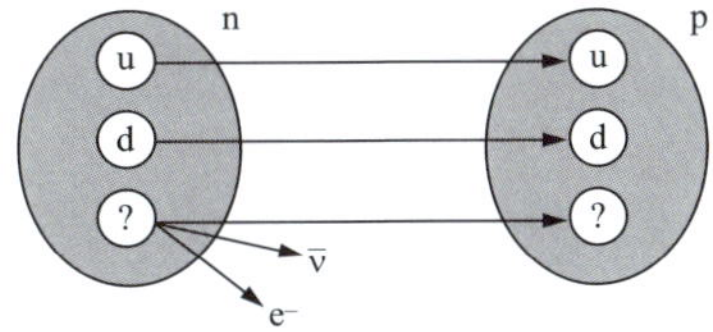

d) Aus welchen drei Quarks müssen Proton und Neutron jeweils bestehen? Erläutern Sie Ihre Antwort und erklären Sie in diesem Modell den Neutronenzerfall. 6 BE

Bei vielen Experimenten entsteht zusätzlich γ-Strahlung, die prinzipiell durch Bleiplatten abgeschirmt werden kann. Das nebenstehende Diagramm stellt das Absorptionsverhalten von Blei dar. Hierbei sind Z die Zählrate, Z_0 die Zählrate ohne Abschirmung und x die Dicke der Bleiplatte.

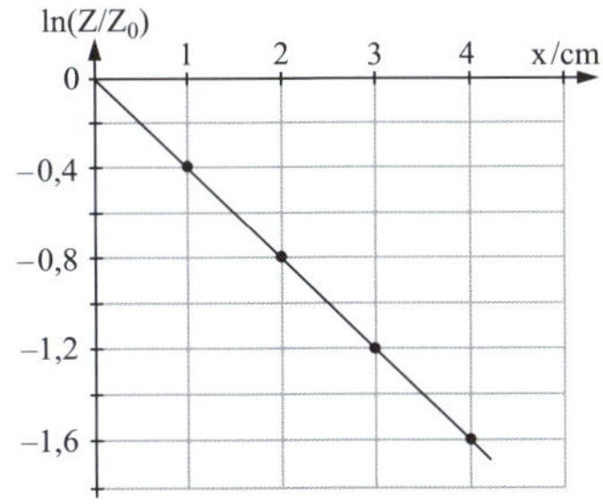

e) Entnehmen Sie der Grafik die Halbwertsdicke $D_{1/2}$ und ermitteln Sie, wie dick die Platten sein müssen, damit 75 % der γ-Strahlung absorbiert werden. 9 BE

Im Gegensatz zur Absorption von γ-Strahlung ist Blei zur Absorption von Neutronen ungeeignet. Deshalb müssen bei einer Neutronenquelle zusätzlich zu einem Bleimantel noch andere Abschirmmaßnahmen getroffen werden.

f) Begründen Sie, warum Blei zur Abschirmung von Neutronenstrahlung schlecht geeignet ist. Welche wesentlichen Eigenschaften sollte ein Material besitzen, um Neutronen effektiv abschirmen zu können? 9 BE

60 BE

Lösung

1 a) $^{14}_{7}N + ^{1}_{0}n \rightarrow ^{14}_{6}C + ^{1}_{1}H$

b) Das β^--Teilchen ist ein sehr schnelles Elektron und entsteht im Kern bei der Umwandlung eines Neutrons in ein Proton.
Die Zerfallsgleichung bei ^{14}C lautet:

$$^{14}_{6}C \rightarrow ^{14}_{7}N + ^{0}_{-1}\beta^- + ^{0}_{0}\overline{\nu}$$

Die Skizze zeigt den qualitativen Verlauf des β^--Spektrums.

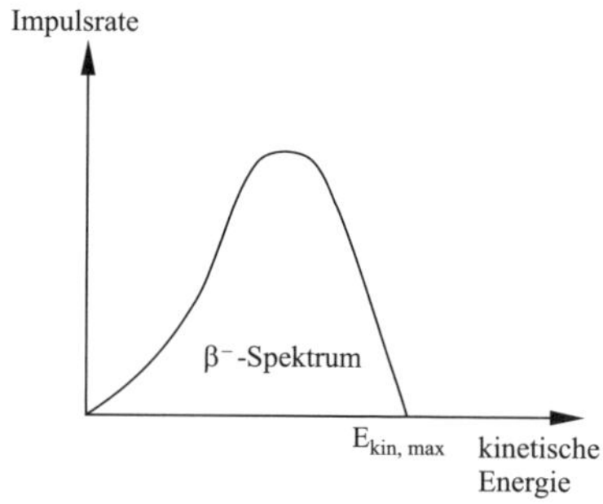

Das kontinuierliche Spektrum beim Betazerfall konnte zunächst lange Zeit nicht erklärt werden, weil bei einem Zweikörperproblem (Stickstoff und Betateilchen) Energie und Impuls immer diskret auf die beiden Körper verteilt sein müssen (das entstehende Gleichungssystem lässt sich eindeutig lösen). Erst die theoretische Annahme des Neutrinos als drittem Partner konnte die kontinuierliche Energieverteilung rechtfertigen. Der experimentelle Nachweis dauerte dann aber noch einige Zeit, weil Neutrinos nur äußerst schwach mit Materie wechselwirken.

c) Für die Anzahl der ^{14}C-Atome in der Probe ergibt sich:

$$N_0 = \frac{m_{C14\text{-Anteil}}}{m_{C14\text{-Atom}}} = \frac{4{,}4 \cdot 10^{-12}\,g}{14\,u} = \frac{4{,}4 \cdot 10^{-12}\,g}{14 \cdot 1{,}66 \cdot 10^{-24}\,g} \approx 1{,}9 \cdot 10^{11}$$

Mit der Zerfallskonstante des ^{14}C von

$$\lambda = \frac{\ln 2}{T_{1/2}} = \frac{\ln 2}{5{,}7 \cdot 10^3 \cdot 3600 \cdot 24 \cdot 365\,s} = 3{,}86 \cdot 10^{-12}\,\frac{1}{s}$$

folgt für die Aktivität

$$A_0 = \lambda \cdot N_0 \approx 3{,}86 \cdot 10^{-12}\,\frac{1}{s} \cdot 1{,}9 \cdot 10^{11} \approx 0{,}73\,Bq$$

und somit bei einer Masse von 50 Gramm für die Aktivität je Gramm:

$$\frac{A_0}{m} \approx 0{,}015\,\frac{Bq}{g}$$

d) Die Grenze von 20 000 Jahren stellt das 3,51-fache der Halbwertszeit dar; die Aktivität wäre dann nur noch $2^{-3{,}51} \approx 0{,}088$ vom Ausgangswert $\frac{15{,}3}{60}$ Zerfälle pro Sekunde und Gramm, also:

$$0{,}088 \cdot \frac{15{,}3}{60}\,\frac{Bq}{g} \approx 0{,}022\,\frac{Bq}{g} > 0{,}015\,\frac{Bq}{g}$$

Die Probe kann daher älter als 20 000 Jahre sein.

2 a) Schnelle Neutronen aus Kernreaktionen lassen sich nur durch Stoßprozesse abbremsen, der Energieübertrag wird maximal bei gleich schweren Stoßpartnern, also nahezu ideal bei Wasserstoffatomen. Diese allerdings neigen weitaus stärker als das schwerere Deuterium dazu, die Neutronen gleich zu absorbieren, sodass trotz des geringeren Energieübertrages je Stoß Deuterium oder noch massivere Moderatoren verwendet werden wie Beryllium oder Kohlenstoff (vgl. auch Anmerkung zu Teilaufgabe 2 f).

b) $^{235}_{92}\mathrm{U} + {}^{1}_{0}\mathrm{n} \rightarrow {}^{94}_{37}\mathrm{Rb} + 2 \cdot {}^{1}_{0}\mathrm{n} + {}^{140}_{55}\mathrm{Cs}$

c) Der Massendefekt ergibt sich hier zu:

$$\begin{aligned}\Delta m &= m_p - (m_n + m_e + m_\nu) \\ &= 1{,}007277\,\mathrm{u} - (1{,}008665\ \mathrm{u} + 0{,}000548580\ \mathrm{u} + 0\ \mathrm{u}) \approx -1{,}94 \cdot 10^{-3}\ \mathrm{u} < 0\end{aligned}$$

Dieser negative Massendefekt bedeutet, dass zum Ablaufen dieser Reaktion Masse entstehen muss, also muss Energie aufgewendet werden (und anschließend umgewandelt werden), die Reaktion ist endotherm und läuft nicht von selbst ab. Darum gelten Protonen als stabil.

d) Zusammensetzung von Neutron und Proton aus Quarks:

- **Neutron udd** (wegen der Ladung 0)
- **Proton udu** (wegen der Ladung 1e)

Im Quarkmodell wird der Neutronenzerfall in folgender Weise beschrieben: Das zweite down-Quark des Neutrons wandelt sich in ein zweites up-Quark des dadurch entstehenden Protons um. Die Ladungsdifferenz $-\frac{1}{3}e - \frac{2}{3}e = -e$ wird mit dem Elektron emittiert, außerdem eine Antineutrino.

e) An der Hochwertachse ist der $\ln\left(\frac{Z(x)}{Z_0}\right)$ angetragen. Wird die Zählrate gerade halb so groß, dann ist

$$\ln\left(\frac{0{,}5 \cdot Z(x)}{Z_0}\right) = \ln(0{,}5) + \ln\left(\frac{Z(x)}{Z_0}\right) \approx -0{,}69 + \ln\left(\frac{Z(x)}{Z_0}\right),$$

der Hochwert also um etwa 0,69 kleiner. Daraus ergibt sich wiederum durch Ablesen eine Halbwertsdicke von etwa 1,7 cm, für 75 % Absorption müssen folglich zwei Halbwertsdicken oder 3,4 cm Blei verwendet werden.

f) Ein effektiver Neutronenabsorber neigt dazu, im Kern Neutronen aufzunehmen. Bor, Indium, Silber, Cadmium besitzen diese Eigenschaft.

Anmerkung: Nicht zu verwechseln ist diese Absorptionsneigung übrigens mit der bremsenden Wirkung des Moderators, der möglichst gleiche Masse wie die Neutronen besitzen sollte (um maximalen Energieübertrag je Stoß zu gewährleisten), aber gleichzeitig eben nicht zum Schlucken der Neutronen neigen sollte. Schließlich sollen die thermischen Neutronen für weitere Kernspaltungen zur Verfügung stehen! Insofern ist Deuterium (trotz etwa doppelter Masse) der bessere Moderator im Vergleich zum nahezu gleich schweren Wasserstoff, weil dieser eine vergleichsweise etwa 650 mal größere Neigung zur Absorption zeigt. Kohlenstoff ist auch als Moderator üblich, weil er (zusätzlich zum geringen Preis) trotz etwa 12-facher Neutronenmasse nur etwa die im Vergleich zum Deuterium zehnfache Neigung zur Absorption hat. Bei den typischen Absorbern wie Bor überwiegt eben diese Eigenschaft gegenüber der moderierenden Eigenschaft.

Grundkurs Physik (Bayern): Abiturprüfung 2005 – Aufgabe 5
Mond, Weltraummissionen, Sonne

1. **Mond**
   Zwischen zwei Vollmondphasen liegt ein Zeitraum von 29,5 Tagen. Gehen Sie für die Teilaufgaben 1 a – 1 d davon aus, dass sich Erde und Mond auf Kreisbahnen bewegen.
   a) Erläutern Sie die Begriffe, „siderischer Monat“ und „synodischer Monat“. 4 BE
   b) Fertigen Sie eine Skizze der Konstellationen Sonne, Erde und Mond zu zwei aufeinander folgenden Vollmondphasen an. 4 BE
   c) Berechnen Sie den Winkel φ, um den sich die Verbindungslinie Erde-Sonne zwischen zwei Vollmondphasen bewegt hat.
   [zur Kontrolle: $\varphi = 29{,}1°$] 4 BE
   d) Berechnen Sie mithilfe von Teilaufgabe 1 b die Länge eines siderischen Monats. 5 BE

   Vom Mond wird eine Serie von fotografischen Aufnahmen gemacht. Befindet sich der Mond im erdnächsten Punkt seiner Bahn, so ergibt sich ein Durchmesser des Mondbildes von $B_n = 17{,}2$ mm, im erdfernsten Punkt von $B_w = 15{,}4$ mm. Die Brennweite des abbildenden optischen System ist f = 1 800 mm. Entnehmen Sie die geometrischen Zusammenhänge bei der optischen Abbildung der nebenstehenden Skizze.

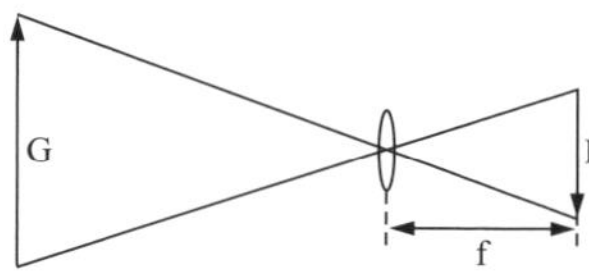

   e) Berechnen Sie aus diesen Angaben und dem Mondradius von 1 738 km den minimalen und maximalen Abstand des Mondes vom Beobachter. 5 BE
   f) Auf dem Mond sind wesentlich mehr Krater als auf der Erde zu sehen. Erläutern Sie zwei Gründe für diese Tatsache. 4 BE
   g) Betrachten Sie einen Quadratmeter Mondoberfläche, der senkrecht von der Sonne beleuchtet wird und 93 % der einfallenden Sonnenstrahlung absorbiert. Berechnen Sie unter der Annahme eines Strahlungsgleichgewichts die sich einstellende Temperatur. Erklären Sie, warum ein Ort auf der Mondoberfläche wesentlich größere Temperaturschwankungen erfährt als ein Ort auf der Erdoberfläche. 5 BE

2. **Weltraummissionen**
   Bei den Apollo-Missionen zum Mond wurde die Raumkapsel zunächst in eine kreisförmige Erdumlaufbahn (Parkbahn) gebracht und anschließend durch kurzzeitiges Zünden des Haupttriebwerks auf den Weg zum Mond beschleunigt.
   a) Zwischen Erde und Mond gibt es einen Punkt, in dem sich die Gravitationskräfte von Erde und Mond aufheben. Berechnen Sie den Abstand r_0 dieses Punktes vom Erdmittelpunkt. Verwenden Sie für den Abstand von der Erde zum Mond den Wert $3{,}84 \cdot 10^5$ km.
   [zur Kontrolle: $r_0 = 3{,}46 \cdot 10^5$ km] 8 BE
   b) Berechnen Sie die Mindestgeschwindigkeit v^*, auf die ein Satellit von der Parkbahn (190 km über der Erdoberfläche) beschleunigt werden müsste, um anschließend antriebslos den Abstand r_0 zu erreichen. Der Einfluss des Mondes soll dabei nicht berücksichtigt werden. 6 BE

c) Tatsächlich könnte bei einem Mondflug eine Geschwindigkeit $v < v^*$ genügen, um von der Parkbahn aus Teilaufgabe 2 b antriebslos den Abstand r_0 zu erreichen. Nennen Sie hierfür eine mögliche Ursache. 2 BE

3. **Sonne**

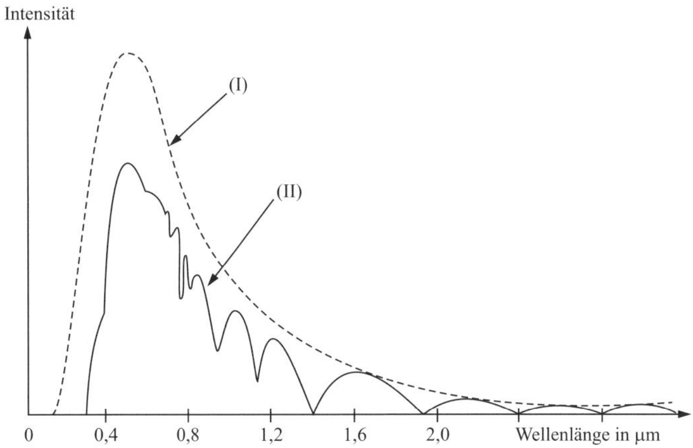

Die Abbildung zeigt die spektrale Intensitätsverteilung eines schwarzen Strahlers von Sonnengröße bei Sonnentemperatur (I) und der Sonnenstrahlung an der Erdoberfläche (II).

a) Skizzieren Sie in ein Diagramm die spektrale Verteilung der Strahlungsleistung von drei gleichen schwarzen Strahlern mit unterschiedlichen Temperaturen. 5 BE

b) Berechnen Sie mithilfe des Graphen (I) näherungsweise die Oberflächentemperatur der Sonne. 4 BE

c) Erläutern Sie die wesentlichen Unterschiede der Spektren (I) und (II). 4 BE

60 BE

Lösung

1. Mond

a) Unter dem **siderischen Monat** versteht man einen vollen Umlauf des Mondes um die Erde von außen betrachtet. Von der Erde aus gesehen steht der Mond nach einem Ablauf eines siderischen Monats wieder vor demselben Sternenhintergrund.

Der **synodische Monat** ist die Zeit zwischen zwei gleichen Mondphasen (z. B.: von Vollmond zu Vollmond)

b)

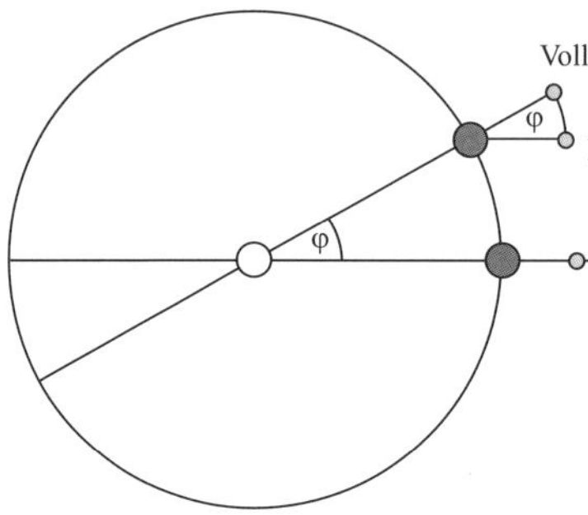

Abb. 1: Aufeinanderfolgende Vollmondphasen

c) Die Vollkreis der Bahn der Erde um die Sonne steht zum gesuchten Winkel im gleichen Verhältnis wie ein Jahr zu 29,5 Tagen:

$$\frac{29{,}5}{365} = \frac{\varphi}{360°} \quad \text{also:} \quad \varphi = \frac{29{,}5 \cdot 360°}{365} = 29{,}1°$$

d) Hier betrachtet man am einfachsten die Winkel, die der Mond auf seiner Bahn um die Erde in einem siderischen bzw. in einem synodischen Monat zurücklegt. Aus dem Verhältnis der Winkel erhält man:

$$\frac{T_{sid}}{T_{syn}} = \frac{360°}{389{,}1°} \quad \Rightarrow \quad T_{sid} = 0{,}93\, T_{syn} \quad \Rightarrow \quad T_{sid} = 0{,}93 \cdot 29{,}5\text{ d} = 27{,}4\text{ d}$$

e) Gegeben sind die Messgrößen $B_n = 17{,}2$ mm; $B_w = 15{,}4$ mm (Achtung: diese Angaben sind **Durchmesser**!), der Mond**radius** $R_M = 1738$ km und die Brennweite $f = 1800$ mm.

Der Formelsammlung entnehmen wir den Zusammenhang:

$$\frac{B}{G} = \frac{b}{g} = \frac{f}{g}$$

Dabei gilt wegen $g \gg f$ nach den Linsengesetzen $b = f$; das Bild entsteht praktisch im Brennpunkt. Wir lösen die Gleichung nach g auf,

$$g = \frac{f}{B} \cdot G = \frac{f}{B} \cdot 2 \cdot R_M,$$

und erhalten für B_n und B_w:

$$g_n = \frac{1800\text{ mm}}{17{,}2\text{ mm}} \cdot 2 \cdot 1738\text{ km} = 3{,}64 \cdot 10^5\text{ km}$$

$$g_w = \frac{1800\text{ mm}}{15{,}4\text{ mm}} \cdot 2 \cdot 1738\text{ km} = 4{,}06 \cdot 10^5\text{ km}$$

f) Grundlage für die zahlreicheren Krater ist die **fehlende Atmosphäre**:

- Alle Körper, die den Mond treffen, schlagen auch auf der Mondoberfläche auf, weil nicht einmal kleinste Körper in einer Atmosphäre verglühen können,
- Durch die fehlende Atmosphäre findet auf dem Mond keine Erosion statt, so dass die Krater auf der Mondoberfläche lange erhalten bleiben.

Abb. 2: Krater auf dem Mond

g) Der Ansatz „aufgenommene Leistung gleich abgegebene Leistung" (Strahlungsgleichgewicht) führt zu:

$$P_{auf} = P_{ab} \quad \Rightarrow \quad 0{,}93 \cdot S_\odot \cdot R_M^2 \cdot \pi = \sigma \cdot 4 \cdot \pi \cdot R_M^2 \cdot T^4$$

Dabei ist $S_\odot = 1\,350\,\frac{\text{W}}{\text{m}^2}$ die Solarkonstante in der Entfernung der Erde von der Sonne. Die abgegebene Leistung wird durch das Gesetz von Stefan und Boltzmann beschrieben (Stefan-Boltzmann-Konstante $\sigma = 5{,}67 \cdot 10^{-8}\,\frac{\text{W}}{\text{m}^2\text{K}^4}$).

Kürzen von $R_M^2 \cdot \pi$ und Auflösen nach T ergibt:

$$T = \sqrt[4]{\frac{0{,}93 \cdot S_\odot}{4 \cdot \sigma}} \quad \Rightarrow \quad T = \sqrt[4]{\frac{0{,}93 \cdot 1350\,\frac{\text{W}}{\text{m}^2}}{4 \cdot 5{,}67 \cdot 10^{-8}\,\frac{\text{W}}{\text{m}^2\text{K}^4}}} = 273\text{ K}$$

Die Anwendung des Strahlungsgleichgewichtes ist wegen der fehlenden Atmosphäre und der langsamen Rotation des Mondes eigentlich nicht statthaft. Die aufgenommene Energie kann nicht gleichmäßig auf der Mondoberfläche verteilt werden, in den langen Mondnächten wird nur Energie abgegeben – jedoch keine zugeführt.

2. **Weltraummissionen**

a) Aus dem Gleichgewicht der Gravitationskräfte folgt (siehe Skizze):

$$G_E = G_M$$

$$\Leftrightarrow \quad \frac{G \cdot m \cdot M_E}{r_0^2} = \frac{G \cdot m \cdot M_M}{(r_{EM} - r_0)^2}$$

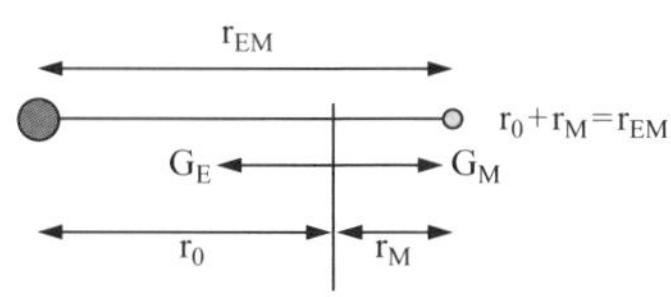

Abb. 3

Wir können G und m kürzen,

$$\frac{M_E}{M_M} = \frac{r_0^2}{(r_{EM} - r_0)^2},$$

und lösen nach r_0 auf:

$$\frac{r_0}{r_{EM}-r_0}=\sqrt{\frac{M_E}{M_M}}=\sqrt{\frac{1}{0,0123}}=9,02 \quad\Rightarrow\quad r_0=9,02\cdot(r_{EM}-r_0)$$

$$\Leftrightarrow \quad r_0\cdot(1+9,02)=9,02\cdot r_{EM}$$

$$r_0=\frac{9,02\cdot r_{EM}}{10,02}=3,46\cdot 10^5\,\text{km}$$

b) Entweder (1) wir fassen die Geschwindigkeit v* als Perigäums-Geschwindigkeit und r_0 als Apogäumsentfernung auf und rechnen mit der Gleichung

$$v=\sqrt{G\cdot M\cdot\left(\frac{2}{r}-\frac{1}{a}\right)}$$

(Formelsammlung), oder (2) wir führen einen direkten Energievergleich in den beiden Entfernungen durch.

(1) Mit $r_{min}=R_E+190\text{ km}=6368\text{ km}+190\text{ km}=6\,558\text{ km}$ und $r_{max}=r_0$ ergibt sich die große Halbachse dieser Bahn zu:

$$a=\frac{6558\text{ km}+r_0}{2}=\frac{6558\text{ km}+3,46\cdot 10^5\text{ km}}{2}=1,76\cdot 10^5\text{ km}$$

Aus der Formel für die Perigäums-Geschwindigkeit erhält man mit v = v*:

$$v^*=\sqrt{G\cdot M_E\cdot\left(\frac{2}{r}-\frac{1}{a}\right)}$$

$$=\sqrt{6,67\cdot 10^{-11}\frac{\text{m}^3}{\text{kg s}^2}\cdot 5,98\cdot 10^{24}\text{ kg}\cdot\left(\frac{2}{6558\cdot 10^3\text{ m}}-\frac{1}{1,76\cdot 10^8\text{ m}}\right)}$$

$$=10,9\,\frac{\text{km}}{\text{s}}$$

(2) Energievergleich: Aus $E_{pot}(r)=\dfrac{-G\cdot m\cdot M_E}{r}$ folgt für r_0 bzw. r_{min}:

$$E_{pot}(r_0)=\frac{-6,67\cdot 10^{-11}\frac{\text{m}^3}{\text{kg s}^2}\cdot m\cdot 5,98\cdot 10^{24}\text{ kg}}{3,46\cdot 10^8\text{ m}}=-1,15\cdot 10^6\,\frac{\text{J}}{\text{kg}}\cdot m$$

$$E_{pot}(r_{min})=\frac{-6,67\cdot 10^{-11}\frac{\text{m}^3}{\text{kg s}^2}\cdot m\cdot 5,98\cdot 10^{24}\text{ kg}}{6,558\cdot 10^6\text{ m}}=-6,08\cdot 10^7\,\frac{\text{J}}{\text{kg}}\cdot m$$

$$\Rightarrow\quad \Delta E=E_{pot}(r_0)-E_{pot}(r_{min})=5,97\cdot 10^7\,\frac{\text{J}}{\text{kg}}\cdot m$$

Diese Energie muss vorher als kinetische Energie vorhanden sein:

$$\frac{1}{2}\cdot m\cdot v^2=5,97\cdot 10^7\,\frac{\text{J}}{\text{kg}}\cdot m \quad\Leftrightarrow\quad v=\sqrt{2\cdot 5,97\cdot 10^7}\,\frac{\text{m}}{\text{s}}=10,9\,\frac{\text{km}}{\text{s}}$$

c) Wenn man die Gravitationskraft des Mondes auf das Raumschiff ausnutzt, so genügt eine kleinere Geschwindigkeit.

3. Sonne

a)

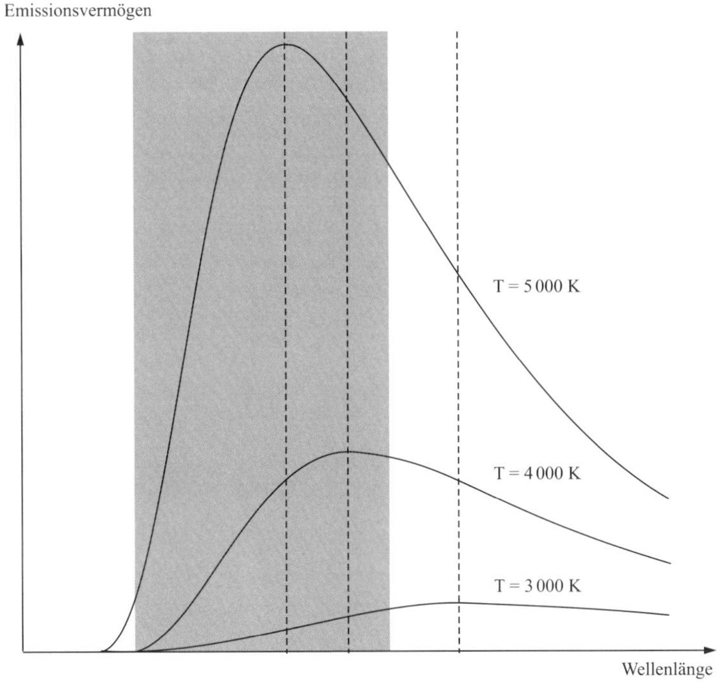

Abb. 4: Spektren bei verschiedenen Temperaturen (grau schattiert: sichtbares Spektrum)

b)

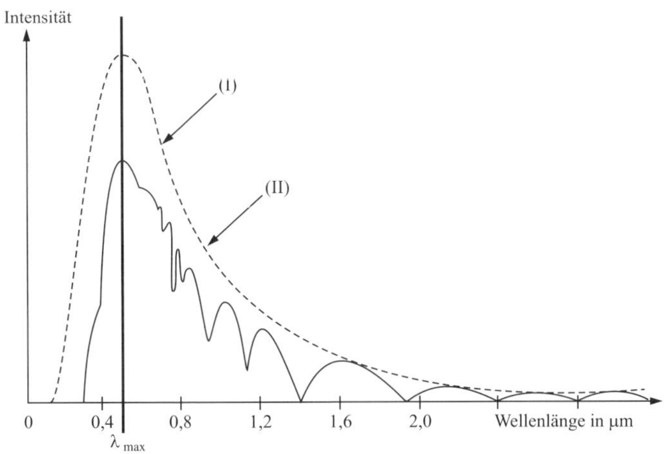

Abb. 5: Wellenlänge mit der größten Intensität, $\lambda_{max} \approx 0{,}5\,\mu m$

Das Strahlungsmaximum liegt bei ca. 0,5 mm (siehe Abbildung 5). Mit dem Verschiebungsgesetz von Wien berechnet man:

$$T \cdot \lambda_{max} = 2{,}8978 \cdot 10^3\ \text{K} \cdot \text{m} \quad \Leftrightarrow \quad T = \frac{2{,}8978 \cdot 10^3\ \text{K} \cdot \text{m}}{0{,}5 \cdot 10^{-6}\ \text{m}} = 6{,}0 \cdot 10^3\ \text{K}$$

c) Das Spektrum (II) hat eine geringere Intensität als Spektrum I, jedoch das gleiche Strahlungsmaximum (gleicher Ausgangsstrahler). Die Intensität ist auf Grund von Absorption und Streuung der Strahlung in der Erdatmosphäre geringer. Zusätzlich sind im zweiten Spektrum deutliche Resonanzabsorptionslinien, welche durch Moleküle/Atome in der Erdatmosphäre verursacht werden, zu erkennen.

Bildnachweis: nssdc.gsfc.nasa.gov/planetary

Grundkurs Physik (Bayern): Abiturprüfung 2005 – Aufgabe 6
Der Kugelsternhaufen M13

Der Kugelsternhaufen M13
Kugelsternhaufen bestehen aus sehr vielen Sternen auf engem Raum, deren Sternendichte zum Zentrum hin stark zunimmt. Der hellste am Nordhimmel sichtbare Kugelsternhaufen ist M13 im Sternbild Herkules. Für M13 erhält man experimentell das folgende Hertzsprung-Russel-Diagramm (HRD). Die gestrichelte Hilfslinie kennzeichnet den ungefähren Verlauf der Hauptreihe.

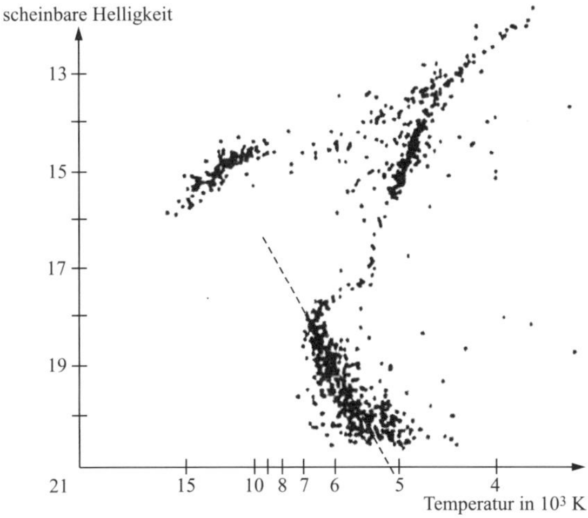

1. a) Im HRD von M13 findet man u. a. Hauptreihensterne und Rote Riesen. Erläutern Sie die wesentlichen Unterschiede im Aufbau von Hauptreihensternen und Roten Riesen anhand der Veränderungen, die bei der Entwicklung eines Sterns auftreten. 8 BE
   b) Entnehmen Sie dem Diagramm die scheinbare Helligkeit eines Sterns, den sie für sonnentypisch halben. Berechnen Sie damit einen Wert für die Entfernung von M13 zu unserem Sonnensystem. 6 BE
   c) Es gibt in M13 auch Weiße Zwerge. Geben Sie an, wo sich in diesem HRD die Weißen Zwerge befinden müssten. Begründen Sie Ihre Aussage mit den Eigenschaften Weißer Zwerge. 5 BE

2. In M13 wird der Cepheidenstern V2 beobachtet. Aus seiner Lichtkurve wird eine Periodendauer von 5,1 Tagen bei einer mittleren scheinbaren Helligkeit von 13,1 bestimmt. Der Cepheide V2 gehört zur Population II und leuchtet um genau 2 Größenklassen weniger hell als klassische Cepheiden gleicher Periodendauer.
   a) Berechnen Sie die absolute Helligkeit des Cepheiden V2 und daraus die Entfernung r von M13.
   [zur Kontrolle r = 8,2 kpc] 8 BE

b) Auf dem Weg von M13 zu uns wird das Sternenlicht durch Streuung an interstellarer Materie leicht abgeschwächt (Extinktion). Ist daher der in Teilaufgabe 2 a berechnete Wert für die Entfernung von M13 zu klein oder zu groß? Begründen Sie Ihre Aussage. 4 BE

c) Lesen Sie aus dem HRD die scheinbare Helligkeit des massereichsten Hauptreihensterns ab und berechnen Sie seine Leuchtkraft in Sonnenleuchtkräften. Bestimmen Sie außerdem mithilfe des HRD seinen Radius in Sonnenradien.
[zur Kontrolle $L = 3{,}5 \cdot L_{\odot}$] 10 BE

d) Schätzen Sie mithilfe des Ergebnisses von Teilaufgabe 2 c das Alter von M13 ab. Welche vereinfachende Annahme macht man dabei? Verwenden Sie für die Entwicklungszeit der Sonne: $\tau_{\odot} = 10$ Mrd. Jahre. 8 BE

3. Anlässlich der Einweihung der modernisierten leistungsstarken Arecibo-Radioteleskops auf Puerto Rico im Jahr 1974 wurde eine 3,0 Minuten lange Nachricht an hypothetische außerirdische Zivilisationen in M13 gesendet.

a) Ermitteln Sie unter Verwendung des Ergebnisses der Teilaufgabe 2 a, wie viele Jahre vergehen müssen, bis wir auf der Erde ein mögliches Antwortsignal von dort empfangen können. 4 BE

b) Das Signal hatte eine Trägerfrequenz von 2,38 GHz. Berechnen Sie die dazugehörige Wellenlänge. 3 BE

c) Man kann davon ausgehen, dass für diese Außerirdischen die Strahlungsquellen Sonne und Erde nicht einzeln auflösbar wären. Dennoch könnten sie bei Nutzung entsprechender Technik irdische Radiosignale erkennen. Begründen Sie dies. Vergleichen Sie dazu qualitativ die Intensitäten der Sonnenstrahlung im optischen Bereich und im Radiobereich. 4 BE

60 BE

Lösung

Kugelsternhaufen M13

1. a) Hauptreihensterne erhalten den gegen die Gravitationskraft gerichteten Druck durch Wasserstofffusion im Kern des Sternes. Druckkraft nach außen und Gravitationskraft nach innen halten sich das Gleichgewicht. Wird der Wasserstoff in der Kernregion knapp, wird das Kräftegleichgewicht gestört. Die Wasserstoffbrennzone wandert in die Hülle und bläht den Stern auf. Dabei wird der Stern leuchtkräftiger und größer, wohingegen seine Oberflächentemperatur abnimmt, da sich die Oberfläche immer weiter vom Kern entfernt. Dieses Stadium bezeichnet man als „Roten Riesen". Der Kern wird durch die Gravitation zusammen geschoben, wodurch je nach Sternmasse weitere Fusionszyklen durchlaufen werden können.

Abb. 1: Kugelsternhaufen M13 im Herkules

b) Aus Abbildung 2 liest man für die scheinbare Helligkeit eines sonnentypischen Sterns m = 19,5 ab.

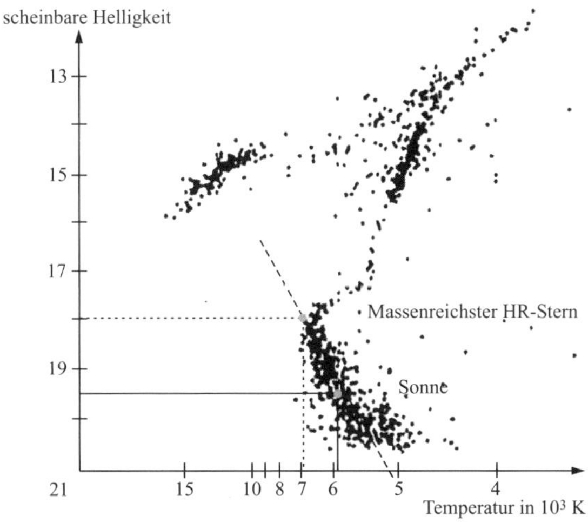

Abb. 2: HRD von M13

Mit dem Entfernungsmodul berechnen wir die Entfernung zur M13, unter Verwendung der absoluten Helligkeit der Sonne M = 4,8:

$$m - M = 19{,}5 - 4{,}8 = 14{,}7 = 5 \cdot \lg \frac{r}{10\ \text{pc}}$$

$$\Rightarrow\ r = 10\ \text{pc} \cdot 10^{\frac{14{,}5}{5}} = 8{,}7 \cdot 10^3\ \text{pc} = 8{,}7\ \text{kpc}$$

c) Weiße Zwerge sind Endstadien von Sternen mit Endmassen unter 1,4 Sonnenmassen (Chandrasekhar-Grenze). Sie sind wenig leuchtkräftig ($M \approx 15$) und gehören den Spektralklassen O, B, A, F an – da sie noch sehr heiße Oberflächen besitzen. Damit findet man sie links unterhalb der Hauptreihe des HR-Diagrammes.

2. a) Es ist $\overline{m} = 13{,}1$ und $p = 5{,}1$ d. Mit der Perioden-Leuchtkraftbeziehung für normale Cepheiden, um 2 Größenklassen korrigiert (Population 2), ergibt sich:

$$M = -1{,}67 - 2{,}54 \cdot \lg 5{,}1 + 2 = -1{,}5$$

(Summand + 2, da weniger hell; Achtung, Hipparchskala: *größer* → *weniger* hell!)

Wieder verwenden wir das Entfernungsmodul:

$$13{,}1 + 1{,}5 = 14{,}6$$

und erkennen, dass dies ein wenig kleiner ist als in Aufgabe 1 b. Wir erhalten damit:

$$r = 10\ \text{pc} \cdot 10^{\frac{14{,}6}{5}} = 8{,}3 \cdot 10^3\ \text{pc} = 8{,}3\ \text{kpc}$$

b) Hier müssen wir wieder ganz genau Hipparch beachten! Die empfangene scheinbare Helligkeit ist zu groß (der Stern ist heller, damit $m_r < m$). Damit wird das Entfernungsmodul kleiner und mit ihm auch die Entfernung!
Also: Die in Teilaufgabe 2 a berechnete Entfernung ist zu groß.

c) Aus Abbildung 2 lesen wir $m = 18$ ab.
Das Entfernungsmodul ist gemäß Teilaufgabe 1 b $14{,}6 = 18 - M$, woraus $M = 3{,}4$ folgt.
Hieraus ergibt sich für die Leuchtkraft:

$$L^* = q^{4{,}8 - 3{,}4} = 3{,}6$$

Die abgelesene Temperatur liegt in etwa bei 6 900 K. Nach Stefan und Boltzmann gilt

$$L_s = \sigma \cdot 4\,\pi\, R_s^2 \cdot T_s^4 \qquad \text{I}$$

$$L_\odot = \sigma \cdot 4\,\pi\, R_\odot^2 \cdot T_\odot^4 \qquad \text{II}$$

Division I/II liefert:

$$L^* = \frac{R^{*2} \cdot T_s^4}{T_\odot^4}$$

Daraus erhalten wir für den Radius R^*:

$$R^* = \frac{\sqrt{L^*} \cdot T_\odot^2}{T^2} = 1{,}3$$

d) Annahme: Alle Sterne des Haufens sind in etwa zur gleichen Zeit entstanden. Wir kennen die folgenden Zusammenhänge:

$$\tau \sim \frac{1}{M^2}$$

und für Hauptreihensterne:

$$L \sim M^3$$

Also können wir zuerst abschätzen:

$$M^* = \sqrt[3]{L^*} = \sqrt[3]{3,6} = 1,53$$

Daraus folgt für diesen Stern eine Entwicklungszeit von

$$\tau^* = \frac{1}{1,53^2} = 4,3 \cdot 10^{-1} \quad \text{bzw.} \quad \tau = \tau^* \cdot \tau_\odot = 4,3 \cdot 10^{-1} \cdot 10^{10}\,\text{a} = 4,3 \cdot 10^9\,\text{a}$$

Dies stellt in etwa das Alter von M13 dar.

3. a) Mit 1 pc = 3,26 ly folgt:

$$\Delta t = \frac{2 \cdot r}{c} = \frac{2 \cdot 8,2 \cdot 10^3 \cdot 3,26\,\text{ly}}{c} = 5,4 \cdot 10^4\,\text{a}$$

(wobei man beim Lichtjahr die Lichtgeschwindigkeit „kürzen“ kann!)

b) $$\lambda = \frac{c}{f} = \frac{3 \cdot 10^8\,\frac{\text{m}}{\text{s}}}{2,38 \cdot 10^9\,\frac{1}{\text{s}}} = 12,6\,\text{cm}$$

c) Bedienen wir uns der Kurve von Aufgabe 5 (Grundkurs 2005), Teilaufgabe 3, welche die spektrale Intensitätsverteilung der Sonne zeigt (siehe Abbildung 3). Wir sehen, dass die Signalwellenlänge 12,6 cm sehr weit rechts im Spektrum liegt und dabei eine äußerst geringe Intensität aufweist (das Maximum liegt bei ca 500 nm!). Die irdischen Signale haben also im Radiobereich eine wesentlich größere Intensität als die Sonnenstrahlung und können mit entsprechender Technik (Interferenzschaltung der Radioteleskope o. ä.) wahrgenommen werden.

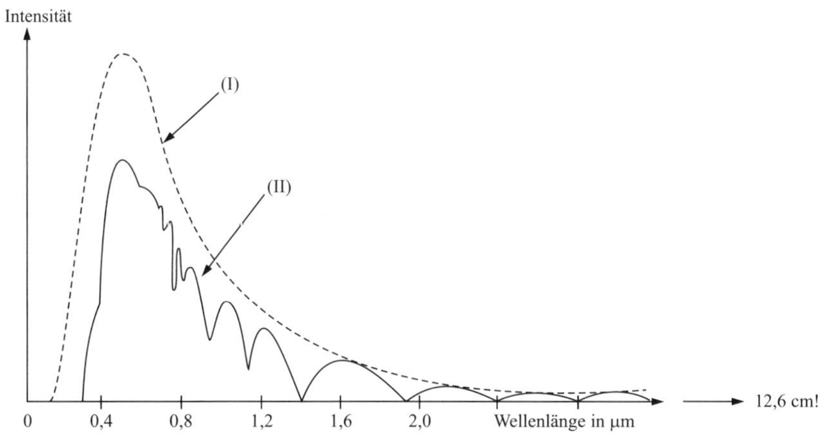

Abb. 3 Spektrale Intensitätsverteilung der Sonne

Grundkurs Physik (Bayern): Abiturprüfung 2006 – Aufgabe I
Millikanversuch, Synchrotron

1. **Quantelung der Ladung – Millikanversuch**
Im Millikanversuch werden kleine geladene Öltröpfchen in das homogene Feld eines Plattenkondensators (Abstand der horizontal liegenden Platten: $d = 2{,}0$ cm) gebracht und durch ein Mikroskop beobachtet.
   a) Ein ausgewähltes Öltröpfchen (Masse $m = 4{,}70 \cdot 10^{-16}$ kg) schwebt gerade bei einer Kondensatorspannung von 25 Volt. Berechnen Sie den Betrag der Ladung dieses Öltröpfchens. 6 BE
   b) Nennen Sie zwei Gründe dafür, dass eine genaue Ladungsbestimmung mithilfe der Schwebemethode kaum möglich ist. 4 BE
   c) Im Labor verwendet man deshalb eine andere Variante des Millikanversuchs. Dabei ergeben sich Häufungen der Messwerte bei folgenden Ladungen der Öltröpfchen:

$6{,}4 \cdot 10^{-19}$ C	$9{,}6 \cdot 10^{-19}$ C	$16{,}0 \cdot 10^{-19}$ C

   Auf welchen größtmöglichen Wert für die Elementarladung würde ein Experimentator aufgrund dieser Messergebnisse schließen? Geben Sie eine Begründung für Ihr Ergebnis an.
   Welche anderen Werte für die Elementarladung sind mit diesen Messergebnissen vereinbar? 8 BE
   d) Kann ein Öltröpfchen auch dann im Schwebezustand ($v = 0$) gehalten werden, wenn statt des elektrischen Feldes ein homogenes Magnetfeld verwendet wird? Begründen Sie Ihre Antwort. 5 BE

2. Ein Synchrotron ist ein Beschleuniger, in dem geladene Teilchen eine geschlossene Bahn durchlaufen, auf die sie mithilfe von Ablenkmagneten gezwungen werden. Näherungsweise besteht die Bahn aus vier Viertelkreisen mit Radius r und geraden Verbindungsstücken. Auf den vier Geraden werden die Teilchen durch so genannte Resonatoren beschleunigt. Da die Energie der Teilchen ständig zunimmt, der Kreisradius r dagegen unverändert bleibt, müssen die Magnetfelder angepasst (synchronisiert) werden.

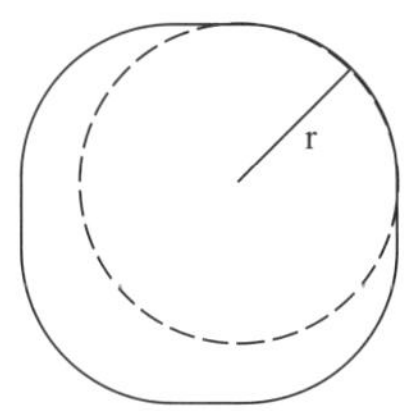

Ein Synchrotron kann erst ab einer bestimmten Teilchenenergie arbeiten; deshalb werden die Teilchen auf die nötige Geschwindigkeit vorbeschleunigt und erst dann in das Synchrotron injiziert.
   a) 1992 wurde in Hamburg das Synchrotron Hera in Betrieb genommen. In das Synchrotron werden Protonen mit der Geschwindigkeit $v = 0{,}99973\,c$ injiziert. Berechnen Sie das Verhältnis der Masse des Protons zu seiner Ruhemasse im Moment der Injektion. 5 BE

Das Synchrotron Hera hat einen Umfang von 6,30 km. Die Protonen werden mit einer Gesamtenergie von $E_1 = 40{,}0$ GeV injiziert und erreichen eine maximale Gesamtenergie von $E_2 = 920$ GeV. Pro Umlauf wird den Protonen in jedem der vier Resonatoren durchschnittlich die Energie $\Delta E = 7{,}80$ keV zugeführt. (Energieverluste in Form von Synchrotronstrahlung sind hierin schon berücksichtigt.)

b) Berechnen Sie, wie viele Umläufe des Protons von der Injektion bis zum Erreichen der maximalen Gesamtenergie nötig sind.
[zur Kontrolle: $n = 2{,}82 \cdot 10^7$] 5 BE

c) Welchem Vielfachen des Erdumfangs entspricht die dabei von den Protonen zurückgelegte Strecke? 3 BE

d) Schätzen Sie ab, wie lange der Vorgang von Teilaufgabe 2 b dauert.
[zur Kontrolle: $t = 593$ s] 5 BE

Berücksichtigt man, dass sich die Protonen nahezu mit Lichtgeschwindigkeit bewegen ($v \approx c$), erhält man folgenden Zusammenhang zwischen der Gesamtenergie E der Protonen und der Flussdichte B des Magnetfelds, das die Protonen auf eine Kreisbahn zwingt:

$$E = r \cdot e \cdot c \cdot B$$

e) Leiten Sie ausgehend von einem Kraftansatz für die Kreisbewegung diese Gleichung her. 7 BE

f) Zwischen welchen Werten muss die magnetische Flussdichte B synchronisiert werden, wenn der Radius r der Kreisbahn in den Magnetfeldern 800 m beträgt?
[zur Kontrolle: $B_1 = 0{,}167$ T; $B_2 = 3{,}84$ T] 6 BE

g) Im Synchrotron erzeugen supraleitende Spulen der Querschnittsfläche $A = 1{,}80\ m^2$ das Magnetfeld, das die Protonen ablenkt. Der Anstieg des Magnetfelds induziert in jeder der Spulen eine Gegenspannung. Berechnen Sie mithilfe der bisherigen Ergebnisse den mittleren Wert dieser Gegenspannung für eine Spule mit 80 Windungen. 6 BE

60 BE

Tipps und Hinweise zur Lösung von Aufgabe I

Tipp zu Teilaufgabe 1 a

Überlegen Sie: Welche Kräfte greifen am Öltröpfchen an? Was gilt für diese Kräfte im Schwebezustand?

Tipp zu Teilaufgabe 1 b

Da nach Gründen gefragt ist, müssen Sie Ihre Antwort (knapp) ausführen. Die bloße Nennung der die Messung störenden Phänomene reicht nicht.

Tipp zu Teilaufgabe 1 c

Untersuchen Sie die Teilbarkeit der Messwerte und vergleichen Sie die Teiler.

Tipp zu Teilaufgabe 1 d

Vergleichen Sie die bekannten Formeln für die magnetische und die elektrostatische Kraft: Was gilt für beide Kräfte im Fall $v = 0$?

Tipp zu Teilaufgabe 2 a

Sie benötigen die relativistische Massenformel.

Tipps zu Teilaufgabe 2 b

Bilden Sie den Quotienten aus der insgesamt und der pro Runde zugeführten Energie. Beachten Sie dabei genau den Angabentext.

Achten Sie auf die einheitliche Wahl der Energieeinheit.

Tipp zu Teilaufgabe 2 d

Es ist ausdrücklich von „schätzen" die Rede. Sie können daher von einer konstanten mittleren Geschwindigkeit ausgehen (wie groß ist diese?) und bei bekannter Laufstrecke die Laufzeit näherungsweise bestimmen.

Tipp zu Teilaufgabe 2 e

Welche Kraft ist allgemein mit der Kreisbewegung verknüpft? Welche Kraft liefert das Magnetfeld? Setzen Sie beide Kräfte gleich und berücksichtigen Sie $v \approx c$ und die Einsteinbeziehung für dic Encrgic.

Tipp zu Teilaufgabe 2 f

Aus der in Teilaufgabe 2 e angegebenen bzw. hergeleiteten Formel folgt, dass $E \sim B$. Daher können Sie sofort mithilfe der gegebenen Energien E_1 und E_2 die zugehörigen B-Werte berechnen.

Tipp zu Teilaufgabe 2 g

Berechnen Sie die Induktionsspannung und verwenden Sie, dass A konstant und im Mittel $\dot{B} = \frac{\Delta B}{t}$ ist.

Lösung zu Aufgabe I

1. a) Im Schwebezustand herrscht Gleichgewicht zwischen Gravitations- und elektrostatischer Kraft, also gilt mit $E = \frac{U}{d}$ (da es sich um einen Plattenkondensator handelt):

$$m \cdot g = E \cdot Q = \frac{U}{d} \cdot Q$$

Damit ergibt sich für die Ladung:

$$Q = \frac{m \cdot g \cdot d}{U} = \frac{4{,}70 \cdot 10^{-16}\,\text{kg} \cdot 9{,}81\,\frac{\text{N}}{\text{kg}} \cdot 2{,}0 \cdot 10^{-2}\,\text{m}}{25\,\text{V}} = 3{,}7 \cdot 10^{-18}\,\text{As}$$

b) Zum einen ist die Brown' sche Molekularbewegung zu nennen, die das Tröpfchen stets zittern lässt und somit die exakte Einstellung eines Schwebezustandes verhindert. Weiterhin treten Ungenauigkeiten bei der Bestimmung solch kleiner Massen auf: Berechnet man die Masse über den Durchmesser und die Dichte des Öltröpfchens, kommt es aufgrund von Beugungserscheinungen zu Fehlern bei der Radiusmessung.

c) Der „größte gemeinsame Teiler" der Messwerte ist $3{,}2 \cdot 10^{-19}\,\text{C}$, alle Messwerte sind also ganzzahlige Vielfache davon. Alle Bruchteile $\frac{1}{n}$ vom größten gemeinsamen Teiler (mit natürlicher Zahl n) kommen ebenso in Frage, also etwa $1{,}6 \cdot 10^{-19}\,\text{C}$ für $n = 2$, $1{,}07 \cdot 10^{-19}\,\text{C}$ für $n = 3$, $0{,}8 \cdot 10^{-19}\,\text{C}$ für $n = 4$ usw.

d) Nein! Die elektrostatische Kraft wirkt unabhängig von der Geschwindigkeit des geladenen Teilchens, die magnetische Feldkraft $F_{\text{magnetisch}} = q \cdot v \cdot B$ wirkt dagegen nur auf bewegte Teilchen und wird für $v = 0$ selbst null.

2. a) Nach der relativistischen Massenformel gilt:

$$m(v) = \frac{m_0}{\sqrt{1 - \left(\frac{v}{c}\right)^2}} \quad \Rightarrow \quad \frac{m(v)}{m_0} = \frac{1}{\sqrt{1 - \left(\frac{v}{c}\right)^2}}$$

Mit $\frac{v}{c} = 0{,}99973$ folgt:

$$\frac{m(0{,}99973\,c)}{m_0} = \frac{1}{\sqrt{1 - (0{,}99973)^2}} \approx 43$$

b) Die nach der Injektion zugeführte Energie ist $\Delta E_{ges} = E_2 - E_1 = 880\,\text{GeV}$. In jeder „Runde" nehmen die Protonen viermal die Energie $\Delta E = 7{,}80\,\text{keV}$ auf, also beträgt die Zahl n der benötigten Durchläufe:

$$n = \frac{\Delta E_{ges}}{\Delta E} = \frac{880 \cdot 10^6\,\text{keV}}{4 \cdot 7{,}80\,\text{keV}} = 2{,}82 \cdot 10^7$$

c) Die Division des n-fachen Umfangs von Hera durch den Erdumfang ergibt:

$$\frac{n \cdot u_{\text{Hera}}}{u_{\text{Erde}}} = \frac{2{,}82 \cdot 10^7 \cdot 6{,}30\,\text{km}}{2 \cdot 6\,370\,\text{km} \cdot \pi} = 4{,}44 \cdot 10^3$$

d) Der Erdumfang beträgt etwa 40000 km, die Geschwindigkeit ist bereits bei der Injektion praktisch gleich der Lichtgeschwindigkeit. Der Vorgang dauert also etwa

$$t = \frac{s}{v} \approx \frac{s}{c} = \frac{4\,440 \cdot 40\,000\ \text{km}}{300\,000\ \frac{\text{km}}{\text{s}}} = 592\ \text{s}.$$

e) Die Lorentzkraft F_L stellt hier die Zentripetalkraft F_Z dar, es gilt daher der Ansatz

$$F_L = F_Z \quad \text{bzw.} \quad q \cdot v \cdot B = \frac{m \cdot v^2}{r}.$$

Die Ladung der Protonen ist e und für die Geschwindigkeit wird näherungsweise $v \approx c$ angenommen, also folgt

$$e \cdot c \cdot B = \frac{m \cdot c^2}{r}$$

und mit der relativistischen Formel $E = m \cdot c^2$ schließlich:

$$E = r \cdot e \cdot c \cdot B$$

Beachten Sie die Formulierung: Die Lorentzkraft *ist* nicht *gleich* der Zentripetalkraft (es werden nicht zwei verschiedene Kräfte gleichgesetzt), sondern *stellt* diese *dar*, d. h.: Die Lorentzkraft übernimmt hier die Funktion einer Zentripetalkraft, indem sie das Proton auf eine Kreisbahn (gemäß Dreifingerregel) zwingt. Vergleichen Sie z. B. mit der Mondbewegung um die Erde: In diesem Fall stellt die Gravitationskraft die Zentripetalkraft dar und zwingt den Monde auf eine Kreisbahn.

f) Löst man die Gleichung $E = r \cdot e \cdot c \cdot B$ nach der Flussdichte B auf, erhält man:

$$B = \frac{E}{r \cdot e \cdot c}$$

Bei der Injektion ist die kinetische Energie $E_1 = 40{,}0$ GeV, daher beträgt die Anfangsflussdichte:

$$B_1 = \frac{40{,}0 \cdot 10^9\ \text{eV}}{800\ \text{m} \cdot 1{,}6 \cdot 10^{-19}\ \text{C} \cdot 3{,}010^8\ \frac{\text{m}}{\text{s}}} = \frac{40{,}0 \cdot 10^9 \cdot 1{,}6 \cdot 10^{-19}\ \text{J}}{800\ \text{m} \cdot 1{,}6 \cdot 10^{-19}\ \text{C} \cdot 3{,}0 \cdot 10^8\ \frac{\text{m}}{\text{s}}} =$$

$$= \frac{40{,}0 \cdot 10^9\ \text{J}}{800\ \text{m} \cdot 1\ \text{C} \cdot 3{,}0 \cdot 10^8\ \frac{\text{m}}{\text{s}}} \approx 0{,}167\ \frac{\text{Vs}}{\text{m}^2} = 0{,}167\ \text{T}$$

Analog folgt für den Endwert B_2, auf den die Flussdichte während der Beschleunigungsphase ansteigen muss, um die Protonenenergie E_2 zu erreichen:

$$B_2 = \frac{920{,}0 \cdot 10^9\ \text{eV}}{800\ \text{m} \cdot 1{,}6 \cdot 10^{-19}\ \text{C} \cdot 3{,}010^8\ \frac{\text{m}}{\text{s}}} = 3{,}83\ \text{T}$$

g) Für die Induktionsspannung gilt:

$$U_{ind} = -N \cdot \dot{\Phi} = -N \cdot \frac{d}{dt}(A \cdot B) \overset{\text{Produktregel}}{=} -N \cdot (\dot{A} \cdot B + \dot{B} \cdot A) \overset{\dot{A}=0}{=} -N \cdot A \cdot \dot{B}$$

Die zeitliche Änderung der magnetischen Flussdichte beträgt im Mittel $\dot{B} = \frac{\Delta B}{t}$, sodass für die während der gesamten Laufzeit erzeugte mittlere Induktionsspannung folgt:

$$\overline{U}_{ind} = -N \cdot A \cdot \frac{B_2 - B_1}{t} = -80 \cdot 1{,}80\ \text{m}^2 \cdot \frac{3{,}84\ \text{T} - 0{,}167\ \text{T}}{593\ \text{s}} \approx -0{,}892\ \text{V}$$

Grundkurs Physik (Bayern): Abiturprüfung 2006 – Aufgabe II
Resonanz, Mikrowellen, Fotoeffekt

1. **Resonanz**
Aus einer Spule (Länge 25,0 mm, Durchmesser 6,0 mm, 160 Windungen) und einem Kondensator der Kapazität 4,2 nF wird ein Schwingkreis aufgebaut.

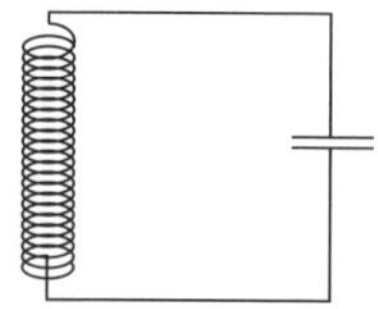

a) Durch einen Resonanzversuch soll die Eigenfrequenz des Schwingkreises bestimmt werden. Es steht ein Frequenzgenerator sowie ein Oszilloskop zur Verfügung.
Skizzieren Sie einen geeigneten Versuchsaufbau und beschreiben Sie, wie die Eigenfrequenz am Oszilloskop bestimmt werden kann. 7 BE

b) Berechnen Sie die Frequenz, für die Resonanz zu erwarten ist. 5 BE

c) Die tatsächlich gemessene Resonanzfrequenz stimmt mit dem Ergebnis von Teilaufgabe 1 b nicht genau überein. Geben Sie eine kurze Begründung dafür an. 2 BE

2. **Versuche mit Mikrowellen**
Mit einem Mikrowellensender wird ein Doppelspaltversuch durchgeführt. Dazu stellt man in 30 cm Abstand vor dem Sender drei Aluminiumbleche so auf, dass sich zwei senkrechte Spalten mit jeweils 2,0 cm Breite ergeben. Dabei hat das mittlere Blech eine Breite von 12 cm. Der Sender steht auf der Symmetrieachse dieses Doppelspalts. 30 cm hinter den Blechen wird der Empfangsdipol – ebenfalls auf der Symmetrieachse – aufgestellt.

a) Skizzieren Sie die Versuchsanordnung im Maßstab 1 : 5. 4 BE

b) Obwohl das mittlere Blech den direkten Weg vom Sender zum Empfänger versperrt, kann kräftiger Empfang nachgewiesen werden. Erklären Sie diese Beobachtung. 5 BE

c) Verschiebt man den Empfänger senkrecht von der Symmetrieachse weg, so wird der Empfang zuerst schwächer, dann wieder stärker. 10 cm von der Achse entfernt ist er wieder maximal.
Zeichnen Sie diese Position des Empfängers in die Skizze von Teilaufgabe 2 a ein und erklären Sie das Phänomen. Berechnen Sie die Wellenlänge der benutzten Mikrowellenstrahlung. 8 BE

d) Mithilfe der Skizze zu Teilaufgabe 2 c kann die Wellenlänge auch zeichnerisch ermittelt werden. Führen Sie dies durch und erläutern Sie kurz Ihr Vorgehen. 4 BE

3. **Fotoeffekt**

a) Beschreiben Sie einen einfachen Versuch mit einem Elektroskop als Nachweisgerät, mit dem sich der Fotoeffekt beobachten lässt. 4 BE

b) Geben Sie zwei Beobachtungen beim Fotoeffekt an, die im Widerspruch zur klassischen Lichtwellentheorie stehen. Erklären Sie die von Ihnen genannten Beobachtungen unter Verwendung der Einstein'schen Deutung des Fotoeffekts. 8 BE

Vakuumfotozellen basieren auf dem Fotoeffekt. Bei Bestrahlung mit geeignetem monochromatischem Licht ist eine Vakuumfotozelle eine Spannungsquelle.

c) Geben Sie die Beziehung für den Zusammenhang zwischen der Spannung der Fotozelle und der Frequenz des eingestrahlten Lichts an. 3 BE

d) Grünes Licht der Frequenz $f = 5{,}38 \cdot 10^{14}$ Hz soll durch eine Vakuumfotozelle nachgewiesen werden. Zur Verfügung stehen Fotozellen mit folgenden Kathodenmaterialien: Cäsium, Gold, Kalium, Platin und Rubidium. Welche dieser Fotozellen sind geeignet? Begründen Sie Ihre Antwort. 3 BE

e) Bei Verwendung von speziellen Legierungen erreicht man bei Fotozellen Ablösearbeiten von 1,0 eV.
In welchem Bereich liegen die Geschwindigkeiten von Fotoelektronen, die durch sichtbares Licht (400 nm bis 800 nm) in solchen Fotozellen ausgelöst werden? 7 BE

60 BE

Tipps und Hinweise zur Lösung von Aufgabe II

Tipps zu Teilaufgabe 1a

- Sie müssen *skizzieren* und *beschreiben.*
- Resonanzversuch bedeutet: Sie müssen mithilfe der vorgegebenen Bauelemente erzwungene Schwingungen erzeugen und Resonanz durch Abstimmen der Erreger- auf die Eigenfrequenz des Schwingkreises erzielen.
- Überlegen Sie: Wo muss man die Wechselspannung des Frequenzgenerators sinnvollerweise anlegen? Was misst das das Oszilloskop? Wie müssen Sie es daher schalten?

Tipp zu Teilaufgabe 1b

- Sie benötigen die Thomsongleichung und die Formel für die Induktivität bei langgestreckten Spulen.

Tipp zu Teilaufgabe 1c

- Betrachten Sie noch einmal die Herleitung der Frequenz in Teilaufgabe 1 b: Wo haben Sie vereinfachende Annahmen gemacht?

Tipps zu Teilaufgabe 2b

- Hier müssen Sie die Beugung von Wellen an einem Hindernis erläutern.
- Wichtige Begriffe: Wellenfront, Elementarwellen, konstruktive Interferenz

Tipps zu Teilaufgabe 2c

- Überlegen Sie: Welche Bedingung müssen die interferierenden Wellenzüge erfüllen, damit es zu einem Empfangsmaximum kommt?
- Verwenden Sie den Satz des Pythagoras zur Weglängenbestimmung.

Tipp zu Teilaufgabe 2d

- Benutzen Sie Ihren Zirkel.

Tipp zu Teilaufgabe 3a

- Versuchsmaterial: Zinkplatte, Quecksilberlampe, Elektroskop

Tipp zu Teilaufgabe 3b

- Denken Sie an die Größen Energie, Frequenz, Intensität des Lichts. Wie hängen diese Größen im Wellenbild des Lichts zusammen, wie im Photonenbild nach Einstein?

Tipp zu Teilaufgabe 3c

- Sie benötigen die Grundformel für die kinetische Energie der ausgelösten Elektronen beim Fotoeffekt. Die Energie ist nötig, um das sich aufbauende elektrische Feld in der Fotozelle zu überwinden. Die Spannung folgt aus der Energiebilanz.

Tipp zu Teilaufgabe 3d

- Vergleichen Sie die Photonenenergie des grünen Lichts mit den Auslösearbeiten der gegebenen Metalle.

Tipp zu Teilaufgabe 3e

- Die verfügbare kinetische Energie können Sie für beide Grenzwellenlängen bestimmen und daraus mit der Standardformel für die kinetische Energie die Geschwindigkeit.

Lösung zu Aufgabe II

1. a) Mithilfe des Frequenzgenerators lassen sich erzwungene Schwingungen in dem Testschwingkreis erzeugen. Nähert sich die Erregerfrequenz der Eigenfrequenz des Schwingkreises an, kommt es zur Resonanz, die sich durch Spannungsmessung mit dem Oszilloskop feststellen lässt.

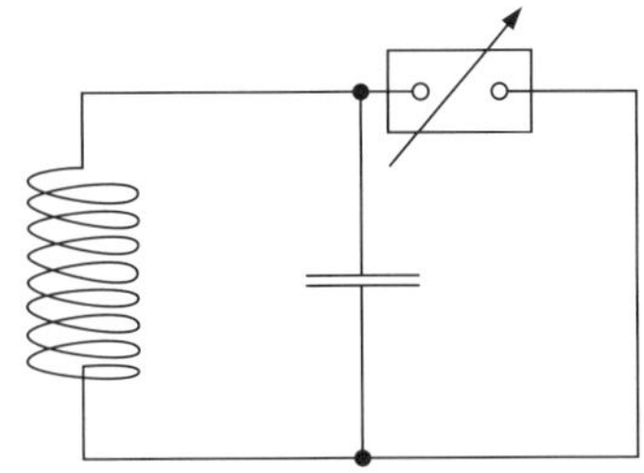

Der Frequenzgenerator muss entweder induktiv oder kapazitiv an den zu untersuchenden Schwingkreis angekoppelt werden. Bei der **kapazitiven** Kopplung wird der Kondensator des Testschwingkreises parallel an den Frequenzgenerator angeschlossen und von diesem periodisch aufgeladen (Abbildung oben rechts).
Die Erregerfrequenz wird gesteigert, bis Resonanz eintritt. Ein Oszilloskop misst Spannungen und ist daher am Kondensator anzuschließen (Abbildung unten links). Alternativ könnte man auch die Stromstärke durch die Spule indirekt messen, indem man einen Widerstand in Reihe schaltet und den (Wechsel-)Spannungsabfall an demselben mit dem Oszilloskop bestimmt (Abbildung unten rechts).

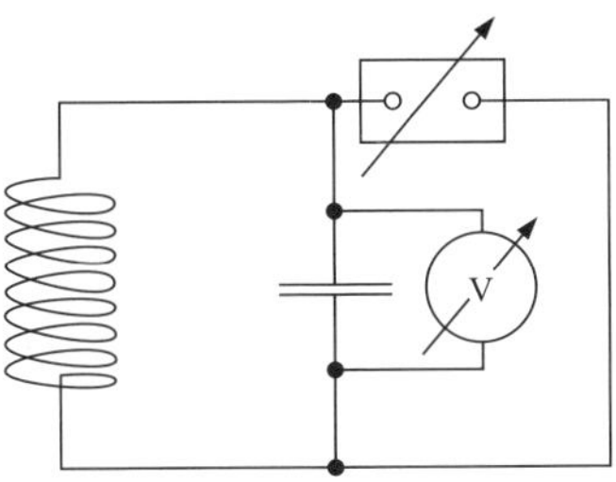

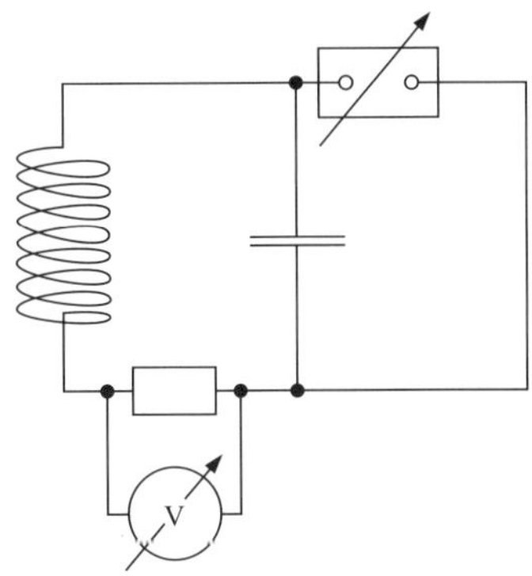

b) Die Frequenz des Schwingkreises erhält man über die Thomsongleichung:

$$f = \frac{1}{2\pi \cdot \sqrt{L \cdot C}} \qquad (*)$$

Die Kapazität C ist gegeben, die Induktivität L lässt sich aus den gegebenen Spulendaten berechnen, denn für langgestreckte Spulen gilt in guter Näherung:

$$L = \mu \cdot A \cdot \frac{N^2}{\ell} = 4\pi \cdot 10^{-7}\,\frac{\text{Vs}}{\text{Am}} \cdot (3{,}0 \cdot 10^{-3}\,\text{m})^2\,\pi \cdot \frac{160^2}{25{,}0 \cdot 10^{-3}\,\text{m}}$$

$$= 3{,}64 \cdot 10^{-5}\,\frac{\text{Vs}}{\text{A}} = 3{,}64 \cdot 10^{-5}\,\text{H}$$

Einsetzen der Zahlenwerte in (*) liefert:

$$f = \frac{1}{2\pi \cdot \sqrt{3{,}64 \cdot 10^{-5}\,\text{H} \cdot 4{,}2 \cdot 10^{-9}\,\text{F}}} \approx 4{,}1 \cdot 10^{-5}\,\text{Hz} = 0{,}41\,\text{MHz}$$

c) Die Formel für die Induktivität gilt nur für langgestreckte Spulen in guter Näherung, hier ist aber der Durchmesser von 6,0 mm nur etwa um den Faktor 4 kleiner als die Länge von 25,0 mm. Außerdem tritt durch den ohmschen Widerstand eine Dämpfung auf, die in der Formel (*) nicht berücksichtig ist.

2. a) Skizze der Versuchsanordnung:

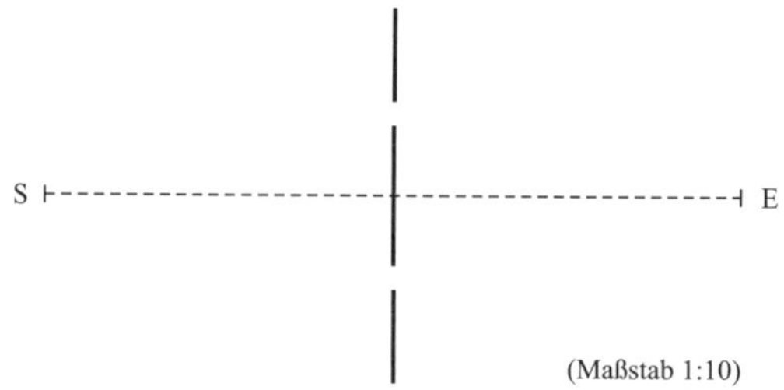

(Maßstab 1:10)

b) Die Mikrowellen breiten sich nach dem Huygens-Fresnel'schen Prinzip so aus, dass in jedem von der Welle erreichten Punkt eine neue Elementarwelle (also Kugelwelle) erzeugt wird. Von S ausgehend wandern die Wellenfronten als konzentrische Kreise weg und treffen auch auf die beiden Spalte. Dort werden wiederum Elementarwellen erzeugt, die sich rechts vom Doppelspalt als zu den Spaltmittelpunkten A und B konzentrische Kreise darstellen lassen:

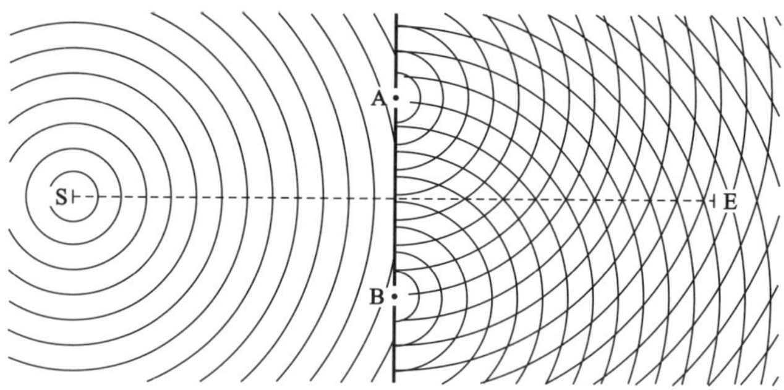

Auf der Symmetrieachse treffen sich stets die Wellenberge und -täler, es findet konstruktive Interferenz statt. Wegen dieser Beugungserscheinung lässt sich trotz des Hindernisses das Signal auf der Symmetrieachse empfangen. Die Weglängen der beiden Wellenzüge von S über A bzw. B nach E sind gleich, man nennt das das Hauptmaximum (Maximum nullter Ordnung).

Die Skizze der Wellenfronten dient der Veranschaulichung, sie ist für die Lösung nicht verlangt.

c) Es handelt sich hier, 10 cm neben dem Hauptmaximum, um das erste Nebenmaximum (auch „Maximum erster Ordnung" genannt). Der Gangunterschied zwischen den beiden Elementarwellen von A und B ist genau eine Wellenlänge (siehe Skizze).

Die beiden Abstände $\overline{AP}$ und $\overline{BP}$ kann man mit dem Satz des Pythagoras berechnen:

$$\overline{AF}^2 + \overline{PF}^2 = \overline{AP}^2$$

Mit $\overline{AF} = 3$ cm und $\overline{PF} = 30$ cm ergibt sich:

$$\overline{AP} = \sqrt{909}\ \text{cm}$$

Im rechtwinkligen Dreieck FBP gilt analog

$$\overline{BF}^2 + \overline{PF}^2 = \overline{BP}^2,$$

mit $\overline{BF} = 17$ cm und $\overline{PF} = 30$ cm erhält man:

$$\overline{BP} = \sqrt{1\,189}\ \text{cm}$$

Der Gangunterschied Δs und damit die Wellenlänge ist die Differenz der beiden Weglängen:

$$\Delta s = \lambda = \overline{BP} - \overline{AP} \approx 4{,}3\ \text{cm}$$

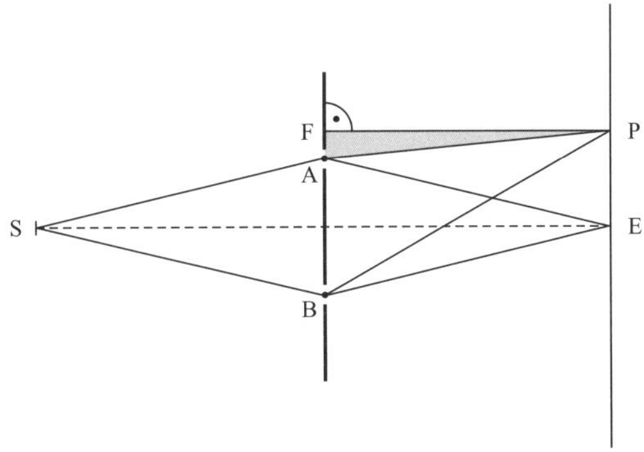

d) Zeichnerisch lässt sich die Wellenlänge bzw. der Gangunterschied Δs mit einem Zirkel bestimmen, indem man den kleineren Laufweg (hier $\overline{AP}$) in den Zirkel nimmt und am längeren Laufweg abträgt; der Rest ist dann Δs.

(Maßstab 1:10)

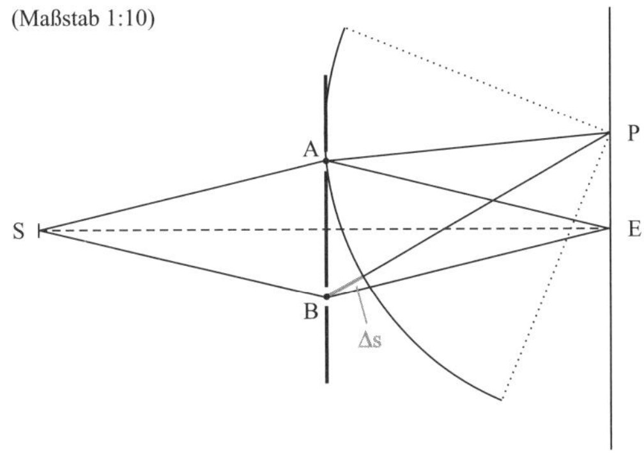

3. a) Man setzt eine frisch abgeschmirgelte Zinkplatte auf ein Elektroskop und lädt sie zunächst positiv auf. Bei Bestrahlung mit UV-Licht aus einer Quecksilberlampe ändert sich am Ausschlag des Elektroskops nicht. Lädt man die Platte dagegen negativ auf, sorgt das UV-Licht für zügige Entladung der Platte.

Wichtig ist bei diesem Versuch, dass das verwendete Licht eine bestimmte Mindestfrequenz nicht unterschreiten darf, weil sonst keine Entladung mehr auftritt. Dieser Grundversuch zum Fotoeffekt deutet schon stark auf den Teilchencharakter des Lichtes hin.

b) Beobachtungen, die im Widerspruch zur klassischen Wellentheorie stehen:

- Es ist eine **Mindestfrequenz** des verwendeten Lichtes notwendig, um Elektronen auszulösen (unabhängig von der Intensität der Strahlung). Nach der Wellentheorie müsste bei ausreichend starker Intensität auch bei geringerer Frequenz eine Entladung stattfinden.
- Der Fotoeffekt setzt **spontan** ein, und zwar auch bei sehr schwacher Intensität.
- Bei hoher Strahlungsintensität werden zwar mehr Elektronen ausgelöst, deren Maximalenergie ist aber **von der Intensität unabhängig**.

Erklärung nach Einstein: Licht einer bestimmten Frequenz setzt sich aus Portionen gleicher Energie zusammen, den so genannten Lichtquanten oder Photonen. Ihre Energie ist direkt proportional zur Frequenz, die Proportionalitätskonstante ist eine Naturkonstante, das Planck'sche Wirkungsquantum h ($E = h \cdot f$). Die Intensität ergibt sich im Photonenbild aus der Anzahl der eintreffenden Photonen. Da die Energie eines Photons vollständig auf ein Elektron übertragen wird, ist der Fotoeffekt von der Intensität unabhängig und ein spontanes Auslösen möglich. Dagegen existiert eine Mindestfrequenz: Sie entspricht gerade der Energiemenge, die nötig ist, um ein Elektron aus dem Metallverbund herauszulösen (Auslösearbeit).

c) Von der Energie $h \cdot f$ des eingestrahlten Lichtes wird zunächst die Auslösearbeit W_A am Elektron verrichtet, deren Größe eine materialabhängige Größe ist. Die übrige Energie $h \cdot f - W_A$ kann das Elektron dazu verwenden, gegen das elektrische Feld (aufgrund der anliegenden und hier gesuchten Spannung U) bereits zuvor ausgelöster und auf einer Ringanode gesammelter Elektronen anzufliegen und diese gerade noch zu erreichen. Dieser Gleichgewichtszustand wird sich alsbald einstellen, die Energie der beschriebenen Elektronen ist dann $e \cdot U$. Insgesamt ergibt sich daraus die Energiebilanz $e \cdot U = h \cdot f - W_A$ und damit:

$$U = \frac{h \cdot f - W_A}{e}$$

d) Das grüne Licht der Frequenz $f = 5{,}38 \cdot 10^{14}$ Hz besitzt eine Photonenenergie von

$$h \cdot f = 6{,}63 \cdot 10^{-34}\,\text{Js} \cdot 5{,}38 \cdot 10^{14}\,\frac{1}{\text{s}} = 3{,}57 \cdot 10^{-19}\,\text{J} - \frac{3{,}57 \cdot 10^{-19}}{1{,}6 \cdot 10^{-19}}\,\text{eV} = 2{,}23\,\text{eV}.$$

In der Formelsammlung findet man für die Austrittsarbeit bei Cäsium 1,94 eV, bei Gold 4,83 eV, bei Kalium 2,25 eV, bei Platin 5,66 eV und bei Rubidium 2,13 eV. Für das verwendete grüne Licht kann man also nur Cäsium oder Rubidium verwenden, die Valenzelektronen der übrigen Materialien lassen sich durch die vorhandenen 2,23 eV nicht auslösen.

e) Mit der Bewegungsenergie $h \cdot f - W_A$ der ausgelösten Elektronen, der (nichtrelativistischen Formel) $E = \frac{1}{2}mv^2$ für die kinetische Energie und der Beziehung $f = \frac{c}{\lambda}$ erhält man durch Gleichsetzen und Auslösen nach v:

$$\frac{h \cdot c}{\lambda} - W_A = \frac{1}{2}mv^2 \quad \Rightarrow \quad v = \sqrt{\frac{2}{m} \cdot \left(\frac{h \cdot c}{\lambda} - W_A\right)}$$

Für das blauviolette Licht (400 nm) ergibt sich:

$$v_1 = \sqrt{\frac{2}{9{,}1 \cdot 10^{-31}\,\text{kg}} \cdot \left(\frac{6{,}63 \cdot 10^{-34}\,\text{Js} \cdot 3{,}0 \cdot 10^8\,\frac{\text{m}}{\text{s}}}{400 \cdot 10^{-9}\,\text{m}} - 1{,}0 \cdot 1{,}6 \cdot 10^{-19}\,\text{J}\right)}$$

$$\approx 8{,}6 \cdot 10^5\,\frac{\text{m}}{\text{s}}$$

Für das rote Licht (800 nm) am anderen Ende des sichtbaren Bereichs folgt analog:

$$v_2 \approx 4{,}4 \cdot 10^5\,\frac{\text{m}}{\text{s}}$$

Die ausgelösten Fotoelektronen erreichen Geschwindigkeiten zwischen $4{,}4 \cdot 10^5\,\frac{\text{m}}{\text{s}}$ und $8{,}6 \cdot 10^5\,\frac{\text{m}}{\text{s}}$.

Das Ergebnis rechtfertigt die nichtrelativistische Rechnung (v_1, $v_2 < 0{,}1\,c$).

Grundkurs Physik (Bayern): Abiturprüfung 2006 – Aufgabe III
Franck-Hertz-Versuch, Linienspektrum, Materiewellen

1. **Franck-Hertz-Versuch**
Im Jahr 1925 wurden die deutschen Physiker James Franck und Gustav Hertz für ihre experimentellen Forschungen auf dem Gebiet der Atomphysik mit dem Nobelpreis ausgezeichnet.
   a) Skizzieren Sie den Versuchaufbau (inkl. Messgeräte) zum Elektronenstoß-Versuch im Franck-Hertz-Rohr, beschriften Sie die wesentlichen Teile und beschreiben Sie knapp die Versuchsdurchführung. 8 BE
   b) Fertigen Sie eine Skizze des charakteristischen U-I-Diagramms an.
   Zeichnen Sie darin auch den ungefähren Verlauf der Kennlinie ein, die man erwarten würde, wenn zwischen Elektronen und Quecksilberatomen nur elastische Stöße auftreten könnten.
   Begründen Sie den unterschiedlichen Kurvenverlauf. 7 BE
   c) Bei Zimmertemperatur ist in der Röhre Quecksilber in flüssigem Zustand zu sehen. Erklären Sie kurz, warum zur Aufnahme der Messkurve die Röhre beheizt werden muss. 2 BE
   d) Nach Anregung der Quecksilberatome auf ein Niveau von 4,9 eV über dem Grundzustand geht die Mehrzahl direkt wieder in den Grundzustand über.
   Berechnen Sie die Wellenlänge der damit verbundenen Strahlung.
   Wie heißt der dazugehörige Wellenlängenbereich? 4 BE

2. **Linienspektrum des Wasserstoffatoms**
Die Serienformel für das Wasserstoff-Spektrum lautet:

$$\frac{1}{\lambda} = R_H \cdot \left(\frac{1}{n_1^2} - \frac{1}{n_2^2} \right),$$

wobei R_H die Rydbergkonstante für das Wasserstoffatom ist.
   a) Berechnen Sie die Frequenz des Lichts, das in H-Atomen beim Übergang des Elektrons aus der L- in die K-Schale entsteht. 5 BE
   b) Ermitteln Sie mithilfe der Serienformel die Ionisationsenergie für ein H-Atom, das sich im ersten angeregten Zustand befindet. 5 BE
   c) Fertigen Sie eine maßstabsgetreue Zeichnung der fünf niedrigsten Stufen im Energieniveauschema von Wasserstoff an. 5 BE
   d) Für welchen Wert von n_1 liegen mehrere Spektrallinien im sichtbaren Bereich? Wie heißt diese Serie? Berechnen Sie für diese die Wellenlängen derjenigen zwei Übergänge, die zu den kleinsten Energiedifferenzen gehören. 6 BE

3. **Materiewellen bei Fullerenen**
Fullerene sind Moleküle, die in ihrer Struktur einem Fußball gleichen und aus jeweils 60 Kohlenstoffatomen bestehen. Durch das Erhitzen einer Fullerenprobe wird ein Fullerenstrahl erzeugt, der Moleküle unterschiedlicher Geschwindigkeiten enthält (vgl. Abbildung 1 mit idealisierter Messkurve).

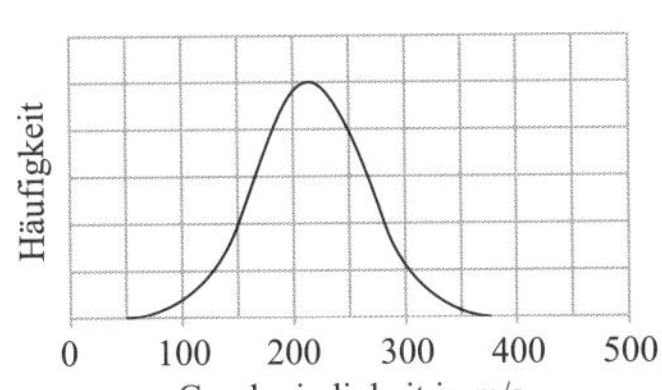

Abb. 1

a) Berechnen Sie näherungsweise die de-Broglie-Wellenlänge eines Fullerens, welches die Geschwindigkeit besitzt, die am häufigsten auftritt.
(Nehmen Sie an, dass es sich ausschließlich um ^{12}C-Atome handelt.)
[zur Kontrolle: $\lambda \approx 2{,}6$ pm] 6 BE

Ein gebündelter Strahl aus Fullerenen trifft auf ein Gitter mit dem Spaltmittenabstand b = 100 nm. In einer Entfernung von a = 1,25 m hinter dem Gitter befindet sich ein Detektor, der die auftreffenden Moleküle registriert. Dabei ergibt sich näherungsweise der nebenstehende Kurvenverlauf für die Zählrate in Abhängigkeit vom Ort (siehe Abbildung 2).

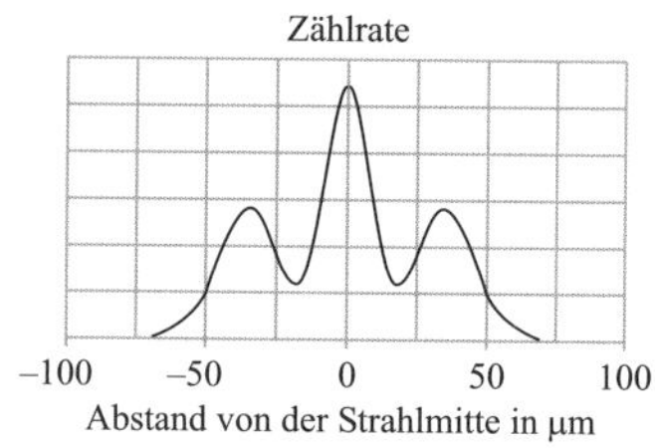

Abb. 2

b) Erläutern Sie die Grafik.
Berechnen Sie mit ihrer Hilfe die Wellenlänge der Materiewelle und zeigen Sie, dass deren Größenordnung mit der Theorie von de Broglie übereinstimmt. 9 BE

c) Geben Sie aufgrund der experimentellen Gegebenheiten eine Begründung dafür an, dass die registrierte Zählrate bei den Minima nicht null beträgt. 3 BE

60 BE

Tipps und Hinweise zur Lösung von Aufgabe III

Tipp zu Teilaufgabe 1 a

Wesentliche Bauelemente: Ofen, Rohr mit Quecksilberdampf, Glühkathode, Gitteranode, Auffängerplatte, Messverstärker, Spannungsquellen (Beschleunigungsspannung, Gegenspannung, Heizspannung)

Tipps zu Teilaufgabe 1 b

Beginnen Sie am besten mit dem tatsächlichen Kurvenverlauf und beschreiben Sie den Ablauf vom Zeitpunkt, wenn das Elektron die Glühkathode verlässt bis zum Auftreffen auf die Auffängerplatte.

Der Angabentext verrät den entscheidenden Punkt des Versuchs: neben den elastischen Stößen treten auch inelastische Stöße auf. Bei welchen Spannungswerten geben die Elektronen Energie ab (vgl. auch Angabentext zu 1 d)? Was folgt daraus für den Auffängerstrom?

Tipp zu Teilaufgabe 1 c

Denken Sie an die Wahrscheinlichkeit für die nötigen Stoßereignisse.

Tipp zu Teilaufgabe 1 d

Die Anregungsenergie ist über die Einsteinbeziehung mit der Frequenz und diese über die Lichtgeschwindigkeit mit der Wellenlänge verknüpft.

Vergleichen Sie das Ergebnis mit dem Wellenlängenbereich für sichtbares Licht.

Tipp zu Teilaufgabe 2 a

Die K-Schale besitzt die Hauptquantenzahl $n = 1$, die L-Schale $n = 2$. Die Wellenlänge hängt über die Lichtgeschwindigkeit mit der Frequenz zusammen.

Tipp zu Teilaufgabe 2 b

Ionisation bedeutet den Übergang $n \to \infty$. Beachten Sie, dass das Atom sich im ersten angeregten Zustand befindet.

Tipp zu Teilaufgabe 2 c

Berechnen Sie die Ionisierungsenergie für die fünf niedrigsten Niveaus.

Tipp zu Teilaufgabe 2 d

Der sichtbare Wellenlängenbereich liegt zwischen ca. 400 nm und 800 nm.

Tipp zu Teilaufgabe 3 a

Lesen Sie die Geschwindigkeit für das Häufigkeitsmaximum aus dem Diagramm ab und verwenden Sie die bekannte Formel für die de-Broglie-Wellenlänge.

Tipps zu Teilaufgabe 3 b

Welches für Wellen typische Bild zeigt die Grafik?

Bestimmen Sie aus der Bedingung für konstruktive Interferenz bei den Maxima 1. Ordnung die Wellenlänge. Den Abstand der Nebenmaxima vom Hauptmaximum können Sie dem Diagramm entnehmen.

Tipp zu Teilaufgabe 3 c

Betrachten Sie den Einfluss der Geschwindigkeitsverteilung der Fullerene.

Lösung zu Aufgabe III

1. a)

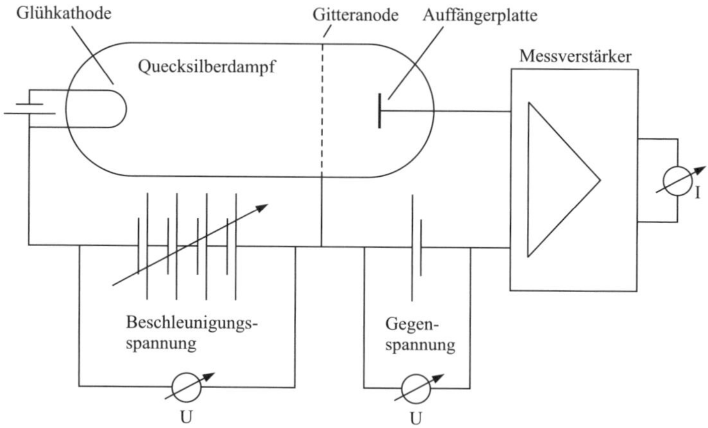

Das abgebildete Rohr befindet sich in einem Ofen, im Inneren herrscht starker Unterdruck und ein Tröpfchen Quecksilber wird durch Erhitzen so weit verdampft, dass ein Gasdruck von ca. 20 hPa herrscht – so wenig, dass die in der Glühkathode durch den Heizstrom emittierten Elektronen die Auffängerplatte jenseits der Gitteranode trotz der Stöße mit einigen Quecksilberatomen noch erreichen können, so viel andererseits, dass genügend solche Stöße vorkommen. Durch die regelbare Beschleunigungsspannung werden die Elektronen in Richtung Gitter beschleunigt, eine geringe Gegenspannung zwischen Gitter und Auffängerplatte hält Elektronen mit sehr kleiner kinetischer Energie (praktisch null) davon ab, die Platte zu erreichen. Ein Messverstärker registriert die auftreffenden Elektronen.

b)

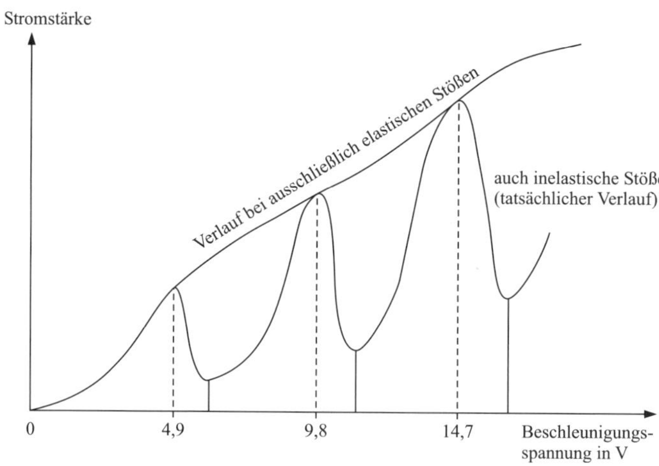

Tatsächlicher Kurvenverlauf
Zunächst (zwischen 0 V und 4,9 V) steigt die Stromstärke kontinuierlich an: Die Elektronen werden in Richtung Gitter beschleunigt, stoßen *elastisch* mit den Quecksilberatomen und verlieren wegen des großen Massenunterschiedes dabei wenig Energie (vgl. Tennisball, der gegen eine Hauswand prallt). Mit zunehmender Spannung und damit Bewegungsenergie können immer mehr Elektronen pro Zeiteinheit die Gegenspannung überwinden und erreichen die Auffängerplatte.

Bei etwas mehr als 4,9 V haben die Elektronen kurz vor der Gitteranode ausreichend Energie, um ein Quecksilberatom anzuregen und dabei die dafür notwendige Energie (4,9 eV) abzugeben (*inelastischer* Stoß). Mit der spärlichen Restenergie gelingt es den Elektronen dann nicht mehr, die Auffängerplatte zu erreichen (Gegenspannung!).

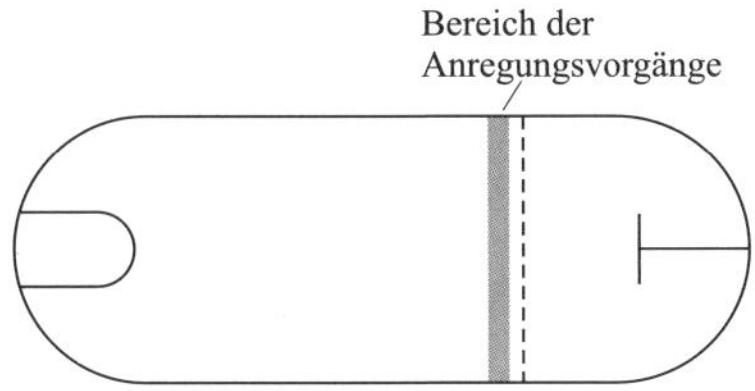

Wird die Spannung weiter gesteigert, dann nimmt die Anzahl der Elektronen am Auffänger wieder zu, die Elektronen führen ihre elastischen Stöße bereits deutlich vor Erreichen der Gitteranode aus und gewinnen auf der Reststrecke wieder ausreichend Bewegungsenergie für das Gegenfeld.

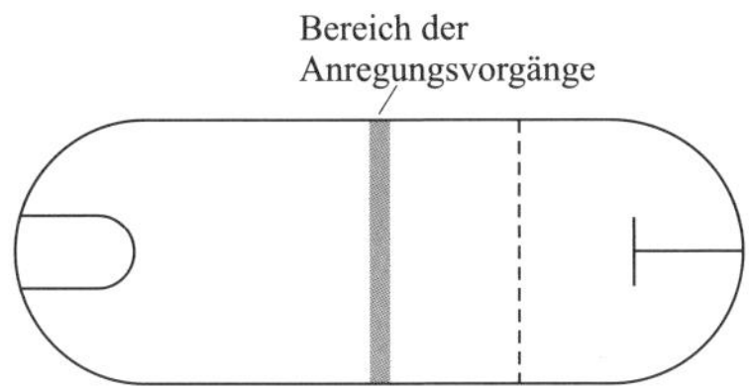

Bei etwa 9,8 V besitzen diejenigen Elektronen, die bereits eine Quecksilberanregung hinter sich haben, erneut kurz vor dem Gitter ausreichend Energie zum Anregen eines Atoms, eine zweite Anregungsschicht bildet sich aus.
Bei weiterer Spannungserhöhung wandern auch diese Schichten wiederum weiter nach links und bei etwa 14,7 V bildet sich neben dem Gitter ein dritter Bereich von Anregungsvorgängen usw.

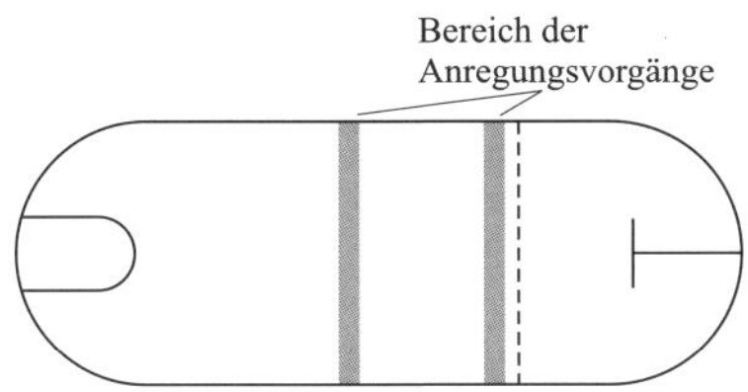

Fiktiver Kurvenverlauf bei ausschließlich elastischen Stößen
Käme es nicht zu den Anregungen mit merklicher Energieübertragung an das Quecksilber, dann müsste sich das Phänomen stetig anwachsender Stromstärke (wie zwischen 0 V und 4,9 V beobachtet) weiter fortsetzen, die Minima dürften nicht auftreten.

Die Skizzen sind hilfreich zur Erläuterung, aber nicht für die Lösung verlangt.

c) Bei Zimmertemperatur ist der Dampfdruck des Quecksilbers zu gering, d. h. zu wenige der Quecksilberatome „verdunsten" und stehen für die Elektronen als Stoßpartner zur Verfügung.

d) Die gesamte Anregungsenergie wird als Photon der Energie

$$4{,}9\text{ eV} = h \cdot f = h \cdot \frac{c}{\lambda}$$

emittiert.

Damit gilt für die Wellenlänge des Quecksilberlichtes:

$$\lambda = h \cdot \frac{c}{4{,}9\,\text{eV}} = 6{,}63 \cdot 10^{-34}\,\text{Js} \cdot \frac{3{,}0 \cdot 10^{8}\,\frac{\text{m}}{\text{s}}}{4{,}9 \cdot 1{,}6 \cdot 10^{-19}\,\text{J}} \approx 2{,}5 \cdot 10^{-7}\,\text{m} = 250\,\text{nm}$$

Es liegt im UV-Bereich.

2. a) Das Niveau $n_1 = 1$ steht für ein Elektron auf der K-Schale, $n_2 = 2$ für ein Elektron der L-Schale. Einsetzen in die angegebene Formel liefert

$$\frac{1}{\lambda_{2 \to 1}} = R_H \cdot \left(\frac{1}{1^2} - \frac{1}{2^2}\right) = R_H \cdot \frac{3}{4}$$

$$\Rightarrow f_{2 \to 1} = \frac{c}{\lambda_{2 \to 1}} = \frac{3 \cdot R_H \cdot c}{4} = \frac{3 \cdot 1{,}09677 \cdot 10^{7}\,\frac{1}{\text{m}} \cdot 3{,}00 \cdot 10^{8}\,\frac{\text{m}}{\text{s}}}{4} \approx 2{,}47 \cdot 10^{15}\,\text{Hz}$$

b) Das Elektron soll sich ausgehend vom ersten angeregten Zustand (also der L-Schale mit $n_2 = 2$) ganz vom Atom lösen; es gilt also $n_1 \to \infty$. Damit ergibt sich nach Grenzwertbildung (mit $\lambda > 0$):

$$\frac{1}{\lambda_{2 \to \infty}} = \left| R_H \cdot \left(-\frac{1}{4}\right) \right| = R_H \cdot \frac{1}{4}$$

$$\Rightarrow E_{\text{Ionisation}} = \frac{h \cdot c}{\lambda_{2 \to \infty}} = \frac{R_H \cdot h \cdot c}{4} = \frac{1{,}09677 \cdot 10^{7}\,\frac{1}{\text{m}} \cdot 6{,}63 \cdot 10^{-34}\,\text{Js} \cdot 3{,}0 \cdot 10^{8}\,\frac{\text{m}}{\text{s}}}{4}$$

$$\approx 5{,}45 \cdot 10^{-19}\,\text{J} = \frac{5{,}45 \cdot 10^{-19}}{1{,}60 \cdot 10^{-19}}\,\text{eV} = 3{,}41\,\text{eV}$$

c) Die Werte berechnet man mit der gegebenen Formel, indem man mit 0 eV die Energie des gerade das Atom verlassenden Elektrons festlegt ($n_1 \to \infty$) und dazu die Bindungsenergien auf den anderen Niveaus berechnet ($n_2 = 2;\ 3;\ \ldots$).

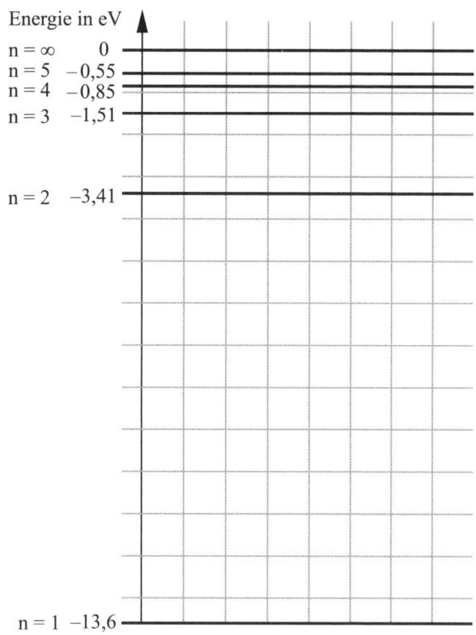

Sie können die Berechnung vereinfachen, wenn Sie zunächst die Energie für $n \equiv n_2 = 1$ berechnen,

$$E_1 = \frac{h \cdot c}{\lambda_{1 \to \infty}} = -\frac{R_H \cdot h \cdot c}{1^2} = -13{,}6\,\text{eV},$$

und daraus die Energien für die anderen Niveaus als Bruchteile bestimmen:

$$E_n = \frac{h \cdot c}{\lambda_{n \to \infty}} = -\frac{R_H \cdot h \cdot c}{n^2} = \frac{-13{,}6\,\text{eV}}{n^2}$$

d) Für $n_1 = 2$ (Balmer-Serie) erhält man gemäß der angegebenen Formel sichtbare Linien ($\lambda > 400$ nm). Die beiden mit den größten Wellenlängen lauten:

$$\lambda_{3 \to 2} = 656 \text{ nm} \quad \text{und} \quad \lambda_{4 \to 2} = 486 \text{ nm}$$

Die weiteren sichtbaren Balmer-Linien besitzen die Wellenlängen $\lambda_{5 \to 2} = 434$ nm und $\lambda_{6 \to 2} = 410$ nm.

3. a) Aus dem Diagramm lässt sich die häufigste Geschwindigkeit ablesen mit etwa

$$v \approx 215 \, \frac{\text{m}}{\text{s}},$$

die Molekülmasse ist

$$m = 60 \cdot 12 \text{ u} = 60 \cdot 12 \cdot 1{,}66 \cdot 10^{-27} \text{ kg} = 1{,}1952 \cdot 10^{-24} \text{ kg}.$$

Damit ergibt sich für die de-Broglie-Wellenlänge:

$$\lambda = \frac{h}{m \cdot v} = \frac{6{,}63 \cdot 10^{-34} \text{ Js}}{1{,}1952 \cdot 10^{-24} \text{ kg} \cdot 215 \, \frac{\text{m}}{\text{s}}} \approx 2{,}6 \cdot 10^{-12} \text{ m} = 2{,}6 \text{ pm}$$

Einheitenkontrolle:

$$1 \, \frac{\text{Js}}{\text{kg} \cdot \frac{\text{m}}{\text{s}}} = 1 \, \frac{\text{Nms}}{\text{kg} \cdot \frac{\text{m}}{\text{s}}} = 1 \, \frac{\text{Ns}^2}{\text{kg}} = 1 \, \frac{\frac{\text{kg} \cdot \text{m}}{\text{s}^2} \text{s}^2}{\text{kg}} = 1 \text{ m}$$

b) Es handelt sich um ein Interferenzbild: In der Mitte der Grafik liegt das Maximum 0. Ordnung, symmetrisch dazu die beiden Maxima 1. Ordnung in einem Abstand von etwa $d_{-1;\,1} \approx 69$ µm. Bei den Maxima 1. Ordnung ist der Gangunterschied gerade eine Wellenlänge, also gilt $\Delta s = \lambda$ und damit:

$$b \cdot \sin \alpha_1 = \lambda \qquad (*)$$

Für diesen Winkel gilt aber auch:

$$\tan \alpha_1 = \frac{0{,}5 \cdot d_{-1;\,1}}{a} = \frac{34{,}5 \cdot 10^{-6} \text{ m}}{1{,}25 \text{ m}} = 2{,}76 \cdot 10^{-5} \quad \Rightarrow \quad \alpha_1 \approx 1{,}6 \cdot 10^{-3}$$

Einsetzen in die Beziehung (*) liefert für die Wellenlänge den Wert:

$$\lambda \approx 100 \text{ nm} \cdot 2{,}76 \cdot 10^{-5} = 2{,}76 \cdot 10^{-3} \text{ nm} \approx 2{,}8 \text{ pm}$$

Theoretischer und gemessener Wert besitzen somit die gleiche Größenordnung.

Falls Sie die nötigen Formeln nicht auswendig kennen, sind Skizzen zur Veranschaulichung der geometrischen Beziehungen hilfreich.

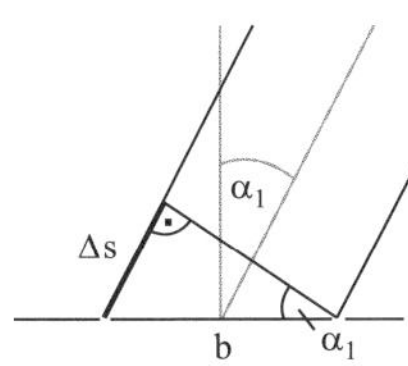

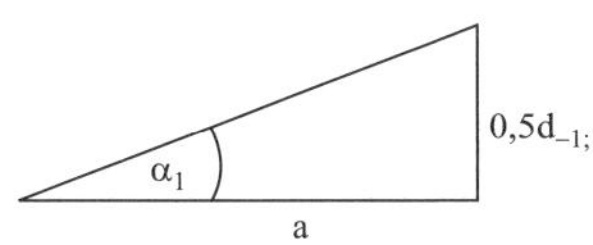

c) Die Geschwindigkeit der Fullerene ist nicht einheitlich, wie aus der ersten Grafik ersichtlich ist. Moleküle mit einer anderen Geschwindigkeit haben aber auch eine andere de-Broglie-Wellenlänge, sodass vollständig destruktive Interferenz nicht auftritt.

Bei Licht würde man sagen, dass es nicht monochromatisch ist und darum die Auslöschung nicht vollständig stattfindet.

Grundkurs Physik (Bayern): Abiturprüfung 2006 – Aufgabe IV
Strahleneinsatz in der Medizin, Strahlenbelastung durch Radon

1. Strahleneinsatz in der Medizin

Bei der Behandlung von Tumoren im Körperinneren werden in der modernen Medizin u. a. hochenergetische Protonen zur Bestrahlung eingesetzt. Dabei wird die ionisierende Wirkung der Protonen zur Zerstörung der Krebszellen verwendet.

a) Erläutern Sie auch anhand einer beschrifteten Skizze den Aufbau und die Funktionsweise eines Zyklotrons, mit dem Protonen beschleunigt werden können. 8 BE

b) In der nebenstehenden Abbildung ist ein Maß für die Gewebeschädigung durch einen Protonen- bzw. einen Röntgenstrahl in Abhängigkeit von der Eindringtiefe in das Körpergewebe dargestellt.
Ein Tumor, der sich ca. 12 cm im Körperinneren befindet, soll zerstört werden. Erläutern Sie auf der Grundlage des nebenstehenden Diagramms, worin hierbei der entscheidende Vorteil bei der Verwendung von Protonen im Vergleich zu der in der konventionellen Strahlentherapie verwendeten Röntgenstrahlung liegt.

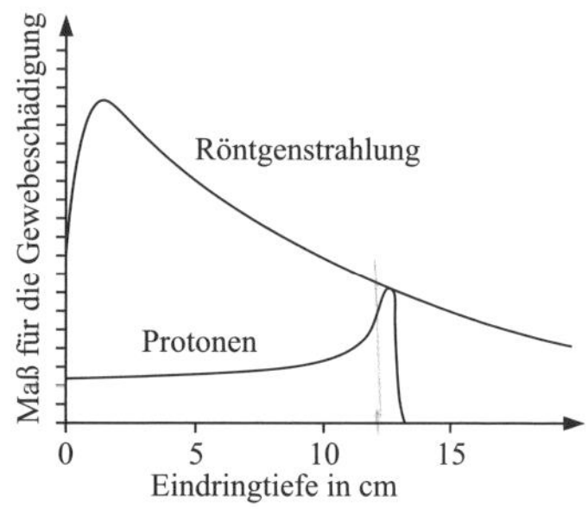

6 BE

Ein anderes Verfahren der Nuklearmedizin ist die Positron-Emissions-Tomografie (PET). Zur Krebsdiagnostik wird dabei z. B. der kurzlebige β^+-Strahler ^{11}C in den Körper eingeschleust. Aus einer Verteilung im Körpergewebe kann man Rückschlüsse auf den Tumor ziehen.

c) Zur Herstellung des Nuklids ^{11}C werden ^{14}N-Kerne mit Protonen der kinetischen Energie 18 MeV beschossen. Geben Sie die Reaktionsgleichung an. Berechnen Sie die für diese Reaktion notwendige Energie und vergleichen Sie diese mit der kinetischen Energie der Protonen. 7 BE

d) Geben Sie die Zerfallsgleichung für den β^+-Zerfall von ^{11}C an und erläutern Sie, warum das Energiespektrum des β^+-Strahlers kontinuierlich ist. 5 BE

e) Der β^+-Zerfall kann als Umwandlung eines Kern-Protons (udu) in ein Kern-Neutron (udd) beschrieben werden. Deuten Sie diese Umwandlung im Quarkmodell. 4 BE

f) Bei der PET trifft ein Positron schon kurz nach der Emission auf ein Elektron und zerstrahlt mit diesem in zwei γ-Quanten. Bei einer Untersuchung werden dem Patienten $1{,}0 \cdot 10^{-11}$ g des ^{11}C injiziert. Berechnen Sie die Zahl der γ-Quanten, die nach der Injektion innerhalb von zwei Halbwertszeiten erzeugt werden. 7 BE

2. Strahlenbelastung durch Radon

Radon ist ein unsichtbares und geruchloses Edelgas, das sich im Inneren von Häusern konzentriert und zur natürlichen Strahlenbelastung des Menschen beiträgt. Entscheidend ist dabei das Radonisotop ^{222}Rn, das mit der Halbwertszeit T = 3,8 d zerfällt.

a) Gebe Sie an, welcher Zerfallsreihe ^{222}Rn angehört, und bestimmen Sie, nach wie vielen α- und β-Zerfällen ^{222}Rn in das entsprechende stabile Bleiisotop übergegangen ist. 4 BE

b) ^{222}Rn geht selbst durch einen α-Zerfall aus einem Mutterkern hervor. Stellen Sie die Zerfallsgleichung für die Entstehung von ^{222}Rn auf und berechnen Sie den Rückstoßimpuls, den ^{222}Rn bei dieser Kernreaktion erhält, wenn das dabei emittierte α-Teilchen eine kinetische Energie von 4,78 MeV hat. 7 BE

c) In einer Wohnung ergibt sich pro Kubikmeter Raumluft aufgrund der ^{222}Rn-Konzentration eine Aktivität von 50 Bq. Berechnen Sie, wie viele ^{222}Rn-Atome sich in einem Kubikmeter Raumluft befinden. 6 BE

d) Stellen Sie dar, wie die erhöhte Radonkonzentration in Räumen, vor allem in Kellerräumen, zustande kommt und erläutern Sie kurz, warum die Strahlenbelastung durch Radon für den Menschen besonders gefährlich ist. Geben Sie eine einfache Maßnahme an, wie man diese Strahlenbelastung verringern kann. 6 BE

60 BE

Tipps und Hinweise zur Lösung von Aufgabe IV

Tipps zu Teilaufgabe 1 a

- Wichtige Begriffe und Bauelemente: Duanden, Protonenquelle, Magnetfeld, Ablenkelektrode, Wechselspannungsquelle

- Überlegen Sie: Hängt die Umlaufdauer der Teilchen während der Beschleunigung vom Radius ab? Wieso ist Klärung dieser Frage für die Funktionsweise des Zyklotrons wichtig?

Tipp zu Teilaufgabe 1 b

- Klären Sie anhand der Grafik für beide Behandlungsmethoden, welches Gewebe geschädigt werden soll und welches tatsächlich geschädigt wird.

Tipps zu Teilaufgabe 1 c

- Achten Sie darauf, dass Sie in der Reaktionsgleichung alle Indizes (Massenzahl, Ordnungszahl) angeben.

- Bestimmen Sie den Q-Wert der Reaktion. Was besagt das Vorzeichen des Q-Wertes?

Tipp zu Teilaufgabe 1 d

- Neben dem Positron entsteht durch den Zerfall ein weiteres Teilchen, das für das kontinuierliche Energiespektrum verantwortlich ist. Denken Sie an Energie- und Impulserhaltung.

Tipp zu Teilaufgabe 1 f

- Die Zahl der Positronen zu Beginn erhalten Sie aus dem Quotienten von Gesamt- und Teilchenmasse. Welcher Anteil zerfällt davon nach zwei Halbwertszeiten?

Tipps zu Teilaufgabe 2 a

- Da es nur vier Zerfallsreihen gibt und bei einem a-Zerfall die Massenzahl um 4 abnimmt, ist die gesuchte Zerfallsreihe durch den Divisionsrest bei Division durch 4 bestimmt.

- Die Zahl der α-Zerfälle folgt aus dem Unterschied der Massenzahlen (Abnahme um 4 je Zerfall), die Zahl der β-Zerfälle (Zunahme um 1 je Zerfall) aus dem Unterschied der Protonenzahlen.

Tipp zu Teilaufgabe 2 b

- Benutzen Sie Ihre Formelsammlung zur Bestimmung des Mutterkerns.

- Wenden Sie den Impulserhaltungssatz an und drücken Sie die kinetische Energie des α-Teilchens durch seinen Impuls aus.

Tipp zu Teilaufgabe 2 c

- Aus der Halbwertszeit können Sie die Zerfallskonstante und daraus mithilfe der Aktivität die gesuchte Zahl der Radonatome berechnen.

Lösung zu Aufgabe IV

1 a) Das Zyklotron ist ein Beschleuniger für geladene Teilchen. Zwei hohle, halbkreisförmige Elektroden (Duanden) werden an eine hochfrequente Wechselspannung angelegt, sodass das elektrische Feld nur in dem Spalt zwischen den Duanden herrscht und die Teilchen beschleunigt. Die gesamte Anordnung wird senkrecht von einem Magnetfeld durchsetzt, sodass wegen der Lorentzkraft die Protonen innerhalb der Duanden auf einer Halbkreisbahn fliegen. Beim Erreichen des Spaltes ist durch die Frequenz der Wechselspannung die Polung stets so, dass die eintreffenden Teilchen beschleunigt werden. Für die Funktion wesentlich ist, dass die Umlaufdauer trotz größer werdenden Radius' gleich bleibt (siehe Hinweis unten). Die Protonen kommen daher auf allen Halbkreisbahnen im richtigen Takt wieder beim Spalt an, um weiter beschleunigt zu werden:

$$T = \frac{2\pi \cdot m}{q \cdot B}$$

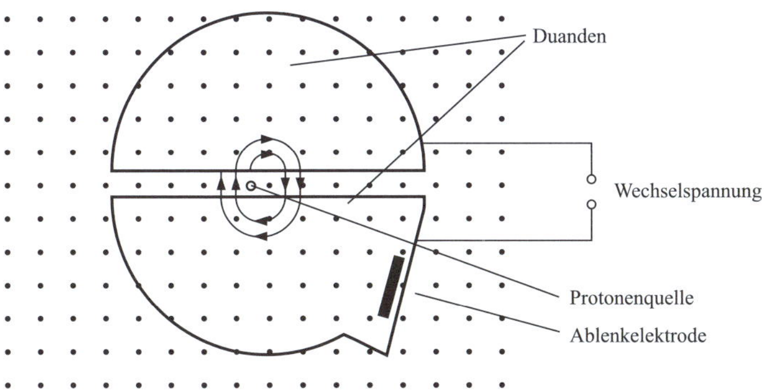

Haben die Teilchen die gewünschte Geschwindigkeit erreicht, werden sie über eine Ablenkelektrode aus der Vorrichtung herausgeführt und fliegen geradlinig weiter.
Diese Anordnung eignet sich nicht für die Erzeugung relativistischer Geschwindigkeiten, weil dann die Masse (von der die Umlaufdauer abhängt) wächst und die Frequenz der Wechselspannung nicht mehr konstant bleibt.

Die Unabhängigkeit der Umlaufdauer vom Radius lässt sich folgendermaßen zeigen (nicht verlangt): Weil die Lorentzkraft eine Zentripetalkraft ist, gilt

$$\frac{m \cdot v^2}{r} = q \cdot v \cdot B \quad \Leftrightarrow \quad r = \frac{m \cdot v}{q \cdot B}$$

und damit für die Umlaufdauer T:

$$v = \frac{2\pi \cdot r}{T} \quad \Leftrightarrow \quad T = \frac{2\pi \cdot r}{v} = \frac{2\pi \cdot m \cdot v}{v \cdot q \cdot B} = \frac{2\pi \cdot m}{q \cdot B}$$

b) Bei der **Röntgenstrahlung** tritt eine exponentielle Schwächung der Intensität ein, die Schichten vor dem Tumor werden stärker geschädigt als der Tumor selbst und es entsteht zusätzlich das höhere Risiko von Sekundärtumoren im Einstrahlbereich.
Die **Protonen** richten im umliegenden Gewebe bis etwa 12 cm Eindringtiefe deutlich weniger Schaden an und schonen diesen Bereich. Sie treffen zielgenauer „nur" den Tumor.

c) Die Reaktionsgleichung zur Erzeugung des ^{11}C lautet:

$$^{14}_{7}N + ^{1}_{1}p \rightarrow ^{11}_{6}C + ^{4}_{2}He$$

Für die Berechnung des Q-Wertes erhält man demnach:

$$\begin{aligned} Q &= (m_{^{11}C} + m_{^{4}He} - m_{^{14}N} - m_{Proton}) \cdot c^2 \\ &= (11{,}011433 + 4{,}0026036 - 14{,}0030744 - 1{,}00782522)\ u \cdot c^2 \\ &= 0{,}00313698\ u \cdot 931{,}49\ \frac{MeV}{u} \approx 2{,}922\ MeV \end{aligned}$$

Diese Reaktion ist (wegen des positiven Q-Wertes) endotherm, kann aber durch die hochenergetischen Protonen von 18 MeV leicht ausgelöst werden.

Die benötigten Zahlenwerte entnehmen Sie Ihrer Formelsammlung. Für die Berechnung des Q-Wertes werden stets die Atommassen verwendet.

d) Das ^{11}C zerfällt im Körper gemäß folgender Reaktionsgleichung:

$$^{11}_{6}C \rightarrow ^{11}_{5}B + ^{0}_{1}e + ^{0}_{0}\nu$$

Das kontinuierliche Spektrum der β^+-Strahlung lässt sich durch das Vorhandensein eines dritten Teilchens, des Neutrinos erklären. Ohne dieses wäre nach Energie- und Impulserhaltungssatz nur ein bestimmter Energiewert möglich.

e) Ein u-Quark (Ladung $+\frac{2}{3}e$) im Proton wandelt sich um in ein d-Quark (Ladung $-\frac{1}{3}e$) und sendet dabei das Neutrino und das Positron aus (siehe Abbildung).

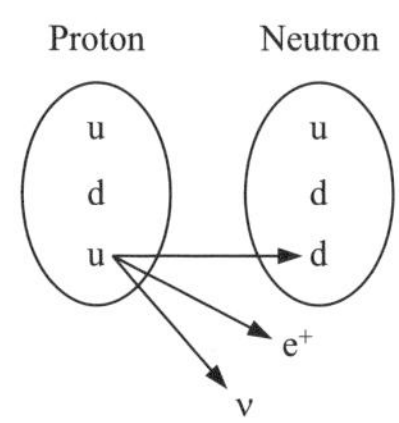

f) Für die Anzahl der ^{11}C-Atome erhält man:

$$N_{^{11}C}(t=0) = \frac{m}{m_{^{11}C}} = \frac{1{,}0 \cdot 10^{-14}\ kg}{11 \cdot 1{,}66 \cdot 10^{-27}\ kg} \approx 5{,}5 \cdot 10^{11}$$

Innerhalb von zwei Halbwertszeiten zerfallen davon $0{,}5 + 0{,}25 = 0{,}75 = 75\ \%$, also entstehen

$$0{,}75 \cdot 5{,}5 \cdot 10^{11}$$

Positronen und damit doppelt so viele Gammaquanten:

$$2 \cdot 0{,}75 \cdot 5{,}5 \cdot 10^{11} = 8{,}2 \cdot 10^{11}$$

2. a) Da die Division der Massenzahl 222 von Radon durch 4 auf den Rest 2 führt, muss ^{222}Rn der Uran-Radium-Reihe angehören, an dessen Ende das stabile Blei ^{206}Pb steht. Die Anzahl der währenddessen stattfindenden α-Zerfälle erhält man durch die geänderte Nukleonenzahl zu $(222 - 206) : 4 = 4$, die der β-Zerfälle anhand der geänderten Protonenzahl im Kern: Radon hat davon 86, Blei 82, das sind 4 weniger. Weil nun bei den 4 α-Zerfällen 8 Protonen verschwunden sind, müssen insgesamt noch 4 entstanden sein, also hat es 4 β-Zerfälle gegeben.

b) Wenn außer dem ^{222}Rn noch ein Alphateilchen entsteht, dann muss der Mutterkern 226 Nukleonen und 88 Protonen haben, es handelt sich also um ^{226}Ra (vgl. Formelsammlung):

$$^{226}_{88}\text{Ra} \rightarrow \, ^{222}_{86}\text{Rn} + \, ^{4}_{2}\text{He}$$

Für den Rückstoßimpuls des ^{222}Rn gilt wegen der Impulserhaltung betragsmäßig:

$$p_{^{222}\text{Rn}} = p_\alpha = m_\alpha \cdot v_\alpha$$

Da Impuls und kinetische Energie des α-Teilchens über

$$E_{\text{kin},\alpha} = \frac{1}{2} \cdot m_\alpha \cdot v_\alpha^2 = \frac{p_\alpha^2}{2 \cdot m_\alpha}$$

zusammenhängen, folgt mit der angegebenen Energie 4,78 MeV:

$$p_{^{222}\text{Rn}} = \sqrt{2 \cdot m_\alpha \cdot E_{\text{kin},\alpha}} = \sqrt{2 \cdot 4{,}00\,\text{u} \cdot 4{,}78 \cdot 10^6\,\text{eV}} =$$

$$= \sqrt{2 \cdot 6{,}64 \cdot 10^{-27}\,\text{kg} \cdot 4{,}78 \cdot 10^6 \cdot 1{,}6 \cdot 10^{-19}\,\text{J}} \approx 1{,}01 \cdot 10^{-19}\,\text{Ns}$$

Einheitenkontrolle:

$$1\sqrt{\text{kg} \cdot \text{J}} = 1\sqrt{\text{kg} \cdot \text{Nm}} = 1\sqrt{\text{kg} \cdot \frac{\text{kg} \cdot \text{m}}{\text{s}^2} \cdot \text{m}} = 1\,\frac{\text{kg} \cdot \text{m}}{\text{s}} = 1\,\text{Ns}$$

c) Die Halbwertszeit des ^{222}Rn ist gegeben mit $T_{\frac{1}{2}} = 3{,}8\,\text{d}$, für die Aktivität gilt $A = \lambda \cdot N$ und für die Zerfallskonstante

$$\lambda = \frac{\ln 2}{T_{\frac{1}{2}}}.$$

In jedem Kubikmeter Raumluft beträgt die Zahl ^{222}Rn-Atome folglich:

$$N = \frac{A \cdot T_{\frac{1}{2}}}{\ln 2} = \frac{50\,\text{s}^{-1} \cdot 3{,}8 \cdot 24 \cdot 3600\,\text{s}}{\ln 2} \approx 2{,}4 \cdot 10^7$$

d) Radon-222 gast aus Erdreich und Baumaterial, deswegen sind Kellerräume besonders stark betroffen. Der gasförmige Alphastrahler wird eingeatmet, seine Zerfallsprodukte können nach dieser so genannten Inkorporation in der Lunge großen Schaden anrichten (Lungenkrebs). Als Schutzmaßnahmen eignen sich gründliches Lüften sowie Abdichten von Rissen in den Wänden.

Grundkurs Physik (Bayern): Abiturprüfung 2006 – Aufgabe V
Raumsonde Huygens, Sonnenspektrum

1. **Raumsonde Huygens landet auf Titan**
   Am 14. Januar 2005 landete die ESA-Sonde Huygens auf dem größten Saturn-Mond Titan, den Christiaan Huygens im Jahr 1655 entdeckt hatte. Mehr als sieben Jahre hatte der gemeinsame Flug der Sonde und ihres Mutterschiffes Cassini gedauert.
   a) Zwischen zwei Saturnoppositionen liegen ein Jahr und 12,8 Tage. Berechnen Sie aus diesem Wert die siderische Umlaufzeit des Planeten und die Länge der großen Halbachse der Bahnellipse. 6 BE

   Die energetisch günstigste Bahn für einen interplanetaren Flug ist die so genannte Hohmann-Bahn.
   b) Skizzieren Sie für einen Flug von der Erde zum Saturn die Hohmann-Bahn und bestimmen Sie deren große Halbachse sowie die zugehörige Reisezeit von der Erde zum Saturn.
   [zur Kontrolle: $a_{Hohmann} = 5{,}28$ AE] 7 BE
   c) Bestimmen Sie für die Bahn von Teilaufgabe 1b die Geschwindigkeit im Perihel. 4 BE
   d) Mit der heutigen Raketentechnik ist eine Beschleunigung auf die in Teilaufgabe 1c berechnete Geschwindigkeit nicht möglich. Nennen Sie zwei Gegebenheiten im Sonnensystem, die man geschickt nutzen kann, um dennoch derartige Geschwindigkeiten zu erreichen. 4 BE

   Während des Landeanflugs auf Titan entfernte sich Huygens vom Mutterschiff mit einer Geschwindigkeit von 6,0 km/s. Bei diesem Manöver sendete Huygens seine Daten mit der Trägerfrequenz 2 098 MHz an Cassini.
   e) Bestimmen Sie die Frequenzverschiebung, mit der die „Huygensdaten" beim Mutterschiff Cassini ankamen. 4 BE

   Titan hat einen Radius von 2 575 km und eine Masse von $1{,}35 \cdot 10^{23}$ kg. Damit ist er der zweitgrößte Mond unseres Sonnensystems. Er bewegt sich in 15,9 Tagen in gebundener Rotation auf einer nahezu kreisförmigen Bahn mit Radius $1{,}22 \cdot 10^{6}$ km um den Saturn.
   f) Berechnen Sie die Masse des Saturn. 6 BE
   g) Erläutern Sie den Begriff „gebundene Rotation".
   Geben Sie den zeitlichen Abstand zweier Sonnenaufgänge an einem Ort auf Titan an. Begründen Sie kurz Ihre Antwort. 5 BE
   h) Bestimmen Sie die Fallbeschleunigung auf Titan. 6 BE

   Für die Energieversorgung der Doppelsonde nutzte man Kernenergie von Plutonium. Eine Alternative könnten Solarzellen sein.
   i) Bestimmen Sie die Fläche einer Solarzelle, die notwendig ist, um bei einem Wirkungsgrad von 20 % in Saturnnähe eine elektrische Leistung von 750 W zu erzeugen. 5 BE

2. **Sonnenspektrum**

Wichtige Informationen über Zustandsgrößen der Sonne erhält man aus der Untersuchung ihres Spektrums.

a) Gefahrlos kann man die Sonne durch eine Projektion beobachten. Dabei erscheint ihr Bild mit einem scharfen Rand. Erläutern Sie dies. 4 BE

b) Beschreiben Sie das Zustandekommen der Absorptionslinien im Sonnenspektrum und erläutern Sie, wie man aus ihnen Rückschlüsse auf die chemische Zusammensetzung der Photosphäre ziehen kann. 5 BE

c) Eine auffällige Linie im Sonnenspektrum ist die H_α-Linie des Wasserstoffs. Inwiefern spielt die Temperatur der Photosphäre eine wichtige Rolle bei der Entstehung dieser Linie? 4 BE

60 BE

Tipps und Hinweise zur Lösung von Aufgabe V

Tipps zu Teilaufgabe 1 a

- Welche Umlaufzeit beschreibt die Zeit zwischen zwei Oppositionen? Welcher Zusammenhang besteht zwischen den beiden unterschiedlichen Umlaufzeiten?
- Es ist sinnvoll, die Berechnung in Tagen durchzuführen und das Endergebnis in Jahre umzurechnen. In welchem Gesetz kommt die Umlaufzeit und die große Halbachse vor?

Tipps zu Teilaufgabe 1 b

- Welche Ellipsenbahn hat als Perihel die Erdbahn und als Aphel die Saturnbahn?
- Fertigen Sie eine Skizze an. Bedenken Sie: Man will Saturn erreichen – und nicht sofort wieder zur Erde zurückkehren.

Tipps zu Teilaufgabe 1 c

- Welcher Zusammenhang besteht zwischen v(r), r und a?
- AE müssen in Meter umgerechnet werden (wegen der Gravitationskonstante), die Geschwindigkeit in $\frac{\text{km}}{\text{s}}$.

Tipp zu Teilaufgabe 1 d

- Welche Möglichkeiten gibt es ein Raumschiff im Planetensystem zu beschleunigen?

Tipps zu Teilaufgabe 1 e

- Mit welcher Formel erhält man Wellenlängenverschiebungen , wenn sich die sendende Quelle bewegt? Rechnen Sie niemals mit der Frequenz!
- Welcher Zusammenhang besteht zwischen der Wellenlänge und der Frequenz? Welche Art von Verschiebung findet statt?
- Rechnen Sie mit mehr geltenden Ziffern als notwendig.

Tipp zu Teilaufgabe 1 f

- Welche Möglichkeiten kennen Sie zur Massenberechnung im Planetensystem, sofern der Zentralkörper von einer kleineren Masse umkreist wird?

Tipp zu Teilaufgabe 1 g

- Denken Sie an die Bewegung des Erdmondes um die Erde.

Tipp zu Teilaufgabe 1 h

- Wie kann man auf der Erde die Gewichtskraft durch die Gravitationskraft ausdrücken?

Tipps zu Teilaufgabe 1 i

- Wie viel Energie der Sonne kommt beim Saturn noch an? Denken Sie an die Solarkonstante.
- Der Wirkungsgrad ist definiert als Quotient aus Nutzleistung zu aufgewendeter Leistung.

Tipp zu Teilaufgabe 2 a

Denken Sie an die verschiedenen Dichten von Photosphäre und Chromosphäre.

Tipp zu Teilaufgabe 2 b

Überlegen Sie, was bei der Absorption von Licht im Atom passiert. Bedenken Sie, dass das Sonnenspektrum kontinuierlich ist. Denken Sie etwa an die Umkehrung der Natriumlinie.

Tipps zu Teilaufgabe 2 c

Überlegen Sie: Wie hängen Temperatur, Anregung eines H-Atoms und Aussendung von Photonen zusammen? Begründen Sie Ihre Überlegung mithilfe des Bohr'schen Atommodells.

Lösung zu Aufgabe V

1. a) Gegeben ist die synodische Umlaufzeit $T_{syn} = 1\,a\ 12{,}8\ d = 377{,}8\ d$, gesucht ist die siderische Umlaufzeit:

$$\frac{1}{T_{sid}} = \frac{1}{T_{Erde}} - \frac{1}{T_{syn}} = \frac{1}{365\,d} - \frac{1}{377{,}8\,d} = 9{,}28 \cdot 10^{-5}\,\frac{1}{d}$$

Damit ergibt sich:

$$T_{sid} = 10\,773\ d = 29{,}5\ a$$

Die große Halbachse a erhalten wir aus dem 3. Kepler'schen Gesetz:

$$\frac{a^3}{T_s^2} = \frac{1\,AE^3}{1\,a^2} \iff a_s^3 = 29{,}5^2\ AE^3 = 870\ AE^3 \iff a = 9{,}55\ AE$$

b) Skizze (nicht maßstabsgetreu!):

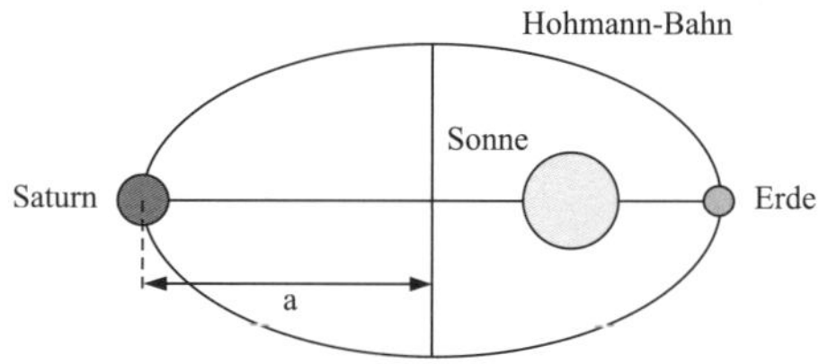

Die doppelte große Halbachse der Hohmann-Bahn setzt sich aus der großen Halbachse der Erde (1 AE) und der großen Halbachse des Saturn (9,55 AE) zusammen. Also:

$$2a = 9{,}55\ AE + 1\ AE = 10{,}55\ AE \iff a = 5{,}28\ AE$$

Die Reisedauer entspricht der halben Umlaufzeit (3. Kepler'sches Gesetz, vgl. Teilaufgabe 1 a) auf der Hohmann-Bahn:

$$\frac{T^2}{a^3} = \frac{1\,a^2}{1\,AE^3} \iff T^2 = 5{,}28^3\,a^2 = 146{,}8\,a^2 \iff T = 12{,}1\,a$$

Die Flugzeit beträgt damit ca. 6 Jahre.

c) Aus der Formelsammlung entnehmen wir

$$v = \sqrt{G \cdot M \cdot \left(\frac{2}{r} - \frac{1}{a}\right)},$$

dabei ist G die Gravitationskonstante, $M = 2{,}0 \cdot 10^{30}$ kg, $r = 1{,}00\ AE = 1{,}50 \cdot 10^{11}$ m und $a = 5{,}28\ AE = 7{,}92 \cdot 10^{11}$ m. Einsetzen liefert:

$$v = \sqrt{\left(6{,}67 \cdot 10^{-11}\,m^3kg^{-1}s^{-2} \cdot 2{,}0 \cdot 10^{30}\,kg \cdot \left(\frac{2}{1{,}5 \cdot 10^{11}\,m} - \frac{1}{7{,}92 \cdot 10^{11}\,m}\right)\right)}$$
$$= 40\,\frac{km}{s}$$

d) Man nutzt
   – die Bahngeschwindigkeit der Erde beim Start;
   – die Eigenrotation der Erde;
   – Planeten (hier die Venus, Jupiter und die Erde) zu einem „Swingby“, d. h., man nutzt die Gravitation anderer Planeten zur Beschleunigung des Raumschiffs (siehe Abbildung 1).

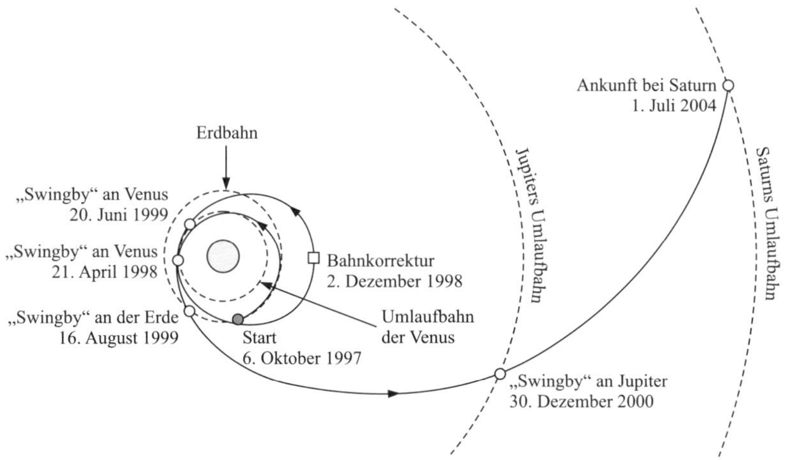

Abb. 1: Die einzelnen Swingby an Venus und Erde

e) Da in der Astronomie niemals mit Frequenzen gerechnet wird, erfolgt zunächst eine Umrechnung in die zugehörige Wellenlänge:

$$f \cdot \lambda = c \Leftrightarrow \lambda = \frac{c}{f} = \frac{3{,}0 \cdot 10^8 \frac{m}{s}}{2\,098 \cdot 10^6 \frac{1}{s}} = 0{,}1429933 \text{ m}$$

Nun können wir die Gleichung für den Dopplereffekt nutzen,

$$\frac{\Delta\lambda}{\lambda} = \frac{v}{c} = \frac{6{,}0 \frac{km}{s}}{3{,}0 \cdot 10^5 \frac{km}{s}} = 2 \cdot 10^{-5},$$

und erhalten:

$$\Delta\lambda = 2 \cdot 10^{-5} \cdot 0{,}1429933 \text{ m} = 2{,}86 \cdot 10^{-6} \text{ m}$$

Da sich die Sonde von Cassini entfernt, findet eine Rotverschiebung statt:

$$\lambda' = \lambda + \Delta\lambda = 0{,}1429933 \text{ m} + 2{,}86 \cdot 10^{-6} \text{ m} = 0{,}1429962 \text{ m}$$

Zu dieser Wellenlänge gehört die Frequenz:

$$f = \frac{c}{\lambda} = \frac{3{,}0 \cdot 10^8 \text{ m}}{0{,}1429962 \text{ m}} = 2\,097{,}958 \text{ MHz}$$

Das bedeutet eine Frequenzverschiebung von 42 kHz.

f) Gegeben sind: $R_T = 2\,575$ km; T = 15,9 d; $m_T = 1{,}35 \cdot 10^{23}$ kg und $r = 1{,}22 \cdot 10^6$ km
Mit dem 3. Kepler'schen Gesetz erhalten wir, unter Berücksichtigung, dass $M_S \gg m_T$:

$$M_S = \frac{4\pi^2 \cdot r^3}{G \cdot T^2} = \frac{4\pi^2 \cdot (1{,}22 \cdot 10^9\ \text{m})^3}{6{,}67 \cdot 10^{-11}\ \text{m}^3\,\text{kg}^{-1}\text{s}^{-2} \cdot (15{,}9 \cdot 4 \cdot 3600\ \text{s})^2} = 5{,}69 \cdot 10^{26}\ \text{kg}$$

Auch der Ansatz Gravitationskraft = Zentralkraft führt zur Lösung.

g) Gebundene Rotation bedeutet, dass sich Titan während einer Umrundung des Saturns einmal um seine eigene Achse dreht. Der zeitliche Abstand zwischen zwei Sonnenaufgängen ist daher 15,9 Tage, denn diese Zeit entspricht einer Umdrehung um die eigene Achse – ist also ein „Titantag“.

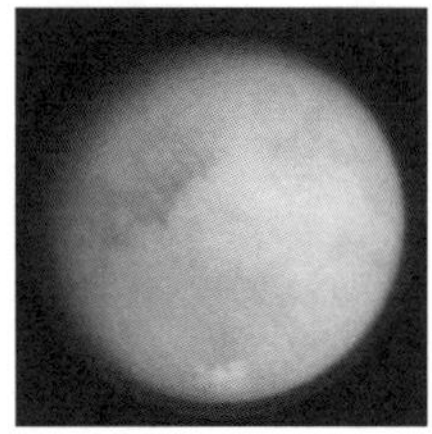

Abb. 2: Titan

h) Die Fallbeschleunigung ergibt sich aus dem Gravitationsgesetz (m_T ist die Titanmasse und R_T der Radius von Titan):

$$m \cdot g = \frac{G \cdot m_T \cdot m}{R^2} \quad \Rightarrow \quad g = \frac{G \cdot m_T}{R^2}$$

$$g = \frac{6{,}67 \cdot 10^{-11}\ \text{m}^3\text{kg}^{-1}\text{s}^{-2} \cdot 1{,}35 \cdot 10^{23}\ \text{kg}}{2\,575 \cdot 10^3\ \text{m}} = 1{,}36\ \frac{\text{m}}{\text{s}^2}$$

i) Gegeben ist der Wirkungsgrad $\eta = 20$ und die Nutzleistung P = 750 W. Für die Solarkonstanten von Saturn und Erde gilt:

$$S_{\text{Saturn}} = \frac{L_\odot}{4\pi r_{\text{Saturn}}^2} \quad \text{und} \quad S_{\text{Erde}} = \frac{L_\odot}{4\pi r_{\text{Erde}}^2}$$

Teilen wir beide Gleichungen durcheinander, erhalten wir mit $S_{\text{Erde}} = 1{,}35\ \frac{\text{kW}}{\text{m}^2}$:

$$\frac{S_{\text{Saturn}}}{S_{\text{Erde}}} = \frac{r_{\text{Erde}}^2}{r_{\text{Saturn}}^2} = \frac{1}{9{,}55^2} = 1{,}1 \cdot 10^{-2}$$

$$\Rightarrow \quad S_{\text{Saturn}} = 1{,}1 \cdot 10^{-2} \cdot 1{,}35 \cdot 10^3\ \frac{\text{W}}{\text{m}^2} = 14{,}8\ \frac{\text{W}}{\text{m}^2}$$

Da der Wirkungsgrad nur 20 % beträgt, benötigen wir eine Leistung von

$$P' = \frac{P}{\eta} = \frac{750\ \text{W} \cdot 100}{20} = 3\,750\ \text{W}$$

und somit eine Fläche von

$$A = \frac{P'}{S_{\text{Saturn}}} = \frac{3\,750\ \text{W}}{14{,}8\ \text{Wm}^{-2}} = 253\ \text{m}^2$$

2. **Sonnenspektrum**

a) Der scharfe Rand ist die Grenze der Photosphäre. Da die Chromosphäre im Vergleich zur Photosphäre eine wesentlich geringere Dichte aufweist, ist die Flächenhelligkeit der Chromosphäre um etwa drei Zehnerpotenzen geringer, sodass diese Helligkeit von uns nicht mehr wahr genommen wird.

b) In der Photosphäre, aus der wir den sichtbaren Teil der Sonnenstrahlung empfangen, entsteht das Absorptionsspektrum. Die kontinuierliche Strahlung, die aus den noch niedrigeren Photosphärenbereichen kommt, wird durch die Atome in den darüber liegenden Schichten zum Teil absorbiert und in alle Richtungen gestreut. Je nach Atomart erscheinen andere Absorptionslinien. So kann man Rückschlüsse auf die vorkommenden Atome ziehen. Auf Grund der Absorptionsintensität erhält man auch Auskunft über die Menge der jeweils vorhandenen Atomsorten.

c) Die Temperatur in der Photosphäre muss derart sein, dass sie die notwendige Energie zur Verfügung stellen kann, um das Elektron im H-Atom durch Stöße (aufgrund der thermischen Bewegung) auf die dritte Bohr'sche Bahn zu heben. Fällt es anschließend zunächst auf die 2. Bahn zurück, dann erscheint die H_α-Linie.

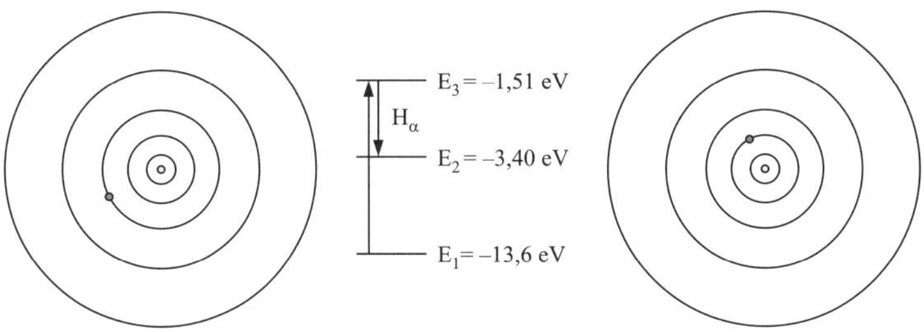

Abb. 3 H-Atom im Bohr'schen Atommodell

Bildnachweis
Abb. 1: Sterne und Weltraum, 10/1997, S. 845
Abb. 2: nssdc.gsfc.nasa.gov

Grundkurs Physik (Bayern): Abiturprüfung 2006 – Aufgabe VI
Ein Planet des Sterns 47 Ursae Majoris, Sternbild Pegasus

1. **Ein Planet des Sterns 47 Ursae Majoris**
Der Stern 47UMa gehört zum Sternbild Großer Bär. Aus spektroskopischen Untersuchungen erhält man für diesen Stern die im folgenden Diagramm dargestellte periodische Veränderung seiner Radialgeschwindigkeit.

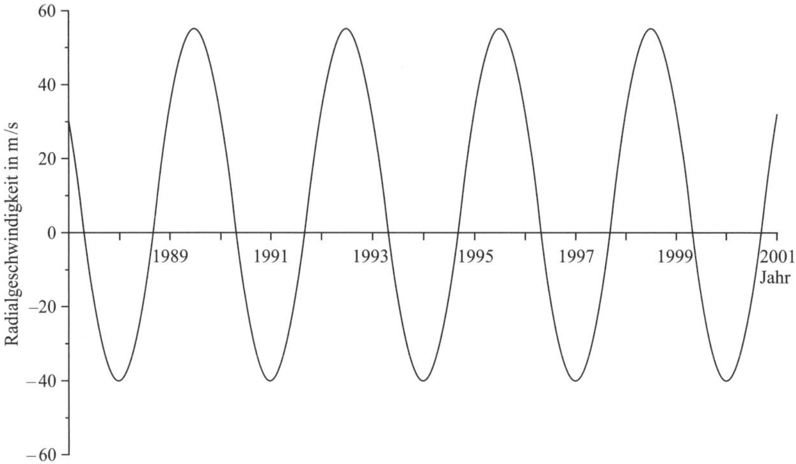

Die einzige mit den Beobachtungen verträgliche Erklärung für die periodisch veränderte Radialgeschwindigkeit ist, dass 47 UMa einen Planeten als Begleiter hat und beide um einen gemeinsamen Schwerpunkt kreisen. Für die folgenden Überlegungen wird angenommen, dass die Beobachtungsrichtung in der Umlaufebene von Stern und Planet liegt.

a) Erläutern Sie unter Angabe der erforderlichen Formel, wie man mithilfe von spektroskopischen Untersuchungen die Radialgeschwindigkeit von 47 UMa bestimmen kann. 5 BE

b) Begründen Sie anhand des Diagramms, dass sich der Schwerpunkt des Systems vom Beobachter weg bewegt. Bestimmen Sie die Geschwindigkeit dieser Bewegung. 3 BE

c) Erläutern Sie unter Verwendung einer Skizze den im Diagramm dargestellten zeitlichen Verlauf der Radialgeschwindigkeit. 8 BE

2. **Das Sternbild Pegasus**

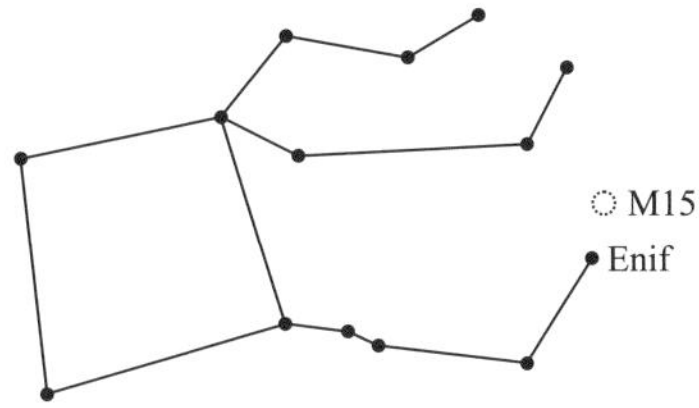

Ein am Herbsthimmel auffälliges Sternviereck (das so genannte Herbstviereck) wird im Wesentlichen von Sternen des Sternbilds Pegasus (siehe Abbildung) gebildet. Der Sage nach ist Pegasus ein geflügeltes Pferd. Die „Nase“ des Pferdekopfes wird durch den Stern Enif (ε Peg) markiert. Von diesem Stern sind folgende Daten bekannt:

Mittlere scheinbare Helligkeit: 2,4
Mittlere absolute Helligkeit: −4,2
Oberflächentemperatur: $5{,}0 \cdot 10^3$ K

a) Berechnen Sie die Entfernung des Sterns Enif in Lichtjahren. 4 BE

b) Berechnen Sie die Leuchtkraft und den Radius von Enif jeweils im Vergleich zur Sonne.
[zur Kontrolle: $L_{Enif} = 4{,}0 \cdot 10^3\, L_\odot$; $R_{Enif} = 85\, R_\odot$] 7 BE

c) Zeichnen Sie in ein Hertzsprung-Russell-Diagramm die Hauptreihe sowie die Positionen der Sonne und des Sterns Enif ein. In welchem Entwicklungsstadium befindet sich Enif? Wodurch unterscheidet sich der Aufbau von Enif von dem der Sonne? 10 BE

Es wird erwartet, dass die Entwicklung von Enif in den nächsten Millionen Jahren zu einer Supernova führt.

d) Erläutern Sie kurz den Verlauf einer Supernova. 5 BE

e) Nennen Sie mögliche Endstadien von Enif. Unter welcher grundlegenden Bedingung stellt sich das jeweilige Endstadium ein? 4 BE

In der Nähe von Enif findet man den Kugelsternhaufen M15, der $40 \cdot 10^3$ Lj von der Erde entfernt ist.

f) Eine Methode zur Entfernungsbestimmung astronomischer Objekte verwendet die trigonometrische Parallaxe. Erläutern Sie diese Methode und begründen Sie, warum sie für den Kugelsternhaufen M15 nicht anwendbar ist. 6 BE

g) M15 besteht aus etwa 200 000 Sonnen. Kann man den Kugelsternhaufen von der Erde aus bei guten Sichtbedingungen auch mit bloßem Auge erkennen? Schätzen Sie dazu die scheinbare Helligkeit von M15 ab. 8 BE

60 BE

Tipps und Hinweise zur Lösung von Aufgabe VI

Tipps zu Teilaufgabe 1 a

- Wie sieht ein normales Sternspektrum aus? Was verändert sich am Spektrum, wenn sich der Stern relativ zu uns bewegt?
- Stichwort: Doppler-Verschiebung

Tipp zu Teilaufgabe 1 b

- Betrachten Sie den Graphen genau! Was fällt Ihnen bezüglich der Lage des Graphen im Koordinatensystem auf?

Tipps zu Teilaufgabe 1 c

- Skizzieren Sie Stern und Planet als verschieden große Kreise. Welche charakteristische Stellungen sind welchen Punkten im Diagramm zugeordnet?
- Es reicht, eine Periode zu skizzieren.

Tipp zu Teilaufgabe 2 a

- Benutzen Sie das Entfernungsmodul.

Tipps zu Teilaufgabe 2 b

- Denken Sie an den Zusammenhang zwischen der absoluten Helligkeit und der Leuchtkraft. In welchem Gesetz ist die Abhängigkeit des Radius von der Leuchtkraft und der Oberflächentemperatur zu finden?
- Achten Sie auf die geltenden Ziffern.

Tipps zu Teilaufgabe 2 c

- Überlegen Sie sich, wie Sie die Achseinteilung für das Diagramm wählen. Welche Größen sind für die Abszisse geeignet, welche für die Ordinate?
- Achten sie auf die Lage der Hauptreihe.

Tipp zu Teilaufgabe 2 e

- Welche Endstadien gibt es, welche kommen nach einer Supernova nicht in Betracht? Welche Größe entscheidet über den Lebensweg des Sternes?

Tipps zu Teilaufgabe 2 f

- Wie groß ist der minimal messbare Winkel von der Erde aus?
- Verwenden Sie zur Erläuterung eine Skizze.

Tipp zu Teilaufgabe 2 g

- Wie viel „Leuchtkraft“ haben 200 000 Sonnen? Welcher Weg führt von der Leuchtkraft auf die Helligkeit?
- Wo liegt die Grenze der Sichtbarkeit mit bloßem Auge? Denken Sie an die Hipparch-Skala.

Lösung zu Aufgabe VI

1. Ein Planet des Sternes 47 Ursae Majoris

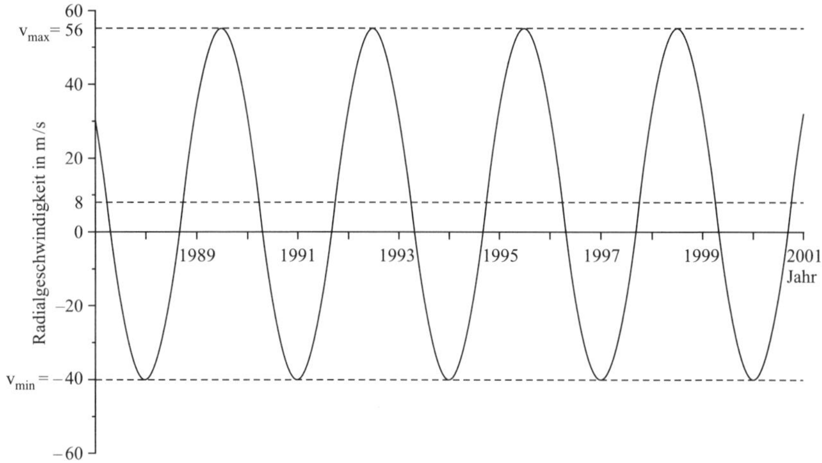

Abb. 1: t-v-Diagramm von UMa 47

a) Das Spektrum eines Sternes wie 47 UMa hat charakteristische Absorptionslinien. Bewegt sich der Stern auf uns zu, werden die Absorptionslinien zum blauen Bereich hin verschoben, bewegt er sich von uns weg, werden die Linien zum roten Bereich verschoben. Dabei gilt:

$$\frac{\Delta\lambda}{\lambda} = \frac{v}{c}$$

Im vorliegenden Diagramm erkennt man, dass sich 47 UMa periodisch nähert und wieder entfernt.

b) Man entnimmt dem Diagramm der Abbildung 1 $v_{min} = -40\ \frac{m}{s}$ (Blauverschiebung) und $v_{max} = 56\ \frac{m}{s}$ (Rotverschiebung). Das heißt, der Stern bewegt sich mit etwa

$$\frac{(56-40)}{2}\frac{m}{s} = 8\ \frac{m}{s}$$

von uns weg (arithmetisches Mittel).

c) In Abbildung 2 sieht man die charakteristischen Stellungen bezogen auf die gegebene Kurve. Die Wegbewegung des ganzen Systems ist (übertrieben!) durch die steigende Gerade gekennzeichnet. Der schwarze Pfeil gibt die Blickrichtung des Beobachters an.

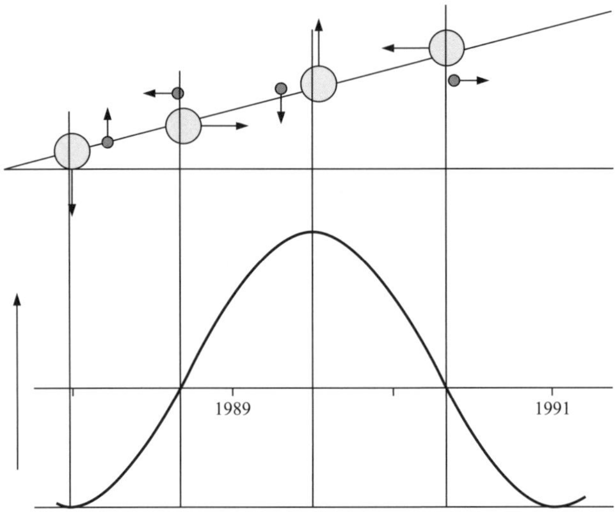

Abb. 2: Bewegung des Sterns und seines Planeten in Bezug auf das t-v-Diagramm über eine Periode

2. **Das Sternbild Pegasus**
Vom Stern Enif sind folgende Daten bekannt: m = 2,4; M = −4,2 und $T_{eff} = 5{,}0 \cdot 10^3$ K.

a) Wir benutzen das Entfernungsmodul:

$$m - M = 5 \cdot \lg \frac{r}{10\ \text{pc}} = 2{,}4 + 4{,}2 = 6{,}6$$

$$\Rightarrow \quad r = 10\ \text{pc} \cdot 10^{\frac{6,6}{5}} = 209\ \text{pc}$$

b) Die Leuchtkraft ergibt sich aus:

$$L^* = q^{M_\odot - M} = 2{,}512^{4,8+4,2} = 4{,}0 \cdot 10^3$$

Das Gesetz von Stefan und Boltzmann verwenden wir zur Radiusberechnung. Für die Sonne bzw. für Enif gilt:

$$L_\odot = 4 \cdot \pi \cdot \sigma \cdot T_\odot^4 \cdot R_\odot^2$$

$$\text{bzw.} \quad L_E = 4 \cdot \pi \cdot \sigma \cdot T_E^4 \cdot R_E^2$$

Dividiert man die zweite Gleichung durch die erste, erhält man mit $T_\odot = 5{,}8 \cdot 10^3$ K:

$$L^* = R^{*2} \cdot \left(\frac{T_E^4}{T_\odot^4} \right)$$

$$\Rightarrow \quad R^* = \sqrt{L^*} \cdot \left(\frac{T_\odot}{T_E} \right)^2 = \sqrt{4{,}0 \cdot 10^3} \cdot \left(\frac{58}{50} \right)^2 = 85$$

c)

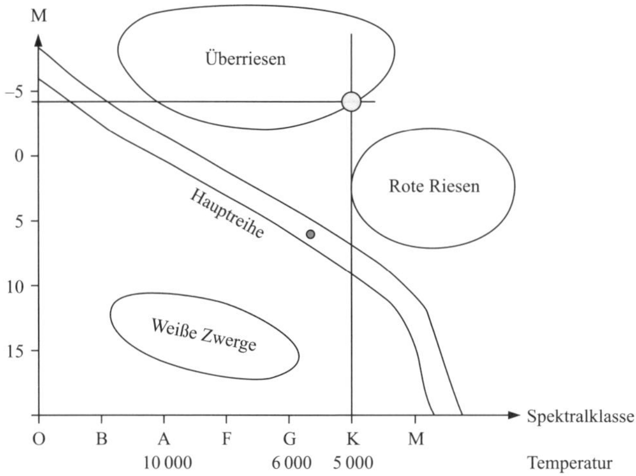

Abb. 3: HR-Diagramm mit Sonne und Enif

Enif gehört zu den „Überriesen“. Es handelt sich dabei um einen Stern, der in seinem Inneren nicht mehr H zu He verbrennt wie die Sonne, sondern He zu C, O bzw. C zu N, Mg … (vgl. Abbildung 4).
Der Stern hat einen schalenförmigen Aufbau mit einzelnen Brennzonen, wobei eine die darunter liegende speist.

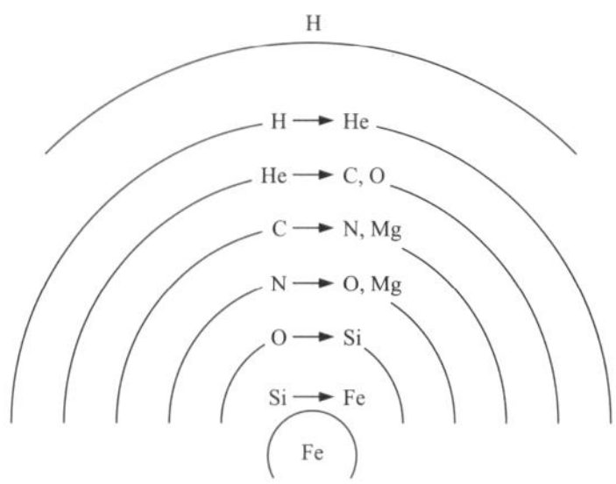

Abb. 4: Schalenbrennen in großen Sternen

d) **Verlauf einer Supernova:** Wie man dem Bild des Schalenbrennens (Abbildung 4) entnehmen kann, kann maximal bis Eisen fusioniert werden.
Dabei sind die Temperaturen bei ca. 3 000 000 000 K und der Prozess dauert maximal eine Woche. Danach gibt es keine Druckkraft mehr gegen die Gravitationskraft, die den Kern des Sternes in Bruchteilen einer Sekunde in sich zusammenstürzen lassen.
Dabei wird ca. 10^{46} J Gravitationsenergie frei (zu 99 % in Form von Neutrinos). Eine Stoßwelle läuft durch den Stern nach außen und zerreißt die äußeren Sternschichten. Es handelt sich um den SN-Typ II.

Abbildung 5 zeigt eine Aufnahme der Supernova 1987A.

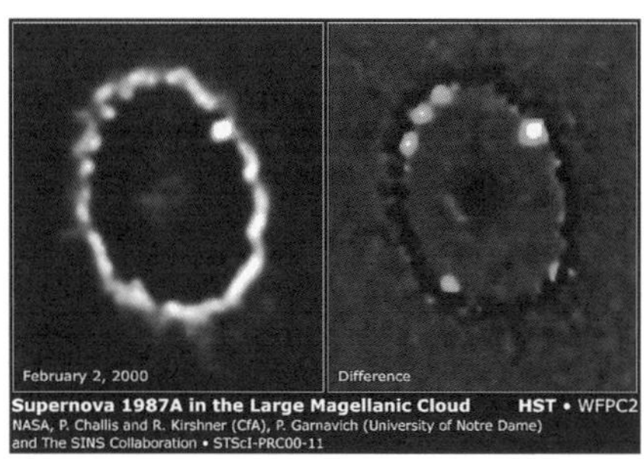

Abb. 5: SN 87 A

e) Die möglichen Endstadien sind Neutronenstern oder Schwarzes Loch. Dabei bilden sich **Neutronensterne**, wenn die Endmasse des Sternes zwischen 1,4 Sonnenmassen (Chandrasekar-Grenze) und ca. 3,5 Sonnenmassen (Oppenheimer-Volkhoff-Grenze) liegt. Über ca. 3,5 Sonnenmassen kollabiert der Kern zu einem **Schwarzen Loch**.

f) Kugelsternhaufen M15 (siehe Abbildung 6): $r = 40 \cdot 10^3$ Lj = 12,3 kpc

Abb. 6: M15

Methode der trigonometrischen Parallaxe: Es wird der Winkel p bei der Bewegung der Erde um die Sonne vermessen (Bewegung des Fixsternes in Bezug auf weiter entfernt liegende Hintergrundsterne). Für den Winkel gilt (siehe Abbildung 7):

$$\tan p = \frac{a}{r}$$

$$\text{bzw.} \quad r = \frac{a}{\tan p}$$

Für kleine Winkel p (und alle Parallaxenwinkel sind kleiner als 1") kann man tan p durch p ersetzen (p im Bogenmaß). Genau genommen wird durch die trigonometrische Parallaxe die Entfernung des Sternes zur Sonne gemessen. Anwendbar ist dieses Verfahren von der Erde aus nur bis zu einer Winkelgröße von 0,01", also bis zu einer Entfernung von 100 pc. Von Satelliten aus gelingt es bis maximal 300 pc. Eine Entfernung von 12,3 kpc ist mit dieser Methode deshalb nicht messbar.

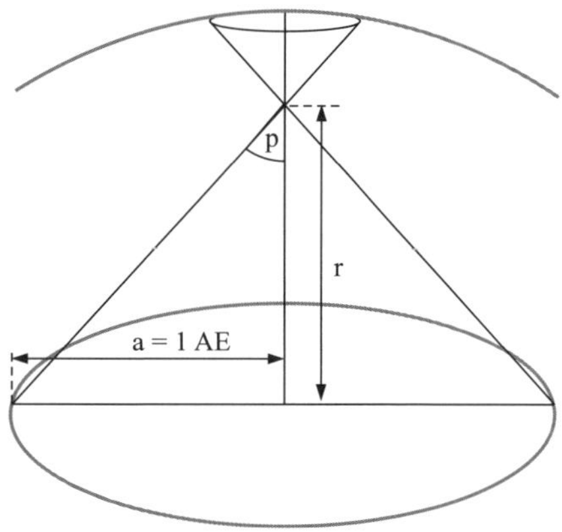

Abb. 7: Trigonometrische Parallaxe

g) Wenn M 15 aus 200 000 Sonnen besteht, bedeutet dies:

$$L^* = 200\,000$$

Damit erhält man die absolute Helligkeit des Haufens aus

$$M - M_{\odot} = -2{,}5 \cdot \lg L^* = -13{,}25,$$

also: $M = -13{,}25 + 4{,}8 = -8{,}45$

Mit dem Entfernungsmodul erhalten wir dann die scheinbare Helligkeit:

$$m - M = 5 \cdot \lg \frac{r}{10\text{ pc}} = 5 \cdot \lg \frac{12\,300\text{ pc}}{10\text{ pc}} = 15{,}44$$

$$\Rightarrow \quad m = 15{,}44 + M = 15{,}44 - 8{,}45 = 7$$

Damit ist der Sternhaufen auch bei guten Sichtverhältnissen nicht mit bloßem Auge beobachtbar.

Bildnachweis: nssdc.gsfc.nasa.gov; Hubble Space Telescope (HST)

Grundkurs Physik (Bayern): Abiturprüfung 2007 – Aufgabe I
Elektronenstrahl, Induktion

1. **Elektronenstrahl**

Ein Elektronenstrahl enthalte Elektronen unterschiedlicher Geschwindigkeit.

a) Beschreiben und erklären Sie eingehend eine Möglichkeit, wie man daraus einen Strahl erzeugen kann, der nur Elektronen mit einer bestimmten Geschwindigkeit v_0 enthält. 9 BE

Elektronen der Geschwindigkeit $v = 6{,}0 \cdot 10^6 \frac{m}{s}$ treten mittig in das homogene elektrische Feld eines Plattenkondensators (Länge 5,0 cm) ein. An den Platten des Kondensators wird eine Wechselspannung U der Frequenz 12 kHz angelegt.

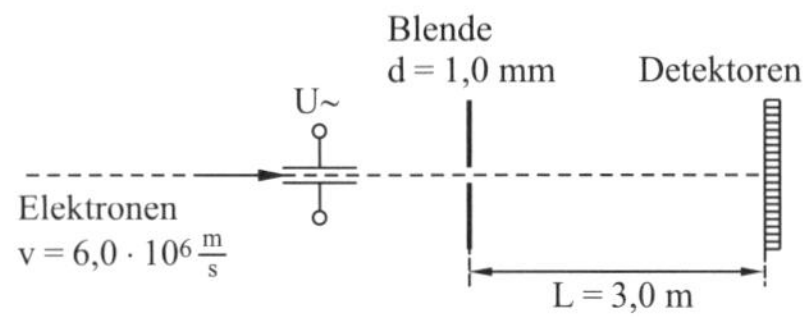

Hinter dem Kondensator befindet sich eine Blende, deren Öffnung den Durchmesser $d = 1{,}0$ mm hat. Im Abstand $L = 3{,}0$ m hinter dieser Blende werden die Elektronen in Detektoren registriert (siehe Skizze).

b) Berechnen Sie die Flugzeit t_F eines Elektrons durch den Kondensator und bestätigen Sie damit, dass sich für jedes einzelne Elektron die Feldstärke während der Durchquerung nur geringfügig ändert. 6 BE

c) Begründen Sie, dass bei hinreichend großem Scheitelwert der angelegten Wechselspannung nach der Blende ein gepulster Elektronenstrahl zur Verfügung steht. 5 BE

Um die Aufweitung eines Elektronenpulses durch die COULOMB-Abstoßung der Elektronen untereinander abzuschätzen. wird im Folgenden ein aus 100 Elektronen bestehender Puls (Maße siehe Skizze) betrachtet. Dazu berechnet man die Kraft auf ein einzelnes Elektron am Rand des Pulses, das von der Ersatzladung Q_{Ersatz} den Abstand $\frac{d}{2}$ hat. Die Ersatzladung (Wirkung der übrigen Elektronen) ergibt sich näherungsweise durch die Gesamtladung der restlichen Elektronen in der Mitte des Pulses (siehe Skizze).

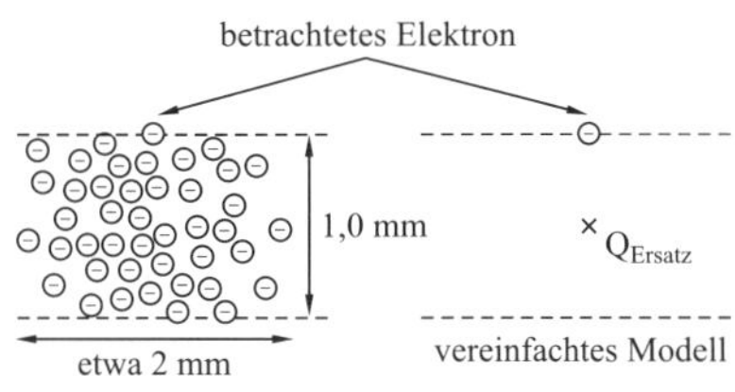

d) Berechnen Sie die durch die Coulombkraft verursachte Beschleunigung a des betrachteten Elektrons.
[zur Kontrolle: $a = 1{,}0 \cdot 10^{11} \frac{m}{s^2}$] 6 BE

e) Vereinfachend wird davon ausgegangen, dass die Kraft während der gesamten Flugdauer nach dem Passieren der Blende konstant bleibt. In welchem Abstand von der Strahlmitte trifft dann das betrachtete Elektron am Schirm auf? 6 BE

f) In der Realität ändert sich die Kraft auf das betrachtete Elektron. Wie wirkt sich dies auf das Ergebnis aus? (Begründen Sie Ihre Antwort!) 6 BE

g) Begründen Sie, dass sich diese Ergebnisse auch auf einen ungepulsten (durchgehenden) Elektronenstrahl übertragen lassen. 5 BE

→ aber nochmal

2. **Induktion**

Eine rechteckige Spule (Länge 80 cm, Breite 30 cm) mit 10 Windungen ist auf einem Wagen gelagert, der sich in der Zeichenebene reibungsfrei bewegen kann. Ein Teil der Spulenfläche wird senkrecht von einem homogenen, begrenzten Magnetfeld durchsetzt. Die nebenstehende Skizze zeigt die Sicht von oben. Zunächst wird der Wagen festgehalten.

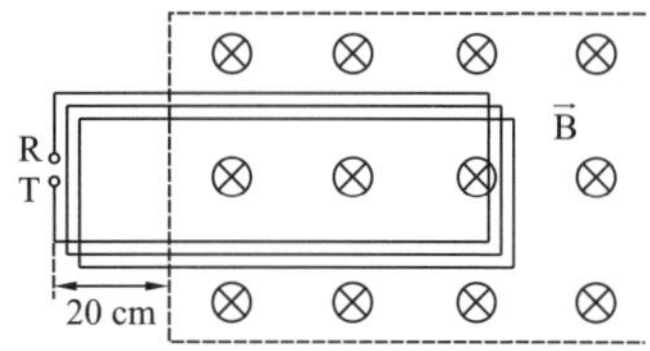

a) Die magnetische Flussdichte B steigt im Zeitintervall 0 bis 4,0 s linear von 0 bis 0,80 T an. Berechnen Sie für dieses Zeitintervall die zwischen den Spulenenden R und T auftretende Induktionsspannung U_{ind}. 5 BE

b) Die Spulenenden R und T sind nun leitend verbunden. der Wagen wird immer noch festgehalten. Die magnetische Flussdichte ändert sich wie in Teilaufgabe 2 a. Wie groß ist die Stromstärke während des Anwachsens der Flussdichte, wenn die Spule den Widerstand 2,0 Ω besitzt? Begründen Sie, dass sich die Elektronen im Uhrzeigersinn bewegen. 6 BE

c) Nun wird der Wagen nicht mehr festgehalten. Die Experimente aus 2 a und 2 b werden wiederholt. Begründen Sie, dass sich am Ergebnis von Teilaufgabe 2 a nichts ändert. Welche Beobachtung erwarten Sie für das Experiment mit dem Aufbau von Teilaufgabe 2 b (R und T leitend verbunden)? 6 BE

60 BE

Tipps und Hinweise zur Lösung von Aufgabe I

Tipp zu Teilaufgabe 1a

Stellen Sie die Kräftebilanz zwischen elektrischer und magnetischer Kraftwirkung auf. Wie groß muss die resultierende Kraft sein?

Tipp zu Teilaufgabe 1b

Berechnen Sie die Flugzeit über das Zeit-Weg-Gesetz der geradlinig gleichförmigen Bewegung und vergleichen Sie das Ergebnis mit der Periodendauer der Wechselspannung.

Tipp zu Teilaufgabe 1c

Bedenken Sie zum einen die Ablenkung des Elektronenstrahls durch das Querfeld zum anderen die Blendenwirkung.

Tipp zu Teilaufgabe 1d

Die Beschleunigung erhalten Sie durch Gleichsetzen von allgemeinen Kraftansatz und Coulombkraft.

Tipp zu Teilaufgabe 1e

Berechnen Sie die Flugdauer, wenden Sie das Zeit-Weg-Gesetz für die beschleunigte Querbewegung an und beachten Sie, dass sich das betrachtete Elektron zu Beginn am Rand des Strahls befindet.

Tipp zu Teilaufgabe 1f

Überlegen Sie: Wie hängt die Abstoßungskraft vom Abstand ab?

Tipp zu Teilaufgabe 1g

Betrachten Sie den Puls als Teil eines kontinuierlichen Strahls und überlegen Sie, wie groß der Einfluss der Abstoßungskraft zwischen dem betrachteten und den anderen Elektronen ist.

Tipp zu Teilaufgabe 2a

Setzen Sie das Induktionsgesetz mithilfe des magnetischen Flusses an und überlegen Sie, welche Größe in welcher Form von der Zeit abhängt.

Tipp zu Teilaufgabe 2b

Wenden Sie das Ohm'sche Gesetz und die Dreifingerregel an.

Tipp zu Teilaufgabe 2c

Überlegen Sie: Was ist die Voraussetzung für das Auftreten der Lorentzkraft?

Lösung zu Aufgabe I

1. a) Hier eignet sich ein **Wien'sches Geschwindigkeitsfilter** (siehe Skizze).

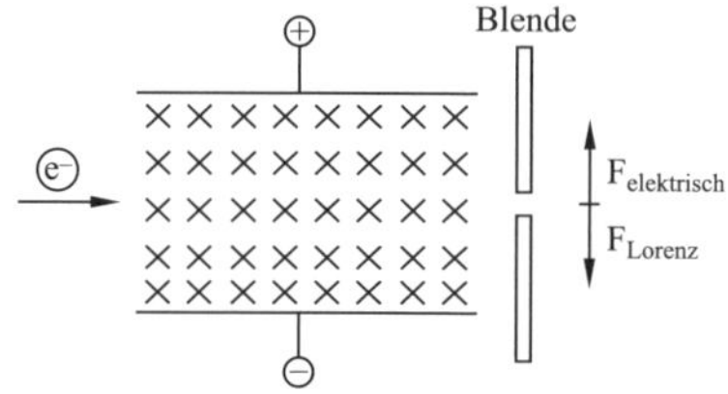

Die geladenen Teilchen durchlaufen nach einer Blende ein elektrisches Querfeld, dem zusätzlich ein zu E-Feld und Geschwindigkeitsrichtung senkrechtes Magnetfeld der Flussdichte B überlagert wird. Dabei sind elektrische Feldkraft und Lorentzkraft entgegengesetzt orientiert, sodass Teilchen mit einer von der Größe des E- und B-Feldes abhängigen Geschwindigkeit diesen Bereich unabgelenkt verlassen können, wenn sich die beiden Kräfte in ihrer Wirkung gegenseitig aufheben:

$$F_{el} = F_L \quad \Leftrightarrow \quad q \cdot E = q \cdot v \cdot B \quad \Leftrightarrow \quad v = \frac{E}{B}$$

b) Die Länge des durchflogenen elektrischen Feldes ist $\ell = 5{,}0 \cdot 10^{-2}$ m, die Geschwindigkeit ist konstant $v = 6{,}0 \cdot 10^6 \frac{m}{s}$, damit ist die Flugzeit im Kondensator gerade

$$t_F = \frac{\ell}{v} = \frac{5{,}0 \cdot 10^{-2}\,m}{6{,}0 \cdot 10^6 \frac{m}{s}} \approx 8{,}3 \cdot 10^{-9}\,s.$$

Die Wechselspannung hat eine Frequenz von $f = 12$ kHz, also ist die Periodendauer

$$T = \frac{1}{f} = \frac{1}{12 \cdot 10^3 \frac{1}{s}} \approx 8{,}3 \cdot 10^{-5}\,s = 10^4 \cdot t_F.$$

Die Verweildauer im elektrischen Feld ist also nur der zehntausendste Teil einer Periodendauer. Dies sagt zwar nichts über den Einfluss auf die Flugbahn aus, solange man den zeitlichen Verlauf der Wechselspannung nicht kennt. Geht man wie üblich von einem sinusförmigen Verlauf aus, dann ist die Änderungsrate durch die Ableitung, also durch den Kosinus gegeben, dessen Werte betragsmäßig 1 nicht übersteigen, sodass die Auswirkung der Feldstärkeänderung bei dieser kurzen Verweildauer stets vernachlässigbar bleibt.

Hätten wir dagegen beispielsweise einen kurzzeitig sehr steilen Anstieg der Spannung, dann könnte in dieser Phase gerade ein Elektron durch den Kondensator fliegen, das dann eine durchaus bemerkenswerte Veränderung des Querfeldes erführe. Davon ist hier aber nicht auszugehen.

c) Bei der vorhandenen Geometrie der Anordnung werden die einfliegenden Elektronen durch das Querfeld nach oben bzw. unten abgelenkt, je nach elektrischer Feldstärke. Ist deren Amplitude groß genug, dann wird der Ablenkwinkel zur Ausgangsrichtung groß genug dass die Elektronen die Blendenöffnung oben oder unten verfehlen und gegen die Blendenwand prallen. Hinter der Blende verlässt während dieser Phasen kein Elektronenstrahl die Öffnung, bis die Wechselspannung am Kondensator wieder einen ausreichend kleinen Momentanwert hat und die folgenden Elektronen wieder durch die Blendenöffnung kommen. Auf diese Weise entsteht ein gepulster Strahl.

d) Setzt man näherungsweise für die Ladung der 99 Restelektronen eine Ersatzladung Q an der eingezeichneten Position, dann liefert Gleichsetzen von allgemeinem Kraftansatz und Coulombkraft zunächst

$$m \cdot a = \frac{1}{4\pi \cdot \varepsilon_0} \cdot \frac{Q_1 \cdot Q_2}{r_{12}^2}$$

und damit

$$a = \frac{1}{4\pi \cdot \varepsilon_0} \cdot \frac{Q_1 \cdot Q_2}{m \cdot r_{12}^2} = \frac{1}{4\pi \cdot \varepsilon_0} \cdot \frac{e \cdot 99\, e}{m \cdot \left(\frac{d}{2}\right)^2}$$

$$= \frac{1}{4\pi \cdot 8{,}85 \cdot 10^{-12}\,\frac{C}{Vm}} \cdot \frac{99 \cdot (1{,}6 \cdot 10^{-19}\,C)^2}{9{,}1 \cdot 10^{-31}\,kg \cdot (0{,}50 \cdot 10^{-3}\,m)^2} \approx 1{,}0 \cdot 10^{11}\,\frac{m}{s^2}$$

Einheitenkontrolle:

$$1\,\frac{C^2 \cdot V \cdot m}{C \cdot kg \cdot m^2} = 1\,\frac{C \cdot V}{kg \cdot m} = 1\,\frac{As \cdot V}{kg \cdot m} = 1\,\frac{J}{kg \cdot m} = 1\,\frac{Nm}{kg \cdot m} = 1\,\frac{N}{kg} = 1\,\frac{m}{s^2}$$

e) Die Flugdauer T_F nach der Blende ist

$$T_F = \frac{L}{v} = \frac{3{,}0\,m}{6{,}0 \cdot 10^6\,\frac{m}{s}} = 5{,}0 \cdot 10^{-7}\,s.$$

Während dieser Zeit wirkt näherungsweise konstant die Kraft und das Elektron entfernt sich von anfangs $\frac{d}{2}$ (Randposition im Strahl!) auf schließlich

$$\frac{d}{2} + \frac{1}{2} a \cdot T_F^2 = 0{,}50 \cdot 10^{-3}\,m + \frac{1}{2} \cdot 1{,}0 \cdot 10^{11}\,\frac{m}{s^2} \cdot (5{,}0 \cdot 10^{-7}\,s)^2 = 0{,}013\,m = 1{,}3\,cm.$$

f) Die Abstoßungskraft nimmt mit dem Quadrat des Abstandes ab, also wird in der Realität die Beschleunigung kleiner und die Abweichung ist geringer als eben berechnet.

g) Fasst man den bisher betrachteten Puls als Ausschnitt aus einem kontinuierlichen Strahl auf (siehe Skizze), dann sind die zusätzlichen Elektronen so weit vom betrachteten Elektron entfernt, dass sich wiederum wegen des Abstandsquadrats im Nenner der Coulombkraft diese und erst recht ihr Anteil senkrecht zur Strahlrichtung vernachlässigen lässt.

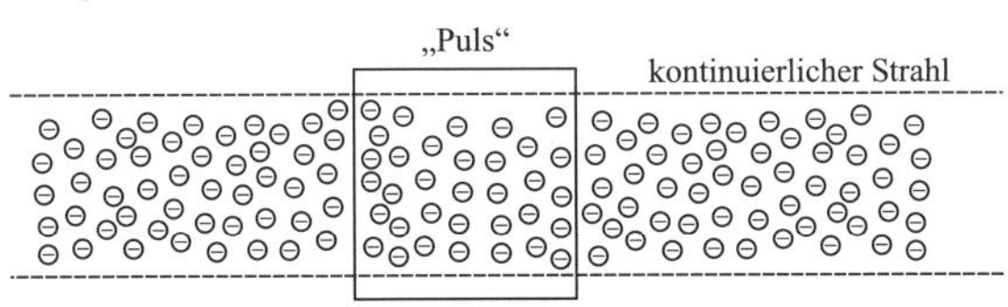

2. a) Ausgangspunkt ist die allgemeinen Form des Induktionsgesetzes

$$|U_{ind}| = N \cdot \dot{\Phi} \text{ mit } \Phi = B \cdot A.$$

Im vorliegendes Fall ist die Spulenfläche A konstant, nur die Flussdichte ändert sich, und zwar linear mit der Zeit. Daher folgt:

$$|U_{ind}| = N \cdot \dot{\Phi} = N \cdot (\dot{BA}) = N \cdot (\dot{B} \cdot A + B \cdot \dot{A}) = N \cdot (\dot{B} \cdot A + B \cdot 0) = N \cdot A \cdot \frac{\Delta B}{\Delta t}$$

$$= 10 \cdot (0{,}80\ \text{m} - 0{,}20\ \text{m}) \cdot 0{,}30\ \text{m} \cdot \frac{0{,}80\ \text{T}}{4{,}0\ \text{s}} = 0{,}36\ \text{V}$$

Lassen Sie sich nicht von der ungenau gezeichneten Versuchsskizze in der Angabe irritieren: Gezeichnet ist nicht eine Spule, sondern eine Einzelwindung mit Unterbrechung zwischen R und T sowie zwei in sich geschlossenen Schleifen. Gemeint ist aber eine Spule mit 10 Windungen.

b) Wegen $R = \frac{U_{ind}}{I}$ ergibt sich für die Stromstärke

$$I = \frac{U_{ind}}{R} = \frac{0{,}36\ \text{V}}{2{,}0\ \Omega} = 0{,}18\ \text{A}.$$

Würde der Strom (technische Stromrichtung!) im Uhrzeigersinn fließen bzw. die Elektronen damit in der Gegenrichtung, dann wäre das von dieser stromdurchflossenen Spule erzeugte Magnetfeld nach der Rechte-Hand-Regel in die Zeichenebene hineingerichtet. In diese Richtung zeigt aber bereits das verursachende Magnetfeld, weshalb wegen der Regel von Lenz die Stromrichtung entgegengesetzt sein muss.

Fazit: Die Elektronen fließen im Uhrzeigersinn.

c) Beim Experiment von 2 a wird nur die Induktionsspannung aufgebaut, außer dem vernachlässigbar geringen „Ladestrom" am Anfang (bis also die ursprünglich gleichmäßig verteilten Elektronen vermehrt in Richtung R geschoben worden sind und im Bereich bei T ein Elektronen-Defizit entsteht) fließt kein Strom, damit wirkt keine Kraft auf den Wagen und er bleibt in Ruhe.
Im Fall von 2 b fließt ein Strom, dieser führt zu einer Lorentzkraft mit Wirkrichtung entgegen der eigenen Ursache, also aus dem verursachenden Magnetfeld heraus nach links.

Grundkurs Physik (Bayern): Abiturprüfung 2007 – Aufgabe II
Elektromagnetischer Schwingkreis, Interferenz, fotoelektrischer Effekt

1. **Elektromagnetischer Schwingkreis**
An einen Kondensator mit der Kapazität $C = 300\ \mu F$ ist zunächst die Spannung $U_0 = 0{,}40$ V angelegt. Die Stromquelle wird danach abgetrennt und der Kondensator über eine Spule mit der Induktivität $L = 0{,}35$ mH entladen. Während des Entladens wird der zeitliche Verlauf der Spannung U_C am Kondensator mit einem Oszilloskop dargestellt.
   a) Fertigen Sie eine Schaltskizze zur Durchführung des obigen Versuchs an. 4 BE
   b) Berechnen Sie die Schwingungsdauer T dieses zunächst als ideal angenommenen Schwingkreises.
   [zur Kontrolle: $T = 2{,}0$ ms] 3 BE
   c) Nehmen Sie an, dass während der ersten zwei Perioden der Schwingung die Energie im Schwingkreis konstant bleibt. Berechnen Sie unter dieser Annahme den maximalen Spulenstrom I_0 in diesem Zeitraum.
   [zur Kontrolle: $I_0 = 0{,}37$ A] 5 BE
   d) Zeichnen Sie für die Annahmen aus Teilaufgabe 1c den Verlauf der Kondensatorspannung U_C und des Spulenstroms I_L in ein t-U_C- bzw. t-I_L-Diagramm. Begründen Sie, warum U_C und I_L nicht gleichzeitig ihre Maximalwerte annehmen. 8 BE
   e) Das nebenstehende Diagramm zeigt den realen Verlauf von U_C.
   Geben Sie zu den folgenden Aussagen an, ob sie richtig oder falsch sind, und begründen Sie jeweils kurz Ihre Antwort.
   α) Nach 2,5 Perioden ist die Energie im Schwingkreis auf etwa 25 % der Anfangsenergie abgesunken.
   β) Das Produkt aus U_C und I_L ist zeitlich konstant.
   γ) Die Spule erwärmt sich. 7 BE

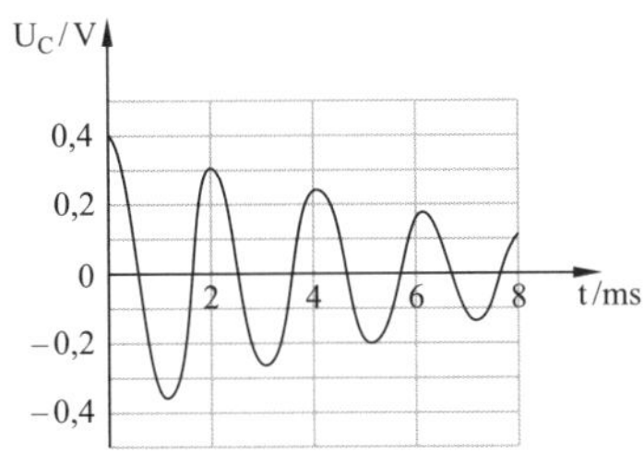

2. **Interferenz**
Ein optisches Gitter (Gitterkonstante $b = 3{,}0\ \mu m$) wird mit dem Licht einer Quecksilberdampflampe beleuchtet. Auf einem Schirm in der Entfernung $a = 60{,}0$ cm vom Gitter erscheint ein Spektrum in 1. Ordnung, welches zwischen der gelben ($\lambda_g = 579{,}1$ nm) und der violetten ($\lambda_v = 404{,}7$ nm) Linie liegt.

Gitter und Schirm sind senkrecht zum einfallenden Licht orientiert. Auf dem Schirm soll eine Skala angebracht werden, die das direkte Ablesen der Wellenlänge von beliebigen Spektrallinien ermöglicht. Der Nullpunkt der Skala soll in der Mitte des Schirms liegen.
   a) Welche Breite muss der Schirm mindestens haben, damit die Positionen der Maxima 1. Ordnung der beiden Farben auf der Skala eingezeichnet werden können? 7 BE
   b) In welcher Entfernung vom Nullpunkt müssen die Markierungen für 50 nm bzw. für 500 nm angebracht werden? Beurteilen Sie, ob die Skala über diesen Bereich des Schirms äquidistant unterteilt werden kann. Begründen Sie Ihre Antwort. 6 BE

c) Prüfen Sie durch Rechnung, ob auf einem Schirm der Breite 24 cm auch Linien des Spektrums 2. Ordnung der Quecksilberdampflampe sichtbar sind. 5 BE

3. **Fotoelektrischer Effekt**

Eine Vakuumfotozelle wird nacheinander mit Licht unterschiedlicher Wellenlänge λ bestrahlt. Mit einem Voltmeter wird festgestellt, dass sich zwischen Kathode und Anode jeweils eine andere Spannung U einstellt.

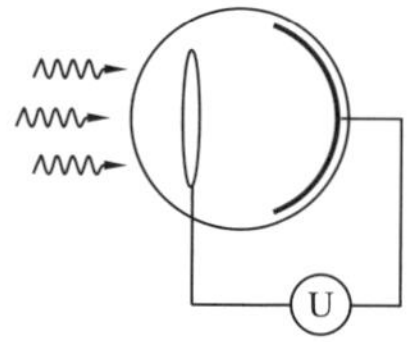

a) Erklären Sie, warum sich die Spannung U aufbaut. Begründen Sie, dass für die Energie E_{Ph} der Photonen der Zusammenhang

$$E_{Ph} = e \cdot U + W_a$$

gilt, wobei W_a die Austrittsarbeit des Kathodenmaterials ist. 8 BE

b) Für die verschiedenen Wellenlängen des Lichts ergeben sich die folgenden Spannungen:

λ in nm	447	492	502
U in mV	635	390	339

Ermitteln Sie unter Verwendung aller Versuchsdaten die Planck'sche Konstante. 7 BE

60 BE

Tipps und Hinweise zur Lösung von Aufgabe II

Tipp zu Teilaufgabe 1b

Setzen Sie die gegebenen Zahlenwerte der Schaltelemente in die Thomsongleichung ein.

Tipp zu Teilaufgabe 1c

Vergleichen Sie die maximale magnetische und maximale elektrische Feldenergie.

Tipp zu Teilaufgabe 1d

Beachten Sie bei der Erstellung des Diagramms die gegenseitige Lage der Nullstellen und der Extremalstellen der beiden Kurven. Machen Sie sich zur Begründung der Phasenverschiebung die Vorgänge klar, die jeweils an Kondensator und Spule während der Entladung ablaufen.

Tipp zu Teilaufgabe 1e

Beachten Sie: Das Diagramm zeigt die Zeitabhängigkeit der Spannung, nicht die der Energie!

Tipp zu Teilaufgabe 2a

Sie benötigen die Bedingungsgleichung für konstruktive Interferenz. Für die Wellenlänge mit dem größten Beugungswinkel bestimmen Sie den Abstand des 1. Maximums vom Hauptmaximum und schätzen daraus die Mindestschirmbreite ab.

Tipp zu Teilaufgabe 2b

Berechnen Sie mit den Formeln aus Teilaufgabe 2a die Abstände und prüfen Sie, ob Wellenlänge und Abstand als proportional angesehen werden können.

Tipp zu Teilaufgabe 2c

Sie können unmittelbar die Ergebnisse aus den Teilaufgaben 2a und b für die Abschätzung nutzen.

Tipps zu Teilaufgabe 3a

Die Frage zielt auf das Standardwissen zum Fotoeffekt. Schlagen Sie gegebenenfalls in Ihrem Schulbuch oder Ihren Unterrichtsaufzeichnungen nach.

Entscheidend für den gesuchten Zusammenhang ist, dass die Anode zunehmend negativ aufgeladen wird und daraus eine Bedingungsgleichung für die maximal kinetische Energie der ausgelösten Elektronen resultiert.

Tipp zu Teilaufgabe 3b

Stellen Sie mithilfe der Gleichung aus Teilaufgabe 3a und der Beziehung zwischen Energie und Wellenlänge eines Photons ein Gleichungssystem für jeweils zwei der drei Wertepaare der Tabelle auf. Daraus erhalten Sie Einzelwerte für die Planck'sche Konstante. Anschließend müssen Sie den Mittelwert bilden (es ist die Einbeziehung aller Versuchsdaten gefordert!).

Lösung zu Aufgabe II

1. a) Der Schaltplan sollte etwa so aussehen:

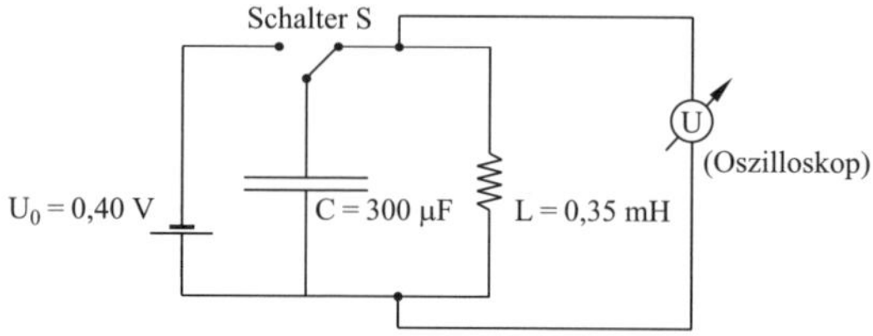

b) Mit der Thomsongleichung ergibt sich für die Schwingungsdauer:

$$T = 2\pi \cdot \sqrt{L \cdot C} = 2\pi \cdot \sqrt{0{,}35 \cdot 10^{-3}\,\mathrm{H} \cdot 300 \cdot 10^{-6}\,\mathrm{F}} \approx 2{,}0 \cdot 10^{-3}\,\mathrm{s} = 2{,}0\,\mathrm{ms}$$

c) Der Energieinhalt bei vollständig geladenem Plattenkondensator ist reine elektrische Feldenergie

$$E = \frac{1}{2} C \cdot U^2,$$

bei vollständig entladenem Kondensator steckt die ganze Energie im Magnetfeld der Spule und liefert damit die Maximalstromstärke:

$$E = \frac{1}{2} L \cdot I^2$$

Nach Gleichsetzen und Auflösen folgt:

$$I = \sqrt{\frac{C \cdot U^2}{L}} = \sqrt{\frac{300 \cdot 10^{-6}\,\mathrm{F} \cdot (0{,}40\,\mathrm{V})^2}{0{,}35 \cdot 10^{-3}\,\mathrm{F}}} = 0{,}37\,\mathrm{A}$$

d) In ein Diagramm gezeichnet (Rechtswertachse t, Hochwertachse U in V bzw. I in A) sehen die Kurven idealisiert wie in der Abbildung gezeigt aus.

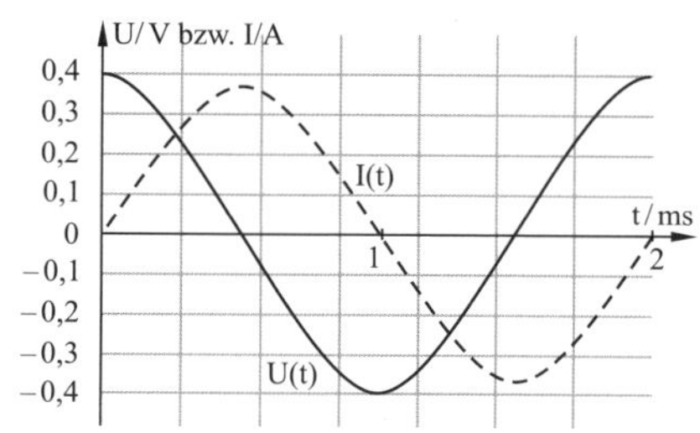

Wenn die Kondensatorspannung ihren maximalen Wert annimmt, sind die Platten maximal aufgeladen und es setzt im nächsten Augenblick die Entladung ein. Folglich ist die Stromstärke gerade null. Wenn andererseits die Stromstärke in der Spule gerade ihren maximalen Wert annimmt (und sogleich wieder kleiner wird), dann fehlt offensichtlich der Antrieb dazu, nämlich die Kondensatorspannung. Diese kann in jedem Fall nicht maximal sein (danach ist gefragt). Dass die Stromstärke nicht plötzlich auf null abfällt, liegt am sich abbauenden Magnetfeld in der Spule, das weiterhin einen (abnehmenden) Strom induziert. Dieser wirkt seiner Ursache gemäß Lenz'scher Regel entgegen (also dem Magnetfeld im Abbau!), seine Richtung ist daher die gleiche wie die des aufbauenden Stromes. Ist dann das Magnetfeld vollkommen verschwunden, nimmt auch die Stromstärke den Wert null an, jetzt sind die Platten wieder maximal aufgeladen usw.

e) α) Die Aussage stimmt, denn die Amplitude ist halb so groß und die Energie proportional zum Quadrat der Amplitude.

β) Ein zeitlich konstanter Wert des Produktes aus U und I ist nicht vorhanden, weil jeder Faktor (und damit der Produktwert) periodisch null wird. In der restlichen Zeit sind zwar beide Faktoren (und damit ihr Produkt) von null verschieden, nehmen aber jeweils mit der Zeit ab, das Produkt somit ebenfalls.

γ) Diese Aussage ist richtig, da die Spule einen ohmschen Widerstand besitzt und deswegen erwärmt wird.

2. a) Bei der Gitterkonstanten $b = 3{,}0\ \mu m$ gilt für das Auftreten der Maxima die Bedingung

$$\sin\alpha_k = \frac{k \cdot \lambda}{b}, \qquad (*)$$

hier ist nur die erste Ordnung und damit $k = 1$ von Interesse. Als Winkel für das gelbe Licht ergibt sich damit:

$$\sin\alpha_{gelb} = \frac{\lambda_{gelb}}{b} = \frac{579{,}1 \cdot 10^{-9}\ m}{3{,}0 \cdot 10^{-6}\ m} \approx 0{,}09303 \quad \Rightarrow \quad \alpha_{gelb} = 11{,}13°$$

Das violette Licht hat eine kleinere Wellenlänge, diese erscheint im Zähler von (*) und deshalb wird der Winkel kleiner ausfallen, er spielt also bei der Bestimmung der Mindestbreite des Schirms keine Rolle.
Für den Abstand d des ersten gelben Maximums vom Mittelpunkt auf dem Schirm in $a = 60\ cm$ Abstand gilt:

$$\tan\alpha_{gelb} = \frac{d}{a}$$

$$\Rightarrow \quad d_{gelb} = a \cdot \tan\alpha_{gelb} = 60\ cm \cdot \tan 11{,}13° \approx 11{,}8\ cm$$

Da der Nullpunkt in der Mitte der Skala liegen soll, muss auch auf der anderen Seite dieser Abstand zum gelben Maximum bleiben, die Schirmbreite muss folglich mindestens etwa 24 cm betragen.

b) Für 50 nm ergibt sich

$$\sin\alpha_{50\,nm} = \frac{\lambda}{b} = \frac{50 \cdot 10^{-9}\ m}{3{,}0 \cdot 10^{-6}\ m} \approx 0{,}01666 \quad \Rightarrow \quad \alpha_{50\,nm} = 0{,}955°$$

$$\Rightarrow \quad d_{50\,nm} = a \cdot \tan\alpha_{50\,nm} = 60\ cm \cdot \tan 0{,}955° \approx 1{,}00\ cm$$

und für 500 nm entsprechend:

$$\sin\alpha_{500\,nm} = \frac{500 \cdot 10^{-9}\ m}{3{,}0 \cdot 10^{-6}\ m} \approx 0{,}1666 \quad \Rightarrow \quad \alpha_{500\,nm} = 9{,}594°$$

$$\Rightarrow \quad d_{500\,nm} = a \cdot \tan\alpha_{500\,nm} = 60\ cm \cdot \tan 9{,}594° \approx 10{,}1\ cm$$

Es liegt also annähernd eine Proportionalität zwischen Wellenlänge und Abstand vor (Abweichung etwa 1 %), sodass man getrost eine Skala mit gleichen Abständen wählen kann.

c) Das violette Licht mit seiner kürzeren Wellenlänge wäre im Spektrum 2. Ordnung innen zuerst zu sehen. Zwei Wellenlängen haben aber mehr als 800 nm (> 579,1 nm), deshalb sind (verwendet man die Proportionalität von oben) auf einem minimalistisch wie oben gewählten Schirm die Linien der 2. Ordnung nicht einmal im violetten Bereich zu sehen.

3. a) Die Photonen treffen auf die Kathode und geben ihre Energie als Ganzes an ein Hüllenelektron des Kathodenmaterials ab. Dieses kann (wenn eben die Photonenenergie groß genug war) das Atom verlassen, die Kathode ist dann positiv geladen. Der Energiebetrag, der nach dem Auslösen übrig bleibt, liegt als Bewegungsenergie vor und ermöglicht es dem Elektron, zur Anode zu fliegen. Diese wird dann negativ aufgeladen. Je höher die kinetische Restenergie ist, desto mehr Elektronen können bis zur (nach und nach durch ihre negative Ladung immer stärker abstoßenden) Anode gelangen und erhöhen dadurch die zu messende Spannung. Ist dieses elektrische Gegenfeld zu groß für die nachfolgend ausgelösten Elektronen, erreichen diese nicht mehr die Anode und werden zur Kathode zurückgedrückt. Die Spannung erhöht sich dann nicht mehr.

Die Bewegungsenergie eines Elektrons mit seiner Ladung $-e$ ist $e \cdot U$, wenn es gerade noch gegen das von der Spannung U verursachte Feld die Anode erreicht. Damit berechnet sich die Photonenenergie als Summe dieser Bewegungsenergie und der Auslösearbeit, es gilt wie angegeben:

$$E_{Ph} = e \cdot U + W_a \qquad (**)$$

b) Photonenenergie und Wellenlänge hängen zusammen über die Beziehung

$$E_{Ph} = h \cdot f = h \cdot \frac{c}{\lambda}.$$

Setzt man diesen Term in die Gleichung (**) ein, erhält man:

$$h \cdot \frac{c}{\lambda} = e \cdot U + W_a$$

Die Auslösearbeit ist nicht gegeben, wegen der drei Wertepaare ist dies aber kein Problem: Man setzt einfach zwei davon ein und subtrahiert die Gleichungen voneinander; die Auslösearbeit fällt dadurch heraus. Die Rechnung ergibt:

$$\left.\begin{array}{l} h \cdot \frac{c}{\lambda_1} = e \cdot U_1 + W_a \\ h \cdot \frac{c}{\lambda_2} = e \cdot U_2 + W_a \end{array}\right\} \Rightarrow h \cdot \frac{c}{\lambda_1} - h \cdot \frac{c}{\lambda_2} = e \cdot U_1 + W_a - e \cdot U_2 - W_a$$

$$h \cdot c \cdot \left(\frac{1}{\lambda_1} - \frac{1}{\lambda_2}\right) = e \cdot U_1 - e \cdot U_2$$

$$h = \frac{e \cdot (U_1 - U_2)}{\left(\frac{1}{\lambda_1} - \frac{1}{\lambda_2}\right) \cdot c}$$

Aus der Tabelle kann man nun entweder die ersten beiden, die letzten beiden oder den ersten und den letzten Wert auswählen. Die Ergebnisse für h sind dann beispielsweise im ersten Fall:

$$h = \frac{1{,}60 \cdot 10^{-19}\,\text{As} \cdot (635 \cdot 10^{-3}\,\text{V} - 390 \cdot 10^{-3}\,\text{V})}{\left(\frac{1}{447 \cdot 10^{-9}\,\text{m}} - \frac{1}{492 \cdot 10^{-9}\,\text{m}}\right) \cdot 3{,}00 \cdot 10^{8}\,\frac{\text{m}}{\text{s}}} \approx 6{,}38 \cdot 10^{-34}\,\text{Js}$$

In den beiden anderen Fällen erhält man analog:

$$h \approx 6{,}72 \cdot 10^{-34}\,\text{Js} \quad \text{bzw.} \quad h \approx 6{,}44 \cdot 10^{-34}\,\text{Js}$$

Daraus errechnet sich als mittlerer Wert für die Planck'sche Konstante:

$$h \approx 6{,}5 \cdot 10^{-34}\,\text{Js}$$

Grundkurs Physik (Bayern): Abiturprüfung 2007 – Aufgabe III
Abschätzung der Atomgröße, Eindimensionaler Potentailtopf, Röntgenstrahlung

1. **Abschätzung der Atomgröße**
   Bei der Durchführung des so genannten Ölfleckversuchs verwendet man ein Gemisch aus Ölsäure ($C_{17}H_{33}COOH$) und Leichtbenzin, wobei der Volumenanteil der Ölsäure am Gemisch $\frac{1}{2\,000}$ beträgt. Zunächst entnimmt man einer zylinderförmigen Pipette mit 1,5 cm Innendurchmesser 25 Tropfen des Gemisches. Dabei nimmt der Flüssigkeitsstand in der Pipette um 4,8 mm ab. Anschließend wird ein solcher Tropfen auf eine mit Bärlappsporen bestäubte Wasseroberfläche gebracht, wobei das Benzin verdunstet und sich ein annähernd kreisförmiger Ölsäurefleck mit einem Durchmesser von 15 cm bildet.
   a) Berechnen Sie die Dicke d des Ölsäureflecks. 7 BE
   [zur Kontrolle: $d = 9{,}6 \cdot 10^{-10}$ m]
   b) Schätzen Sie den mittleren Radius eines Atoms im Ölsäuremolekül ab und geben Sie die bei der Rechnung verwendeten vereinfachenden Annahmen an. 7 BE
   c) Nehmen Sie zu den folgenden Aussagen über den Ölfleckversuch begründet Stellung:
   α) Verwendet man statt Ölsäure eine andere Substanz, die sich ebenfalls monomolekular auf Wasser ausbreitet, erhält man möglicherweise einen anderen Wert für den Atomradius.
   β) Führt man das Experiment in gleicher Weise, aber mit kleineren Tropfen durch, erhält man einen deutlich anderen Wert für den Atomradius.
   γ) Der Ölfleckversuch liefert eine gute Abschätzung für den Radius eines Atoms, erlaubt aber keine Rückschlüsse auf die Größenordnung des Atomkerns. 6 BE

2. **Eindimensionaler Potenzialtopf**
   Das Zustandekommen von diskreten Energieniveaus (charakterisiert durch die Quantenzahl n) für ein in der Atomhülle gebundenes Elektron kann am Modell des eindimensionalen, unendlich hohen Potenzialtopfs veranschaulicht werden. Hier soll sich das Elektron in einem Potenzialtopf der Länge $\ell = 1{,}4 \cdot 10^{-10}$ m kräftefrei bewegen.
   a) Zeigen Sie, dass für den Impuls eines Elektrons im Potenzialtopf nach de Broglie gilt:
   $$p_n = \frac{h}{2\ell} \cdot n \quad (n \in \mathbb{N})$$ 5 BE
   b) Berechnen Sie damit den kleinstmöglichen Energiewert des Elektrons im Potenzialtopf und erläutern Sie, inwiefern das Ergebnis einen Widerspruch zur klassischen Physik darstellt. 6 BE
   c) Bestimmen Sie die Werte der Quantenzahl n, bei denen von einer nichtrelativistischen Bewegung des Elektrons im Potenzialtopf der angegebenen Länge ausgegangen werden darf. 6 BE

3. **Röntgenstrahlung**

Wilhelm Conrad Röntgen entdeckte im Jahr 1895 eine neue Art von Strahlen, die er zunächst als X-Strahlen bezeichnete. Heute spielt Röntgenstrahlung eine wichtige Rolle in Medizin und Technik.

a) Fertigen Sie eine beschriftete Skizze einer Röntgenröhre inklusive der elektrischen Schaltung an. Beschreiben Sie, wozu die verwendeten Stromquellen dienen. 6 BE

An eine Röntgenröhre wird eine Beschleunigungsspannung von 40 kV gelegt.

b) Beschreiben Sie kurz, wie der kontinuierliche Teil des Röntgenspektrums entsteht, und berechnen Sie dessen Grenzwellenlänge λ_g. 6 BE

c) Das charakteristische Spektrum zeigt auch die K_α-Linie. Erklären Sie das Zustandekommen dieser Linie. 5 BE

d) Bei den folgenden Abbildungen kann es sich nicht um Emissionsspektren einer Röntgenröhre handeln.

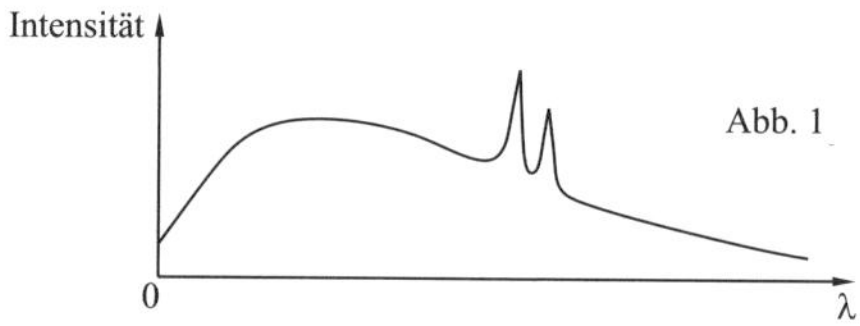

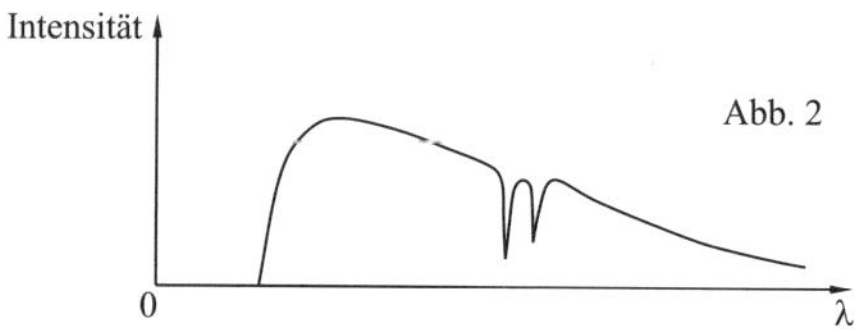

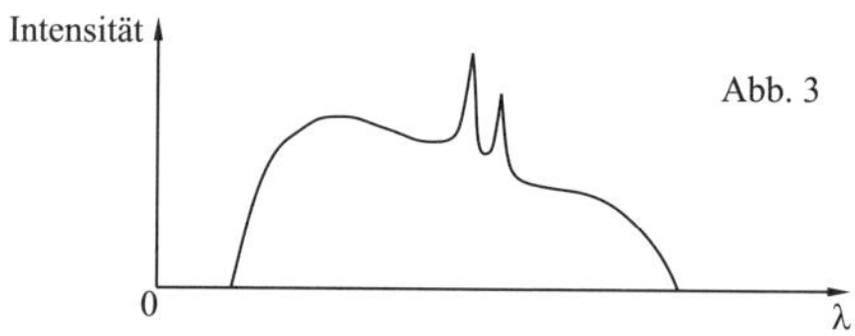

Begründen Sie dies jeweils knapp. 6 BE

60 BE

Tipps und Hinweise zur Lösung von Aufgabe III

Tipp zu Teilaufgabe 1a

Berechnen Sie zunächst aus den gegebenen geometrischen Daten das Volumen reiner Ölsäure (nach dem Verdunsten des Benzins) von nur 1 (!) Tropfen. Daraus erhalten Sie dann die Dicke des Ölflecks.

Tipp zu Teilaufgabe 1b

Nehmen Sie an, das das Molekül und die Atome würfelförmig sind, und betrachten Sie den Ölfleck als Schicht mit der Dicke einer Kantenlänge eines solchen „Würfelmoleküls".

Tipp zu Teilaufgabe 1c

Setzen Sie die jeweilige Aussage zu den Annahmen und Rechnungen der vorigen Teilaufgaben in Beziehung.

Tipp zu Teilaufgabe 2a

Entscheidend ist der Begriff der „stehenden Welle". Was muss gelten, dass sich eine stehende Welle ausbildet? Aus dieser Bedingung folgt zusammen mit der de-Broglie-Beziehung die gesuchte Impulsformel.

Tipp zu Teilaufgabe 2b

Nutzen Sie die Energie-Impuls-Beziehung der kräftefreien Bewegung und verwenden Sie das Ergebnis aus Teilaufgabe 2a für die kleinste Quantenzahl. Was würde man klassisch als kleinsten Energiewert erwarten?

Tipp zu Teilaufgabe 2c

Für welche Geschwindigkeit ist die nichtrelativistische Rechnung noch zulässig (Faustregel)? Berechnen Sie aus der zugehörigen Energie die Quantenzahl n.

Tipp zu Teilaufgabe 3a

Die Funktionsweise einer Röntgenröhre ist Standardlernstoff. Achten Sie auf vollständige Beschriftung.

Tipp zu Teilaufgabe 3b

Hier ist entscheidend: Die kontinuierliche Strahlung ist eine Bremsstrahlung der auf die Röntgenanode auftreffenden Elektronen. In welchen Mengen wird dabei Energie übertragen? Was folgt bei maximalem Energieübertrag für das Spektrum? Stellen Sie in diesem Fall die Energiebilanz zwischen elektrischer Beschleunigungs- und Photonenenergie auf.

Tipp zu Teilaufgabe 3c

Betrachten Sie den Elektronenübergang zwischen der K- und der L-Schale.

Tipp zu Teilaufgabe 3d

Achten Sie auf die Spitzen und die Ränder des Spektrums.

Lösung zu Aufgabe III

1. a) Um die Dicke d des Ölsäureflecks zu erhalten, muss man zunächst das Volumen der reinen Ölsäure in einem Tropfen bestimmen. In der zylindrischen Pipette vom Durchmesser $2r_{Pip} = 1{,}5$ cm nimmt der Flüssigkeitsstand des Gemisches um $h = 4{,}8$ mm ab, also ist das Gemischvolumen gerade

$$V_{Gemisch} = G \cdot h = r_{Pip}^2 \cdot \pi \cdot h.$$

In einem Tropfen ist davon nach dem Verdunsten des Benzins noch die reine Ölsäure mit dem Volumen

$$V_{Ölsäure} = \frac{1}{25} \cdot \frac{1}{2\,000} \cdot r_{Pip}^2 \pi \cdot h$$

übrig, das sich als kreisrunder Fleck mit dem Radius $r_{Ölfleck} = 7{,}5$ cm wieder zylindrisch auf dem Wasser ausbreitet. Damit ergibt sich wegen

$$\frac{1}{25} \cdot \frac{1}{2\,000} \cdot r_{Pip}^2 \cdot \pi \cdot h = r_{Ölfleck}^2 \cdot \pi \cdot d$$

die Dicke:

$$d = \frac{r_{Pip}^2 \cdot h}{25 \cdot 2\,000 \cdot r_{Ölfleck}^2} = \frac{(7{,}5 \cdot 10^{-3}\text{ m})^2 \cdot 4{,}8 \cdot 10^{-3}\text{ m}}{25 \cdot 2\,000 \cdot (7{,}5 \cdot 10^{-2}\text{ m})^2} = 9{,}6 \cdot 10^{-10}\text{ m}$$

b) Die Ölsäure hat die chemische Formel $C_{17}H_{33}COOH$ und besteht damit aus 54 Atomen. Nimmt man nun an, dass alle diese Atome gleich groß und sowohl Atome als auch Molekül würfelförmig sind (Kantenlänge d_{Atom} bzw. d_{Mol}), dann gilt zunächst:

$$V_{Mol} = 54 \cdot V_{Atom}$$

$$d_{Mol}^3 = 54 \cdot d_{Atom}^3 \quad \Rightarrow \quad d_{Atom} \approx \frac{d_{Mol}}{\sqrt[3]{54}}$$

Bei einer Schicht mit nur einem Moleküldurchmesser als Dicke ($d_{Mol} = d$) folgt dann:

$$r_{Atom} \approx \frac{1}{2} \cdot \frac{d}{\sqrt[3]{54}} = \frac{1}{2} \cdot \frac{9{,}6 \cdot 10^{-10}\text{ m}}{\sqrt[3]{54}} \approx 1{,}3 \cdot 10^{-10}\text{ m}$$

c) α) **Die Aussage ist richtig:** Die Annahmen der gleich großen Atome und der Würfelform von Atom und Molekül nähern die tatsächlichen Verhältnisse bei verschiedenen Substanzen nur verschieden gut an.

β) **Die Aussage ist falsch:** Kleinere Tropfen verändern in der Folge nur den Durchmesser des Ölflecks, für eine Dickenänderung gibt es keinen Anlass.

γ) **Die Aussage ist richtig:** Für die Atomgröße ist die Ausdehnung der Atomhülle entscheidend. Die Kerngröße spielt hierfür keine Rolle, deshalb lässt der Versuch mit dem Ölfleck auch keine Rückschlüsse auf den Kerndurchmesser zu.

2. a) Die diskreten Energiezustände der Elektronen sind im Potenzialtopf dadurch realisiert, dass ihre Wellenfunktionen stehende Wellen ausbilden. Die Bedingung dafür ist, dass die Topfbreite ein ganzzahliges Vielfaches der halben Wellenlänge ist:

$$\ell = n \cdot \frac{\lambda}{2} \quad \Rightarrow \quad \lambda_n = \frac{2\ell}{n} \qquad (n \in \mathbb{N}) \qquad (1)$$

Andererseits gilt für die de-Broglie-Wellenlänge:

$$\lambda = \frac{h}{p}$$

Löst man diese Gleichung nach p auf und setzt (1) ein, folgt:

$$p_n = \frac{h}{\lambda_n} = \frac{n \cdot h}{2\ell} \qquad (2)$$

b) Die Energie des sich kräftefrei bewegenden Elektrons ist rein kinetisch, es gilt die Beziehung:

$$E = \frac{p^2}{2m}$$

Mit der Formel (2) erhält man:

$$E_n = \frac{\left(\frac{n \cdot h}{2\ell}\right)^2}{2m} = \frac{n^2 \cdot h^2}{8m \cdot \ell^2} \qquad (3)$$

n steht im Zähler, der kleinstmögliche Energiewert wird also bei n = 1 geliefert:

$$E_{min} = E_1 = \frac{h^2}{8m \cdot \ell^2} = \frac{(6{,}63 \cdot 10^{-34}\,\text{Js})^2}{8 \cdot 9{,}1 \cdot 10^{-31}\,\text{kg} \cdot (1{,}4 \cdot 10^{-10}\,\text{m})^2} \approx 3{,}1 \cdot 10^{-18}\,\text{J} \approx 19\,\text{eV}$$

Nach der klassischen Theorie wäre $E_{min} = 0$ (ruhendes Elektron) zu erwarten gewesen.

c) Als Faustregel für die Grenze zwischen relativistischer und nichtrelativistischer Berechnung verwenden wir üblicherweise v = 0,1c und damit die Energie

$$E = \frac{1}{2} m \cdot v^2 = \frac{1}{2} m \cdot (0{,}1\,c)^2. \qquad (4)$$

Setzt man die beiden Energieterme (3) und (4) gleich, folgt für n:

$$\frac{n^2 \cdot h^2}{8m \cdot \ell^2} = \frac{1}{2} m \cdot (0{,}1\,c)^2 \quad \Rightarrow \quad n = \sqrt{\frac{m^2 \cdot (0{,}1\,c)^2 \cdot 4\ell^2}{h^2}} = \frac{m \cdot (0{,}1\,c) \cdot 2\ell}{h}$$

$$= \frac{9{,}1 \cdot 10^{-31}\,\text{kg} \cdot 3{,}0 \cdot 10^7\,\frac{\text{m}}{\text{s}} \cdot 2 \cdot 1{,}4 \cdot 10^{-10}\,\text{m}}{6{,}63 \cdot 10^{-34}\,\text{Js}}$$

$$\approx 11{,}52$$

Man kann also bis einschließlich n = 11 nichtrelativistisch vorgehen.

3. a) Funktionsweise der Röntgenröhre: In der evakuierten Röhre wird eine Glühwendel durch Anlegen einer geringen Heizspannung zum Glühen und damit zur Emission von Elektronen gebracht (wie in jeder Glühlampe). Durch eine Hochspannung mit Minuspol am Heizstromkreis und Pluspol an einer weiter entfernt in der Röhre befindlichen Anode aus einem schweren Material (etwa Molybdän oder Kupfer) werden die austretenden Elektronen zu dieser Anode hin beschleunigt.

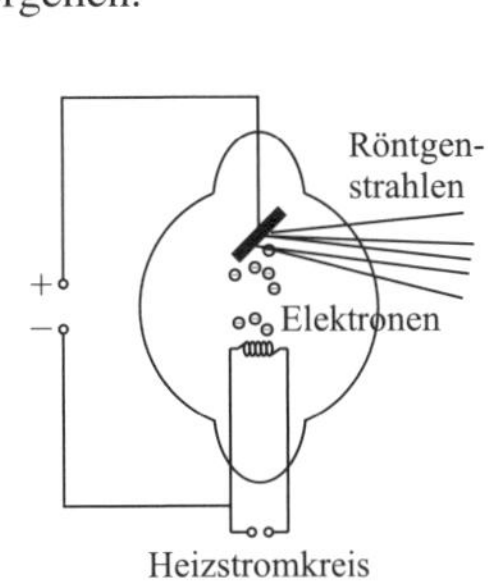

Die Anode wiederum ist so eingebaut, dass die Elektronen schräg auftreffen. In dem schweren Anodenmaterial geben die Elektronen ihre Bewegungsenergie in Form elektromagnetischer Strahlung ab.

b) Die Elektronen fliegen mit großer Geschwindigkeit auf die Anode zu und können ihre Bewegungsenergie entweder bei einem einzigen Stoß abgeben (maximaler Energieübertrag) oder auch nach und nach bei mehreren Stößen mit kleineren Energieüberträgen. Entsprechend gibt es eine untere Grenzwellenlänge für die Röntgenstrahlung, die durch die Bewegungsenergie der Elektronen vorgegeben ist. Größere Wellenlängen können beliebig angenommen werden, es schließt sich also ein Kontinuum an. Für die Grenzwellenlänge

$$\lambda_g = \frac{c}{f_g}$$

gilt im vorliegenden Fall mit einer Beschleunigungsspannung von 40 kV durch Gleichsetzen von Photonen- und Elektronenenergie:

$$h \cdot f_g = e \cdot U \quad \Rightarrow \quad \frac{h \cdot c}{\lambda_g} = e \cdot U$$

$$\lambda_g = \frac{h \cdot c}{e \cdot U} = \frac{6{,}63 \cdot 10^{-34}\,\text{Js} \cdot 3{,}0 \cdot 10^8\,\frac{\text{m}}{\text{s}}}{1{,}6 \cdot 10^{-19}\,\text{As} \cdot 40 \cdot 10^3\,\text{V}} \approx 3{,}1 \cdot 10^{-11}\,\text{m}$$

c) Ein Photon der Wellenlänge λ_{K_α} entsteht beim Übergang eines Elektrons zwischen der innersten (K-)Schale und der zweitinnersten (L-)Schale. Diese Wellenlänge ist in besonders hoher Intensität vertreten, weil energiereichere Elektronen andere, gebundene Elektronen aus den K-Schalen herausschießen und beim anschließenden Auffüllen der K-Schale aus der L-Schale eben diese Röntgenphotonen der einheitlichen Wellenlänge λ_K entstehen. Im Gegensatz zu den anderen Wellenlängen jenseits der Grenzwellenlänge tritt dieser Wert also bevorzugt auf (Ausbildung einer Intensitätsspitze) und ist typisch für das verwendete Anodenmaterial.

d) **Abb. 1:** Hier findet sich bei Wellenlänge 0 (also unendlich großer Energie) eine von null verschiedene Intensität. Das kann bei keinem Spektrum auftreten, schon gar nicht bei einem Röntgenemissionsspektrum, weil es bei diesem je nach Beschleunigungsspannung stets eine untere Grenzwellenlänge gibt.

Abb. 2: Hier gibt es (anders als bei den charakteristischen Linien K_α und K_β) nicht Wellenlängen mit besonders hoher Intensität, sondern solche mit besonders geringer Intensität. Weil aber die charakteristische Strahlung zusätzlich zum kontinuierlichen Spektrum entsteht, kann der gezeigte Kurvenverlauf nicht der eines Röntgenemissionsspektrums sein.

Abb. 3: Hier findet sich rechts neben der unteren Grenzwellenlänge auch eine obere Grenzwellenlänge, das würde also bedeuten, dass die entstehenden Röntgenquanten immer (außer ihrer durch die Elektronengeschwindigkeit gegebenen Höchst-) eine Mindestenergie besitzen müssen. Bei der Abbremsung eines Elektrons in einem schweren Anodenmaterial ist aber jeder (auch kleinere) Energieübertrag möglich, sodass dies ebenfalls kein Röntgenemissionsspektrum sein kann.

Grundkurs Physik (Bayern): Abiturprüfung 2007 – Aufgabe IV
Neptunium-Reihe, Titan

1. **Neptunium-Reihe**
Das Astat-Nuklid ^{217}At ist ein α-Strahler aus der Neptunium-Zerfallsreihe.
a) Erläutern Sie, dass sich für die schweren Radionuklide genau vier Zerfallsreihen aufstellen lassen, und erklären Sie, warum sich ^{217}At der Neptunium-Reihe zuordnen lässt. 4 BE
b) Begründen Sie, dass die Nuklide der Neptuniumreihe heute in der Natur praktisch nicht mehr vorkommen. 5 BE
c) ^{217}At emittiert neben der α-Strahlung auch γ-Strahlung der Energie 0,60 MeV. Obwohl die α-Strahlung von ^{217}At wesentlich energiereicher ist als die γ-Strahlung, kann man sich leichter vor ihr schützen.
Nennen Sie die wichtigsten Schutzmaßnahmen vor α-Strahlung. 3 BE
d) Eine 7,4 mm dicke Bleiplatte würde die Hälfte der γ-Quanten absorbieren. Wie viele solcher Bleiplatten müssten mindestens hintereinander gestellt werden, damit mehr als 99 % der γ-Quanten absorbiert werden? 8 BE

Natürliches Wismut besteht nur aus dem Isotop ^{209}Bi. Bis zum Jahr 2003 wurde es für das stabile Endprodukt der Neptunium-Reihe gehalten. Das Institut d'Astrophysique Spatiale in Orsay, Frankreich, stellte jedoch fest, dass ^{209}Bi mit extrem großer Halbwertszeit zu Thallium ^{205}Tl zerfällt.
e) Geben Sie die Zerfallsgleichung von ^{209}Bi an und berechnen Sie die beim Zerfall frei werdende Energie Q.
[zur Kontrolle: $Q = 3{,}14$ MeV] 7 BE
f) Um für eine Messung eine grobe Abschätzung der zu erwartenden Halbwertszeit von ^{209}Bi zu erhalten, wird nebenstehendes Diagramm betrachtet. Es zeigt für reine α-Strahler den gemessenen Zusammenhang zwischen der frei werdenden Energie Q und der Zerfallskonstanten λ.

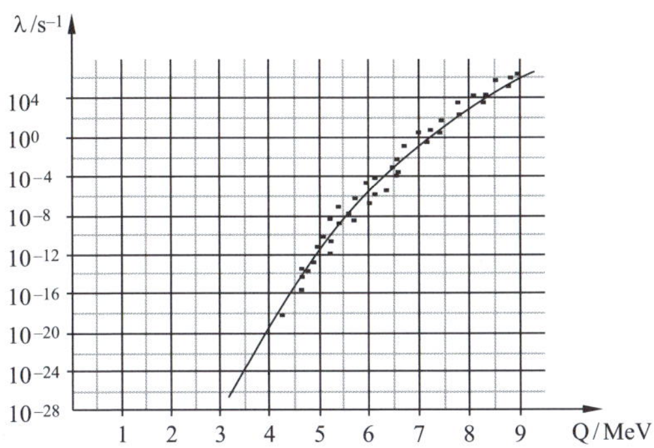

Theoretische Überlegungen liefern die im Diagramm eingezeichnete Kurve. Schätzen Sie mit deren Hilfe ab, welche Halbwertszeit für ^{209}Bi ungefähr zu erwarten wäre. Vergleichen Sie diese mit dem Alter des Universums von ca. 14 Milliarden Jahren. 7 BE

Genauere Messungen ergeben eine Halbwertszeit $T_{1/2} = 1{,}9 \cdot 10^{19}$ a für den ^{209}Bi-Zerfall.
g) Eine Wismutprobe hat die Masse $m = 4{,}0$ g. Berechnen Sie die Aktivität dieser Probe und daraus die durchschnittliche Zeitspanne zwischen zwei Zerfällen. 10 BE

2. **Titan**

Beim β^--Zerfall von ^{51}Ti befinden sich die Tochterkerne unmittelbar nach dem Zerfall stets in einem von zwei Anregungszuständen, jedoch niemals im Grundzustand. Die β^--Energien sind maximal 2 150 keV bzw. 1 542 keV.

a) Geben Sie die Zerfallsgleichung an. 3 BE

b) Skizzieren Sie ein geeignetes Energieniveauschema und erklären Sie damit, dass beim Zerfall von ^{51}Ti auch γ-Strahlung mit drei verschiedenen Quantenenergien auftritt. 7 BE

c) Die kleinste auftretende γ-Quantenenergie beträgt 320 keV. Berechnen Sie die beiden anderen γ-Energien sowie die gesamte bei diesem Zerfall frei werdende Energie Q.
Ordnen Sie im Energieniveauschema von Teilaufgabe 2 b allen Übergängen ihre Energiebeträge zu. 6 BE

60 BE

Tipps und Hinweise zur Lösung von Aufgabe IV

Tipp zu Teilaufgabe 1 a

Überlegen Sie, wie sich die Nukleonenzahl bei Alpha- und Betazerfällen ändert. Wodurch ist die Neptunium-Reihe gekennzeichnet?

Tipp zu Teilaufgabe 1 b

Schlagen Sie in Ihrer Formelsammlung die Halbwertszeiten der Elemente der Neptunium-Reihe nach und vergleichen Sie diese mit dem Erdalter.

Tipp zu Teilaufgabe 1 c

Sehen Sie in Ihren Aufzeichnungen unter Strahlenschutzmaßnahmen und Durchdringungsvermögen der Alphastrahlung nach.

Tipp zu Teilaufgabe 1 d

Die gegebene Länge ist eine Halbwertsdicke, entsprechend können Sie ein Exponentialgesetz aufstellen.

Tipp zu Teilaufgabe 1 e

Beachten Sie beim Aufstellen der Zerfallsgleichung auf die korrekten Nukleon- und Kernladungszahlen. Der Q-Wert folgt aus der Bilanz der Atommassen.

Tipp zu Teilaufgabe 1 f

Die Zerfallskonstante zum Q-Wert aus Teilaufgabe 1 e können Sie dem Diagramm entnehmen und anschließend die zugehörige Halbwertszeit berechnen.

Tipp zu Teilaufgabe 1 g

Die Zeitspanne lässt sich durch den Kehrwert der Aktivität abschätzen.

Tipp zu Teilaufgabe 2 a

Vergessen Sie nicht das entstehende Neutrino.

Tipp zu Teilaufgabe 2 b

Berücksichtigen Sie alle möglichen Übergänge zwischen dem Grundzustand und den zwei Anregungszuständen.

Tipp zu Teilaufgabe 2 c

Die einzelnen Energien sowie der Q-Wert ergeben sich aus der Bilanz und dem gegebenen Energiewert. Vergessen Sie nicht, das Diagramm um die Energiebeiträge zu ergänzen.

Lösung zu Aufgabe IV

1. a) Die schweren Radionuklide können einen Alphazerfall durchführen, dann verlässt ein Heliumkern mit 2 Protonen und 2 Neutronen den Kern und die Anzahl der Nukleonen sinkt insgesamt um 4. Alternativ bietet sich der Betazerfall an, bei dem ein Kernneutron zu einem Proton wird unter Aussendung eines schnellen Elektrons. Hierbei ändert sich die Summe der Nukleonen nicht, bei einem Gammazerfall als dritter Möglichkeit ändert sich an der Kernzusammensetzung gar nichts. Letztendlich kann sich die Anzahl der Nukleonen im Kern also nur in Viererschritten ändern, alle Elemente einer Zerfallsreihe haben folglich den gleichen Divisionsrest modulo 4. Davon gibt es aber nur vier verschiedene, nämlich 0 (Thorium-Reihe), 1 (Neptunium-Reihe), 2 (Uran-Radium-Reihe) und 3 (Uran-Actinium-Reihe). Für das hier erwähnte ^{217}At ist wegen $217 : 4 = 54$ Rest 1 ein Element der Neptunium-Reihe.

b) Die größte Halbwertszeit dieser Reihe hat das Neptunium 237 selbst mit $2{,}1 \cdot 10^6$ a, alle anderen liegen deutlich darunter. Im Vergleich zum Erdalter von etwa $5 \cdot 10^9$ a ist das weniger als ein halbes Promille. Anders ausgedrückt: Das Erdalter beträgt etwa 2 400 Halbwertszeiten des mit Abstand langlebigsten Elementes dieser Reihe. Damit ist klar, warum man praktisch nichts mehr davon findet, selbst wenn bei der Entstehung der Erde solche Nuklide existiert haben sollten.

c) Gegen Alphastrahlung schützt bereits zuverlässig ein Blatt Papier, außerdem ist die Reichweite mit wenigen Zentimetern sehr gering. Die Hauptgefahr der Alphastrahlung besteht in der Inkorporation der Strahler, beispielsweise mit der Atemluft. Im Inneren des Körpers kann die Alphastrahlung zwar lokal begrenzt, aber wegen ihrer großen ionisierenden Wirkung doch beträchtlichen Schaden anrichten.

d) Wenn eine Bleischicht von 7,4 mm Dicke gerade die Hälfte der Gammastrahlung absorbieren würde, dann nennt man dies die Halbwertsdicke des Bleis (die übrigens von der Art der Wellenlänge abhängt). Um 99 % Absorption zu erreichen, muss man also wegen

$$\left(\frac{1}{2}\right)^n \le 0{,}01 \quad \Leftrightarrow \quad 2^{-n} \le 0{,}01$$

mindestens

$$n \ge -\log_2 0{,}01 = -\frac{\ln 0{,}01}{\ln 2} \approx 6{,}64$$

solche Halbwertsdicken zwischen Strahler und schützenswertes Objekt bringen, also etwa $6{,}64 \cdot 74\ \text{mm} \approx 49$ mm Blei oder mindestens 7 solche Platten.

e) Die Zerfallsgleichung ist

$$^{209}_{83}\text{Bi} \;\rightarrow\; ^{205}_{81}\text{Tl} + ^{4}_{2}\text{He},$$

die frei werdende Energie berechnet sich zu:

$$\begin{aligned} Q &= (m_{Bi209} - m_{He4} - m_{Tl205}) \cdot c^2 \\ &= (208{,}980374 - 4{,}002603 - 204{,}974401)\ \text{u} \cdot c^2 \\ &= 3{,}37 \cdot 10^{-3}\ \text{u} \cdot c^2 = 3{,}14\ \text{MeV} \end{aligned}$$

f) Ablesen im Diagramm liefert für den Q-Wert von 3,14 MeV etwa eine Zerfallskonstante von $\lambda \approx 10^{-27}\ s^{-1}$ und damit eine Halbwertszeit von ca.

$$T_{\frac{1}{2}} = \frac{\ln 2}{\lambda} \approx 2 \cdot 10^{19}\ a.$$

Das ist bedeutend mehr als das Alter des Universums von etwa $14 \cdot 10^9$ a.

g) Für die mittlere Aktivität erhält man zum Messzeitpunkt t:

$$A(t) = \lambda \cdot N(t) = \frac{\ln 2}{T_{\frac{1}{2}}} \cdot \frac{m}{m_{Bi209}}$$

$$= \frac{\ln 2}{1{,}9 \cdot 10^{19}\ a} \cdot \frac{0{,}0040\ kg}{209 \cdot 1{,}66 \cdot 10^{-27}\ kg} \approx 420\ a^{-1} \approx 1{,}3 \cdot 10^{-5}\ s^{-1}$$

Damit folgt für den mittleren zeitlichen Abstand zwischen zwei Zerfällen:

$$\overline{\Delta T} = \frac{1}{A(t)} \approx 75\,000\ s \approx 21\ h$$

2. a) Die Zerfallsgleichung lautet

$$^{51}_{22}Ti \rightarrow \ ^{0}_{-1}e + \ ^{51}_{23}V^* + \overline{\nu}$$

b) Das zunächst stets angeregte Vanadium entsteht bei Betazerfällen mit zwei verschiedenen Maximalenergien, also gibt es zwei Abregungsniveaus beim Vanadium und das Energieniveauschema wir rechts gezeigt aus. Die Gammastrahlung tritt in drei Varianten auf, wobei die Energie der kurzwelligsten Quanten (γ_3) gleich der Energiesumme der anderen beiden ist.

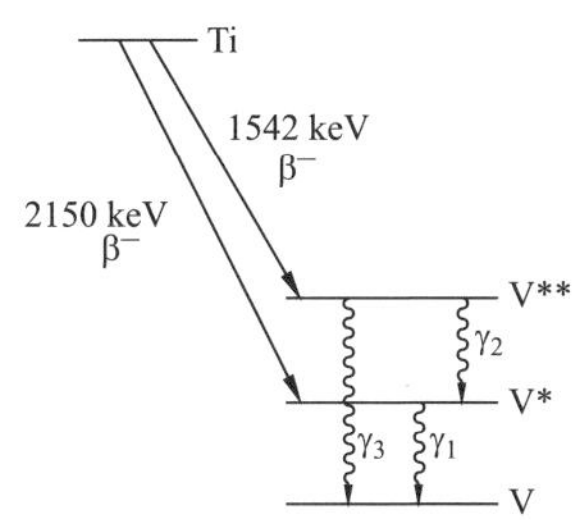

c) Die Energie zwischen den beiden Anregungsniveaus ist die der Strahlung γ_2 in Energieschema der Teilaufgabe b und beträgt

$$E_{\gamma_2} = 2\,150\ keV - 1\,542\ keV = 608\ keV.$$

Die kleinste auftretende Energie ist laut Angabe 320 keV und muss damit die der Strahlung γ_1 sein, deren Summe liefert folglich

$$E_{\gamma_3} = E_{\gamma_1} + E_{\gamma_2} = 608\ keV + 320\ keV$$
$$= 928\ keV$$

für die dritte auftretende Gammastrahlung. Im Schema rechts sind sämtliche Übergangsenergien eingetragen.

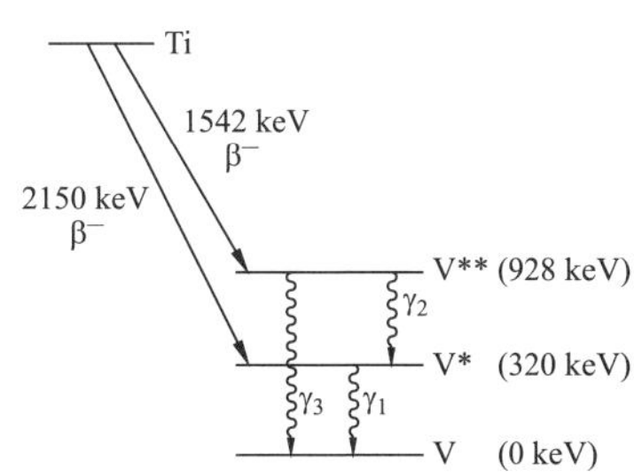

Der Q-Wert der Reaktion ist insgesamt

$$2\,150\ keV + 320\ keV = 2{,}47\ MeV \quad bzw.$$
$$1\,542\ keV + 928\ keV = 2{,}47\ MeV.$$

Grundkurs Physik (Bayern): Abiturprüfung 2007 – Aufgabe V
Zwergplaneten, Das Innere der Sonne

1. **Eine neue Klasse: die Zwergplaneten**
Im Jahr 2005 wurde auf Himmelsaufnahmen aus dem Jahr 2003 ein planetenähnliches Objekt entdeckt, das sich auf einer stark exzentrischen Bahn um die Sonne bewegt. Dieses Objekt wurde im August 2006 in die neue Gruppe der Zwergplaneten eingeordnet und erhielt den Namen Eris (nach der griechischen Göttin der Zwietracht). Inzwischen geht man von folgenden Daten aus:

Durchmesser: $D = 2\,400$ km
Aphelentfernung: $r_A = 98$ AE
Perithelentfernung: $r_P = 38$ AE

a) Bestimmen Sie die große Halbachse der Eris-Bahn sowie die numerische Exzentrizität der Bahn. 5 BE
Vergleichen Sie letztere mit dem Wert für die Plutobahn.
b) In wie vielen Jahren wird Eris das nächste Mal das Perihel seiner Bahn durchlaufen, wenn seine Sonnenentfernung zur Zeit 98 AE beträgt? 4 BE

Etwa $3{,}6 \cdot 10^4$ km vom Eris-Mittelpunkt entfernt wurde ein kleiner Mond mit dem Durchmesser 250 km entdeckt, dessen Umlaufzeit um Eris etwa 14 Tage beträgt.

c) Welche Masse ergibt sich für den Planeten Eris unter folgenden Annahmen:
– Die Mondbahn ist kreisförmig,
– die Mondmasse ist klein im Vergleich zur Erismasse. 5 BE
d) Bestimmen Sie die maximale scheinbare Helligkeit der Sonne für einen Beobachter auf Eris. 7 BE
e) Beurteilen Sie, ob es auf Eris ringförmige bzw. totale Sonnenfinsternisse geben kann. 7 BE
f) Welche Temperatur dürfte auf Eris im Perihel etwa herrschen, wenn man davon ausgeht, dass 40 % der eingestrahlten Sonnenenergie reflektiert werden und die von Eris absorbierte Sonnenstrahlung von der gesamten Planetenoberfläche gleichmäßig wieder abgegeben wird? 6 BE

2. **Das Innere der Sonne**
Im Inneren der Sonne wird durch Kernfusion Energie freigesetzt, die von der Photosphäre abgestrahlt wird. Im Abstand von 1 AE ergibt sich eine Strahlungsintensität von $1{,}36\ \mathrm{kW/m^2}$.

a) Skizzieren Sie mit Angabe der Größenverhältnisse den Aufbau der Sonne. 6 BE
b) Berechnen Sie unter Verwendung der angegebenen Daten die Leuchtkraft der Sonne. Welche Annahme liegt dieser Berechnung zugrunde? 4 BE
c) Erläutern Sie kurz den grundlegenden Kernprozess, durch den im Sonneninneren Energie freigesetzt wird. Die Angabe von Zwischenprodukten ist nicht verlangt. 4 BE
d) Bei einem solchen Prozess wird eine Energie von 26 MeV frei. Wie viele solche Prozesse müssen pro Sekunde ablaufen, um die Sonnenleuchtkraft zu liefern? 5 BE
e) Die Sonne strahlt seit 4,5 Milliarden Jahren mit etwa konstanter Leuchtkraft. Berechnen Sie die Masse, die der Sonne auf diese Weise verloren gegangen ist. Wie viel Prozent der Sonnenmasse ist dies? 7 BE

60 BE

Tipps und Hinweise zur Lösung von Aufgabe V

Tipps zu Teilaufgabe 1 a

- Fertigen Sie eine Skizze der Bahn (Ellipse) an und tragen Sie alle vorhandenen Daten ein.
- Wiederholen Sie den Unterschied zwischen numerischer und linearer Exzentrizität.
- Daten zum Pluto finden Sie in der Formelsammlung.

Tipps zu Teilaufgabe 1 b

- Wie hängt die Zeit, die Eris bis zu seinem Perihel benötigt, von der Umlaufzeit des Kleinplaneten ab?
- Wie berechnet man die Umlaufzeit eines Planeten?

Tipp zu Teilaufgabe 1 c

- Wie berechnet man Massen im Planetensystem bei bekanntem umkreisenden Mond (Satellit)?

Tipps zu Teilaufgabe 1 d

- Wie erhält man die scheinbare Helligkeit eines Sternes aus der Entfernung zu dem Stern und seiner absoluten Helligkeit? Wie groß ist die absolute Helligkeit der Sonne?
- In welchem Punkt der Bahn eines Planeten ist die scheinbare Helligkeit der Sonne am größten?
- Wie rechnet man AE in pc um?

Tipps zu Teilaufgabe 1 e

- Wie kommt es auf der Erde zu einer totalen, bzw. ringförmigen Sonnenfinsternis?
- Welche Größen müssen zum Nachweis einer Finsternis verglichen werden?
- Überlegen Sie, in welcher Entfernung der scheinbare Durchmesser der Sonne von Eris aus gesehen am größten ist.

Tipps zu Teilaufgabe 1 f

- Wie wird allgemein die Gleichgewichtstemperatur eines Planeten berechnet?
- Wie groß ist die von der Sonne von einem Planeten aufgenommene/abgestrahlte Leistung?
- Was besagt das Gesetz von Stefan und Boltzmann?
- Wie berechnet man die Solarkonstante für einen Planeten?

Tipps zu Teilaufgabe 2 a

- Was befindet sich im Inneren der Sonne? Welche Vorgänge laufen dort ab?
- Von wo kommt das sichtbare Licht? Was geschieht im Bereich zwischen Zentrum und der Schicht, von der wir das Licht bekommen? Was folgt nach der sichtbaren Schicht?

Tipp zu Teilaufgabe 2 b

- Die angegebene ankommende Energie pro Quadratmeter ist auf eine Kugeloberfläche verteilt!

Tipp zu Teilaufgabe 2 c

- Denken Sie an die Prinzipgleichung der Kernfusion. Was wird fusioniert, was entsteht?

Tipp zu Teilaufgabe 2 d

- Vergleichen Sie die von der Sonne pro Sek. abgegebene mit der im Prozess erzeugten Energie.

Tipp zu Teilaufgabe 2 e

- Welche Beziehung steht für den Zusammenhang zwischen Masse und Energie (achten Sie auf die Einheiten)? Welche Masse hat die Sonne?

Lösung zu Aufgabe V

1. Eine neue Klasse: Die Zwergplaneten

Hintergrundinformation: Eris ist der größte bekannte Zwergplanet unseres Sonnensystems. Das Objekt befindet sich im Kuipergürtel und hat einen rund hundert Kilometer größeren Durchmesser als Pluto.
Er wurde nach seiner Entdeckung am 29. Juli 2005 von vielen Medien als „Zehnter Planet" bezeichnet; jedoch wurde dieser Status in einem Entscheid am 24. August 2006 von der IAU nicht anerkannt. Stattdessen erhielt Eris, wie Pluto, den Status eines Zwergplaneten und wurde im September 2006 als Kleinplanet (136 199) nummeriert. Eris besitzt den Mond Dysnomia (siehe Abbildung 1).

Abb. 1

a) Gegeben: $r_A = 98$ AE; $r_P = 38$ AE, Durchmesser $D = 2\,400$ km

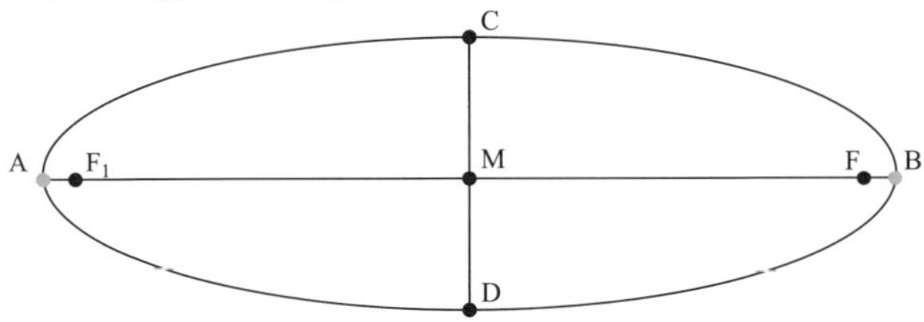

Abb. 2: Bahnellipse

In Abbildung 2 gilt:

$$\overline{AF_1} = r_P; \quad \overline{F_1B} = r_A; \quad \overline{F_1M} = e; \quad \overline{AM} = a$$

Mit $r_P + r_A = 2a$ folgt durch Auflösen nach a:

$$a = \frac{r_P + r_A}{2} = \frac{38\text{ AE} + 98\text{ AE}}{2} = 68\text{ AE}$$

Für die numerische Exzentrizität gilt:

$$\varepsilon = \frac{e}{a} = \frac{a - r_P}{a} = \frac{68\text{ AE} - 38\text{ AE}}{68\text{ AE}} = 0{,}44$$

Die numerische Exzentrizität des Kleinplaneten Pluto beträgt 0,25 (vgl. Formelsammlung). Damit ist die Bahn des Kleinplaneten Eris wesentlich exzentrischer.

b) Im Jahr 2007 beträgt die Entfernung Eris – Sonne 98 AE, d. h., er hält sich in seinem Aphel auf. Die nächste Perihelstellung erreicht er in einer halben Umlaufzeit. Die Umlaufzeit lässt sich mithilfe des 3. Kepler'schen Gesetzes berechnen (als Vergleichsplanet wird die Erde verwendet):

$$\frac{T_E^2}{(1\text{a})^2} = \frac{a_E^3}{(1\text{ AE})^3} \quad \Rightarrow \quad T_E = \sqrt{68^3}\text{ a} \approx 561\text{ a}$$

Das bedeutet, das Eris in $\frac{1}{2}T_E \approx 280$ Jahre das nächste Mal im Perihel zu finden sein wird (also im Jahr 2287).

c) Gegeben sind:

$$r = 3{,}6 \cdot 10^4\ \text{km} = 3{,}6 \cdot 10^7\ \text{m}; \quad T = 14\ \text{d} = 14 \cdot 24 \cdot 3\,600\ \text{s}$$

Aus dem Ansatz $F_Z = F_G$ (oder aus dem ausführlich geschriebenen 3. Kepler'schen Gesetz) erhalten wir:

$$m \cdot r \cdot \omega^2 = \frac{G \cdot M \cdot m}{r^2}$$

$$\Leftrightarrow \quad M = \frac{r^3 \cdot \omega^2}{G} = \frac{r^3 \cdot 4\pi^2}{G \cdot T^2}$$

$$= \frac{(3{,}6 \cdot 10^7\ \text{m})^3 \cdot 4\pi^2 \cdot \text{kg s}^2}{6{,}67 \cdot 10^{-11}\ \text{m}^3 \cdot (14 \cdot 24 \cdot 3\,600\ \text{s})^2} = 1{,}9 \cdot 10^{22}\ \text{kg}$$

d) Gesucht ist die maximale scheinbare Helligkeit m der Sonne für einen Beobachter auf Eris. Maximal ist diese Helligkeit, wenn sich Eris im sonnennächsten Punkt seiner Bahn, also im Perihel ($r_P = 38$ AE) aufhält. Die absolute Helligkeit der Sonne beträgt 4,8 (vgl. Formelsammlung). Zur Berechnung der scheinbaren Helligkeit verwenden wir das Entfernungsmodul:

$$m - M = 5 \cdot \lg\left(\frac{r_P}{10\ \text{pc}}\right)$$

Dazu benötigen wir die Entfernung von 38 AE in pc. Mit 1 pc = 206 265 AE folgt:

$$r_P = 38\ \text{AE} = \frac{38}{206\,265}\ \text{pc} = 1{,}84 \cdot 10^{-4}\ \text{pc}$$

Damit erhalten wir:

$$m = M + 5 \cdot \lg\left(\frac{r_P}{10\ \text{pc}}\right) = 4{,}8 + 5 \cdot \lg\left(1{,}84 \cdot 10^{-5}\right) = 4{,}8 - 23{,}7 = -19$$

Die maximale scheinbare Helligkeit von Eris beträgt –19.

e) In Abbildung 3 sieht man die Möglichkeit einer totalen Sonnenfinsternis, in Abbildung 4 den einer ringförmigen.

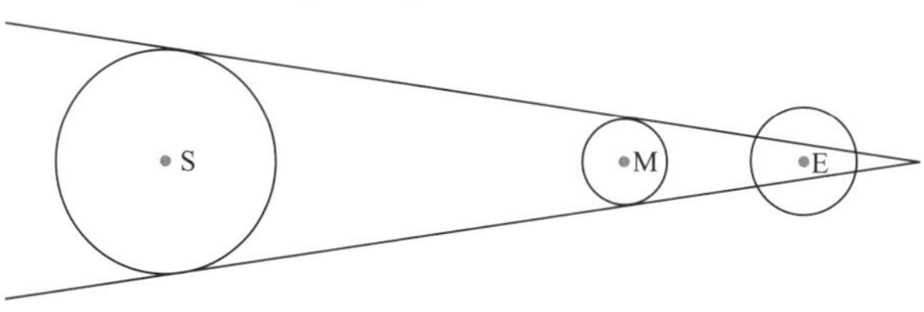

Abb. 3

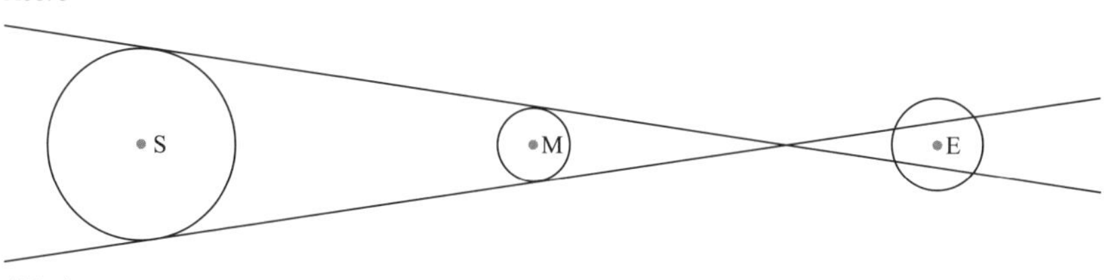

Abb. 4

Entscheidend sind einzig und allein die scheinbare Ausdehnung von Sonne und Mond. Zur Berechnung der scheinbaren Ausdehnung verwenden wir die Entfernungen Sonne–Mond und Mond–Planet (Oberfläche!). Allgemein gilt:

$$\frac{\alpha}{360°} = \frac{d}{2\pi \cdot r}$$

Für den Mond sind d = 250 km und

$$r = 3{,}6 \cdot 10^4 \text{ km} - 1{,}2 \cdot 10^2 \text{ km} = 3{,}48 \cdot 10^4 \text{ km},$$

sodass folgt:

$$\alpha = \frac{250 \text{ km} \cdot 360°}{2\pi \cdot 3{,}48 \cdot 10^4 \text{ km}} = 0{,}41° = 24{,}7'$$

Das bedeutet, dass für einen Eris-Beobachter der Mond fast eine ähnliche Ausdehnung am Himmel hat wie unser Mond mit ca. 30'!

Für die Sonne gilt

$$R = 6{,}96 \cdot 10^8 \text{ m}; \quad r_P = 38 \text{ AE}$$

(auch hier nehmen wir die Perihelentfernung, denn im Aphel ist der scheinbare Durchmesser der Sonne noch wesentlich kleiner!) und somit:

$$\alpha = \frac{2 \cdot 6{,}96 \cdot 10^5 \text{ km} \cdot 360°}{2\pi \cdot 38 \cdot 1{,}5 \cdot 10^8 \text{ km}} = 0{,}014° = 0{,}84' \ll 24'$$

Das heißt: Es gibt ausschließlich totale Sonnenfinsternisse (falls überhaupt; zu berücksichtigen ist auch der Neigungswinkel Mond–Eris).

f) Hier ist eine Energiebilanz aufzustellen.
Die pro Zeiteinheit aufgenommene Energie P_{auf} berechnet man zu:

$$P_{auf} = R^2 \cdot \pi \cdot (1 - 0{,}40) \cdot S_{Eris}$$

Dabei ist S_{Eris} die Solarkonstante auf Eris, R der Radius des Zwergplaneten, $R^2 \cdot \pi$ die Querschnittsfläche, auf die eingestrahlt wird, und (1 – 0,40) der absorbierte Anteil der Strahlung.
Die Solarkonstante auf Eris im Perihel bekommen wir durch den Zusammenhang:

$$S = \frac{L_\odot}{4\pi \cdot r^2}$$

Teilt man die entsprechenden Gleichungen für die Erde und Eris durch einander, erhält man:

$$\left.\begin{aligned} S_{Erde} &= \frac{L_\odot}{4\pi \cdot (1 \text{ AE})^2} \\ S_{Eris} &= \frac{L_\odot}{4\pi \cdot (38 \text{ AE})^2} \end{aligned}\right\} \Rightarrow \frac{S_{Erde}}{S_{Eris}} = \frac{(38 \text{ AE})^2}{(1 \text{ AE})^2} \Rightarrow S_{Eris} = \frac{S_{Erde}}{38^2}$$

Damit wird P_{auf} zu:

$$P_{auf} = R^2 \cdot \pi \cdot 0{,}6 \cdot \frac{S_{Erde}}{38^2}$$

P_{ab} bekommt man aus dem Gesetz von Stefan und Boltzmann:

$$P_{ab} = \sigma \cdot 4\pi \cdot R^2 \cdot T^4$$

Darin ist R der Radius von Eris, $\sigma = 5{,}67 \cdot 10^{-8} \frac{W}{m^2 K^4}$ die Stefan-Boltzmann-Konstante und T die Gleichgewichtstemperatur.
Durch Gleichsetzen der Energien erhält man:

$$P_{auf} = P_{ab}$$

$$R^2 \cdot \pi \cdot 0{,}6 \cdot \frac{S_{Erde}}{38^2} = \sigma \cdot 4\pi \cdot R^2 \cdot T^4$$

Kürzen von $R^2 \cdot \pi$ und Auflösen nach T liefert:

$$0{,}6 \cdot \frac{S_{Erde}}{38^2} = \sigma \cdot 4T^4 \Rightarrow T = \sqrt[4]{\frac{0{,}6 \cdot S_{Erde}}{4\sigma \cdot 38^2}} = \sqrt[4]{\frac{0{,}6 \cdot 1\,360 \frac{W}{m^2}}{4 \cdot 5{,}67 \cdot 10^{-8} \frac{W}{m^2 K^4} \cdot 38^2}} = 40\text{ K}$$

2. **Das Innere der Sonne**

a) An die Chromosphäre schließt sich die Korona an, die in den interplanetaren Raum übergeht.
Die Photosphäre hat eine Dicke von ca. 400 km, die Chromosphäre von 10 000 km (siehe Abbildung 5).

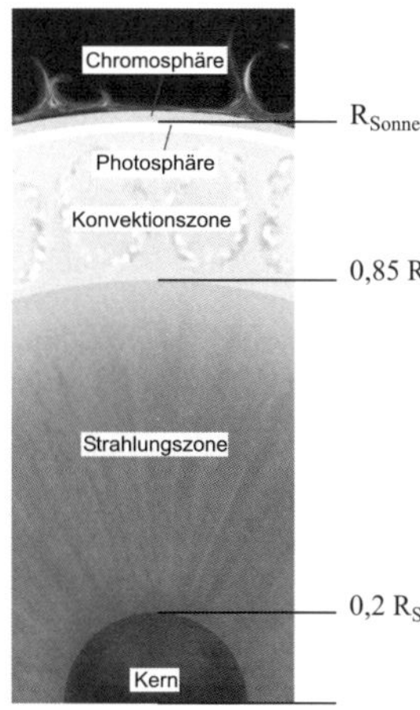

Abb. 5: Aufbau der Sonne mit Größenverhältnissen

b) Die Sonne strahlt ihre Energie gleichmäßig in alle Richtungen in den Raum aus. Im Abstand von 1 AE kommen 1,36 kW auf einen m^2 an. Das bedeutet:

$$\begin{aligned} L_\odot &= 4\pi \cdot r^2 \cdot S \\ &= 4\pi \cdot (1{,}5 \cdot 10^{11}\text{ m})^2 \cdot 1\,360 \frac{W}{m^2} \\ &= 3{,}8 \cdot 10^{26}\text{ W} \end{aligned}$$

c) Bei einem Kernprozess werden grundsätzlich 4 H-Atome zu einem He-Atom verschmolzen. Dabei werden zwei Positronen und zwei Neutrinos sowie eine Energie von etwa 26 MeV frei:

$$4 \cdot {}^1_1H \;\rightarrow\; {}^4_2He + 2p + 2\nu + 26\text{ MeV}$$

d) Wenn bei einem Prozess $26\text{ MeV} = 26 \cdot 10^6 \cdot 1{,}6 \cdot 10^{-19}\text{ VAs} = 4{,}18 \cdot 10^{-26}$ J frei werden, während in einer Sekunde $3{,}8 \cdot 10^{26}$ J hergestellt werden sollen, beträgt die nötige Zahl an Prozessen pro Sekunde:

$$N = \frac{3{,}8 \cdot 10^{26}\text{ W} \cdot 1\text{ s}}{4{,}2 \cdot 10^{-12}\text{ J}} = 9{,}2 \cdot 10^{37}.$$

e) Der Zusammenhang zwischen Masse und Energie lautet nach Einstein $E = m \cdot c^2$, also:

$$m = \frac{E}{c^2} = \frac{P \cdot t}{c^2} = \frac{3{,}8 \cdot 10^{26}\text{ W} \cdot 4{,}5 \cdot 10^9 \cdot 365{,}25 \cdot 24 \cdot 3\,600\text{ s}}{(3 \cdot 10^8 \frac{m}{s})^2} = 6{,}0 \cdot 10^{26}\text{ kg}.$$

Das bedeutet, dass die Sonne in ihrer bisherigen Lebenszeit $6{,}0 \cdot 10^{26}$ kg Masse in Energie verwandelt hat. Insgesamt sind das ein Anteil an der Gesamtmasse $2{,}0 \cdot 10^{30}$ kg von „nur“

$$\frac{6{,}0 \cdot 10^{26}}{2{,}0 \cdot 10^{30}} = 0{,}0003 = 0{,}03\,\% \cdot$$

Grundkurs Physik (Bayern): Abiturprüfung 2007 – Aufgabe VI
Ein sonnenähnlicher Stern, Exoplaneten und Doppelsterne

1. **Ein sonnenähnlicher Stern**
Der Stern τ Cet im Sternbild Walfisch (Cetus) ist der uns am nächsten gelegene sonnenähnliche Stern, um den man eine Scheibe aus Staub aufgespürt hat. Er wird deshalb als besonders interessanter Anwärter für Exoplaneten (Planeten außerhalb unseres Sonnensystems) gesehen.

Angaben zu τ Cet:
– Spektralklasse G8
– Absolute Helligkeit 5,7
– Jährliche trigonometrische Parallaxe 0,28"
– Innerhalb von 50 Jahren verschiebt sich seine Position an der Himmelssphäre um 96" gegenüber den weit entfernten Hintergrundsternen.
– Im Spektrum des Sterns ergibt sich für die H_α-Linie (Laborwellenlänge 656,279 nm) eine Wellenlänge von 656,244 nm.

a) Zeigen Sie, dass τ Cet 12 Lichtjahre von uns entfernt ist. 3 BE
b) Beurteilen Sie, ob wir τ Cet bei guten Sichtverhältnissen von der Erde aus mit bloßem Auge beobachten können. 4 BE
c) Berechnen Sie den Betrag der Tangentialgeschwindigkeit von τ Cet. 5 BE
d) Ermitteln Sie auch den Betrag der Radialgeschwindigkeit des Sterns. Bewegt sich τ Cet auf uns zu oder von uns weg? 4 BE
e) In welcher Entfernung müsste ein Planet um τ Cet kreisen, damit die Bestrahlungsstärke auf diesem Planeten so groß ist wie die von der Sonne verursachte Bestrahlungsstärke auf der Erde? 8 BE
f) Begründen Sie, dass es sich bei τ Cet um einen Hauptreihenstern handelt. 3 BE
g) Auch im Kern des Sterns τ Cet wird die Wasserstoff-Fusion nach entsprechender Zeit zum Erliegen kommen. Beschreiben Sie die weitere Entwicklung, die der Stern dann durchlaufen wird. 7 BE

2. **Exoplaneten und Doppelsterne**
Bei der Suche nach Exoplaneten hat man in den letzten Jahren enorme Fortschritte gemacht. Ein Verfahren beruht darauf, dass mithilfe eines hochempfindlichen Fotometers der zeitliche Verlauf der Strahlungsleistung von Sternen registriert wird. Für das Jahr 2008 ist der Start der Kepler-Raumsonde geplant, die mit diesem Verfahren Exoplaneten von der Größe der Erde aufspüren soll.
Das folgende Diagramm zeigt die erwartete Helligkeitskurve eines Sterns, der von einem Planeten mit vernachlässigbarem eigenen Strahlungsanteil umkreist wird. Dabei wird vereinfachend angenommen, dass die Erde in der Bahnebene des Exoplaneten um seinen Stern liegt.

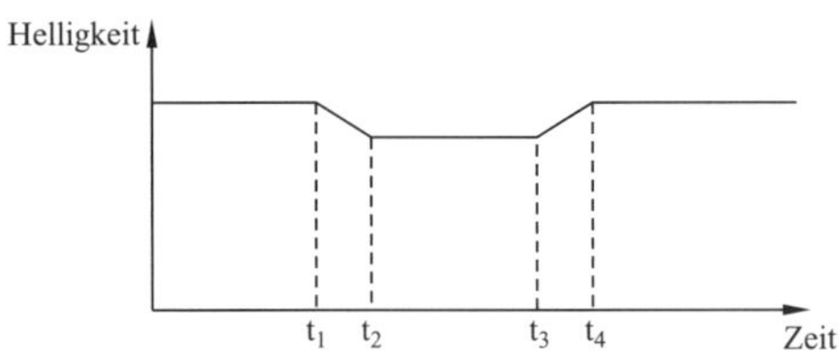

a) Erklären Sie, wie es zu dieser Veränderung der Helligkeit des Systems Stern-Planet kommt. 5 BE

b) Es gibt Doppelsternsysteme, die anhand von Helligkeitskurven als solche identifiziert werden konnten. Skizzieren Sie für ein Doppelsternsystem ein entsprechendes Helligkeitsdiagramm. Gehen Sie dazu von einem größeren Stern aus, der von einem kleineren Stern mit geringerer Flächenhelligkeit umrundet wird, und erläutern Sie das Diagramm. 6 BE

Für die sogenannte Verweildauer t_H eines Sterns auf der Hauptreihe gilt die Proportionalität $t_H \sim \frac{m}{L}$, wobei m die Masse und L die Leuchtkraft des Sterns bezeichnet.

c) Begründen Sie diese Proportionalität. 4 BE

d) Zeigen Sie, wie sich aus $t_H \sim \frac{m}{L}$ die Beziehung $t_H \sim \frac{1}{m^2}$ herleiten lässt. 3 BE

Man nimmt an, dass die Entwicklung von Leben, wie wir es auf der Erde kennen, mehrere Milliarden Jahre benötigt.

e) Zeigen Sie, dass Hauptreihensterne der Spektralklassen O und B wegen ihrer hohen relativen Leuchtkraft $L^* \geq 1\,000$ bei der Suche nach bewohnten Exoplaneten außer Acht gelassen werden können.
Verwenden Sie für die Verweildauer der Sonne den Wert 10 Mrd. Jahre. 8 BE

60 BE

Tipps und Hinweise zur Lösung von Aufgabe VI

Tipp zu Teilaufgabe 1 a

Wie erhält man aus der trigonometrischen Parallaxe p die Entfernung zum Stern? Welcher Umrechnungsfaktor ist für die Umrechnung von pc in ly notwendig?

Tipps zu Teilaufgabe 1 b

Welche Größe entscheidet über die Sichtbarkeit eines Sternes mit bloßem Auge?

Wie groß muss diese Größe sein, damit man den Stern gerade noch sehen kann?

Beachten Sie die Richtung der Skala der Sternhelligkeiten.

Tipps zu Teilaufgabe 1 c

Fertigen Sie eine Skizze mit der Tangentialgeschwindigkeit an.

Wie rechnet man AE/a in km/s um?

Tipps zu Teilaufgabe 1 d

Mit welchem Ansatz berechnet sich die Radialgeschwindigkeit?

In welche Richtung wird die Laborwellenlänge verschoben?

Tipps zu Teilaufgabe 1 e

Wie groß ist die Bestrahlungsstärke der Sonne auf der Erde? Wie nennt man diese Größe?

Wie hängt diese Größe mit der vom Stern ausgesandten Leistung zusammen?

Wie berechnet man die Strahlungsleistung eins Sternes aus seiner Helligkeit?

Tipp zu Teilaufgabe 1 f

Was charakterisiert einen Hauptreihenstern? Welche Lage hat er im HRD?

Tipps zu Teilaufgabe 1 g

Welche weitere Entwicklung nimmt die Sonne, nachdem die Wasserstoff-Fusion im Kern nachgelassen hat?

Welche Sternendstadien gibt es?

Was geschieht mit der äußeren Hülle des Sternes?

Tipp zu Teilaufgabe 2 a

Im Bild sieht man eine Verringerung der Helligkeit. Wodurch könnte sie hervorgerufen werden?

Tipp zu Teilaufgabe 2 b

Hier ist zu bedenken, dass beide Partner (Sterne) zur Gesamthelligkeit (nicht additiv!) beitragen, wobei hier jedoch einer heller ist als der andere.

Tipp zu Teilaufgabe 2 c

Denken Sie hier an Brennstoff und Verbrauch.

Tipp zu Teilaufgabe 2 d

Verwenden Sie die Masse-Leuchtkraft-Beziehung für Hauptreihensterne.

Tipp zu Teilaufgabe 2 e

Benutzen Sie die Beziehung aus der vorangegangenen Teilaufgabe und schätzen Sie damit die Lebenserwartung von O- und B-Sternen ab.

Lösung zu Aufgabe VI

Angaben: Spektralklasse G8; $M=5{,}7$; $p=0{,}28''$; $\mu = \frac{96''}{50\,\text{a}}$

1 a) Mit der Formel der trigonometrischen Parallaxe $\frac{r}{1\,\text{pc}} = \frac{1''}{p}$ berechnet man die Entfernung zu τ Cet in Parsec:

$$r = \frac{1''}{0{,}28''} \cdot 1\,\text{pc} = 3{,}57\,\text{pc} = 11{,}6\,\text{ly} \approx 12\,\text{ly}$$

b) Zur Entscheidung über die Sichtbarkeit des Sternes mit bloßem Auge benötigen wir seine scheinbare Helligkeit, die nicht größer als 6 sein sollte. Die scheinbare Helligkeit berechnet man mit dem Entfernungsmodul:

$$m - M = 5 \cdot \lg\left(\frac{r}{10\,\text{pc}}\right) = 5 \cdot \lg 0{,}357 = -2{,}24 \quad \Rightarrow \quad m = -2{,}24 + 5{,}7 = 3{,}5 < 6$$

Der Stern ist mit bloßem Auge sichtbar (beachte: „<" heißt „heller"!).

c) Wie man der Abbildung 1 entnehmen kann, gilt mit $\mu < 1°$:

$$v_T = r \cdot \sin\mu = r \cdot \mu = \frac{a}{p} \cdot \mu$$

Dabei ist $a = 1$ AE, p wird in Bogensekunden gemessen und μ in Bogensekunden pro Jahr. Nun ist

$$\frac{1\,\text{AE}}{1\,\text{a}} = \frac{1{,}5 \cdot 10^8\,\text{km}}{365 \cdot 24 \cdot 3\,600\,\text{s}} = 4{,}74\,\frac{\text{km}}{\text{s}} \quad \text{und}$$

$$\mu = \frac{96''}{50\,\text{a}} = \frac{1{,}92''}{\text{a}},$$

womit man erhält:

$$v_T = 4{,}74 \cdot \frac{\mu}{p} \cdot \frac{\text{km}}{\text{s}} = \frac{4{,}74 \cdot 1{,}92}{0{,}28}\,\frac{\text{km}}{\text{s}} = 33\,\frac{\text{km}}{\text{s}}$$

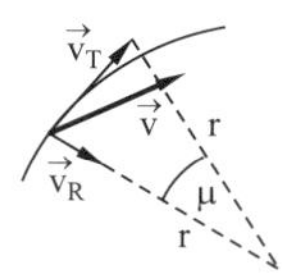

Abb. 1: Tangential- und Radialgeschwindigkeit eines Sternes

d) Die Radialgeschwindigkeit berechnen wir mit dem Ansatz für den Dopplereffekt:

$$\frac{\Delta\lambda}{\lambda} = \frac{v}{c}, \quad \text{mit } \Delta\lambda = 656{,}279\,\text{nm} - 656{,}244\,\text{nm} = 0{,}035\,\text{nm}$$

Die Laborwellenlänge ist größer als die verschobene Wellenlänge, d. h., es handelt sich um eine Blauverschiebung, womit der Stern sich auf uns zu bewegt.
Lösen wir die Dopplergleichung nach v auf, erhalten wir:

$$v = \frac{\Delta\lambda}{\lambda} \cdot c = \frac{0{,}035}{656{,}279} \cdot 3 \cdot 10^8\,\frac{\text{km}}{\text{s}} = 16\,\frac{\text{km}}{\text{s}}$$

e) Auf diesen Planeten müssten dann pro Quadratmeter die gleiche Leistung (nämlich 1,36 kW) vom Stern ankommen. Da die Leuchtkraft des Sterns geringer ist, als die unserer Sonne ($M = 5{,}7 > 4{,}8$!), wird der Planet näher an seinem Stern kreisen müssen als die Erde.

Berechnen wir zunächst die Leuchtkraft von τ-Cet:

$$L^* = q^{M_\odot - 5,7} = 2{,}51^{-0,9} = 0{,}44$$

Für die Solarkonstante gilt die Beziehung

$$S = \frac{L}{4\pi \cdot r^2} = 1{,}36 \frac{kW}{m^2},$$

für die Erde gilt:

$$\frac{L_\odot}{4\pi \cdot (1\ AE)^2} = 1{,}36 \frac{kW}{m^2}$$

Division beider Gleichungen ergibt:

$$1 = \frac{L}{L_\odot} \cdot \frac{(1\ AE)^2}{r^2} \quad \Rightarrow \quad r = \sqrt{\frac{L}{L_\odot}}\ AE = \sqrt{L^*}\ AE = \sqrt{0{,}44}\ AE = 0{,}66\ AE$$

Selbstverständlich kann man auch direkt in die Gleichung von S einsetzen und nach r auflösen, muss aber dann auf die vorkommenden Einheiten achten!

f) τ Cet hat mit M = 5,7 eine geringfügig geringere absolute Helligkeit als die Sonne und ist auch mit seiner Spektralklasse G8 etwas unterhalb der Sonne im HRD zu finden. Zwerge bzw. Riesen haben eine wesentlich unterschiedliche absolute Helligkeit. Also muss τ Cet auf der Hauptreihe liegen.

g) Wenn die Wasserstoff-Fusion im Kern eins G-Sternes nachlässt (im vorliegenden Fall ist die Masse kleiner als eine Sonnenmasse, da die Sterne auf der Hauptreihe nach ihrer Masse geordnet sind!), beginnt ein Wasserstoffbrennen in der Hülle des Sternes, wodurch der Stern sich aufbläht und zum Roten Riesen wird. Der Sternwind nimmt zu, die äußeren Schichten werden weggeblasen und es kommt zu einem planetarischen Nebel. Der Kern hingegen wird durch die Gravitationskraft in sich zusammengeschoben, bis er in etwa Erdgröße erreicht hat. Die elektrische Kraft stoppt in diesem Fall die Gravitation: Es entsteht ein Weißer Zwerg mit einer sehr hohen Temperatur von ca. 100 000 K. Der weiße Zwerg kühlt in den nächsten Jahrmillionen kontinuierlich ab.

2 a) In der Zeit vor t_1 befindet sich der Planet neben dem Stern. In der Zeit von t_1 bis t_2 schiebt sich der Planet auf die Sternscheibe. Von t_2 bis t_3 bewegt sich der Planet über den Stern hinweg, bis der Austritt bei t_3 beginnt. Ab der Zeit t_4 befindet sich der Planet wieder neben dem Stern.

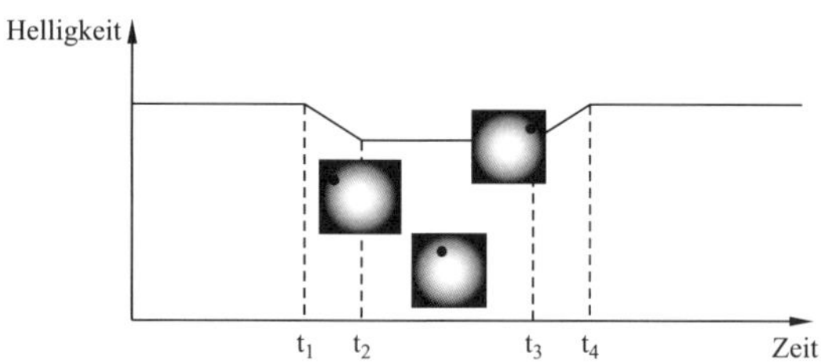

Abb. 2: Planetentransit

b) Das Diagramm sieht dem Diagramm aus Teilaufgabe a ähnlich, allerdings gibt es verschieden starke Einbrüche in der Helligkeit: Wenn der kleine Stern vor den größeren Stern tritt, ist die Helligkeitsabnahme größer, als wenn umgekehrt der größere Stern vor dem kleineren ist.

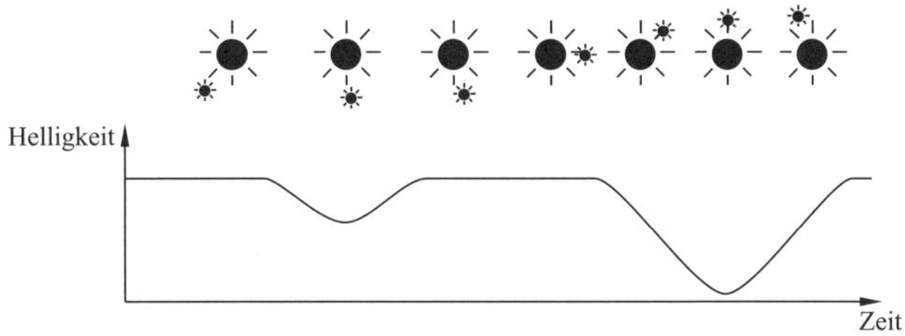

Abb. 3: Sterntransit

c) Je größer die Masse eines Sternes ist, desto größer ist sein Brennstoffvorrat (Wasserstoff), desto länger kann er (zunächst einmal) auf der Hauptreihe bleiben, also:

$$t_H \sim m$$

Je größer seine Energieabgabe ist, desto weniger lang kann er auf der Hauptreihe bleiben, da er ja in kürzerer Zeit mehr Energie (Masse) abstrahlt, also:

$$t_H \sim \frac{1}{L}$$

d) Da für Hauptreihensterne zusätzlich die Masse-Leuchtkraft-Beziehung $L \sim m^3$ gilt, bekommen wir zusammengesetzt:

$$t_H \sim \frac{m}{L} \sim \frac{m}{m^3} \quad \Rightarrow \quad t_H \sim \frac{1}{m^2} \qquad (*)$$

e) Mit $L^* \geq 1\,000$ folgt mit der Masse-Leuchtkraft-Beziehung

$$L \sim m^3 \quad \text{bzw.} \quad L^* = (m^*)^3.$$

Damit gilt:

$$m^* \geq \sqrt[3]{1\,000} = 10$$

Zusammen mit der Beziehung (∗) aus Teilaufgabe d folgt:

$$\frac{t_H}{t_\odot} = \frac{1}{(m^*)^2} \quad \Rightarrow \quad t_H \leq \frac{10^{10}\,a}{100} = 10^8\,a$$

Diese Verweildauer beträgt weniger als eine Milliarde Jahre, sodass die Zeit zu kurz ist, dass Leben sich entwickeln kann.

Grundkurs Physik (Bayern): Abiturprüfung 2008 – Aufgabe I
Erzeugung eines Ionenstrahls, Plattenkondensator

1. Erzeugung eines Ionenstrahls

Neue Detektoren müssen vor ihrem Einsatz geeicht werden. Dazu leitet man einen Strahl aus Ionen bekannter Masse, bekannter Ladung und bekannter Energie in den Detektor und untersucht dessen Reaktion. In der Abbildung ist der vereinfachte Aufbau einer Anlage zur Erzeugung eines solchen Strahls dargestellt.

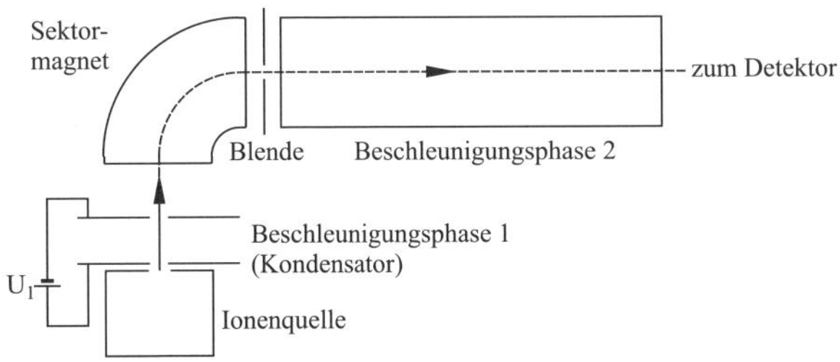

Aus einer Ionenquelle treten O^{6+}-Ionen ($m = 16\,u$) mit vernachlässigbarer Anfangsenergie in das homogene Feld eines Plattenkondensators. Nach Durchlaufen des Kondensators verlassen die Ionen diesen durch ein kleines Loch in der negativ geladenen Platte. Die beschleunigten Ionen werden im Feld des sogenannten Sektormagneten um 90° abgelenkt. Das als homogen angenommene Feld der Flussdichte $B = 0{,}30\,T$ wird von einem Permanentmagneten erzeugt. Ionen, die sich auf einer Kreisbahn mit dem Radius $r = 3{,}50\,cm$ bewegen, treten genau durch die Mitte der Blende nach dem Magnetfeld.

a) Berechnen Sie die Geschwindigkeit v der O^{6+}-Ionen, die die Blende durch deren Mitte passieren.
[zur Kontrolle: $v = 3{,}8 \cdot 10^5\,\frac{m}{s}$] 6 BE

b) Welche Beschleunigungsspannung U_1 liegt am Kondensator an?
[zur Kontrolle: $U_1 = 2{,}0\,kV$] 5 BE

c) Aus der Ionenquelle treten auch Ionen anderer Sauerstoff-Isotope aus. Durch die Blende können alle Ionen treten, die sich auf Kreisbahnen mit

$$3{,}45\,cm < r < 3{,}55\,cm$$

bewegen. Begründen Sie rechnerisch, dass die Sauerstoff-Ionen der Masse 18 u und der Ladung +6e die Blende nach dem Sektormagneten nicht passieren können, wenn die Beschleunigungsspannung U_1 gleich bleibt. 8 BE

Nach der Blende werden die Ionen durch ein weiteres elektrisches Feld auf die gewünschte Energie beschleunigt. Bei dem hier beschriebenen Aufbau werden dafür Spannungen zwischen wenigen Kilovolt und 450 kV angelegt.

d) Warum wird die Beschleunigung der Ionen in zwei Phasen aufgeteilt? Überlegen Sie dazu, welche Auswirkungen es hätte, wenn die Ionen bereits vor dem Sektormagneten die volle Beschleunigungsspannung von bis zu 450 kV durchlaufen würden. 5 BE

2. Plattenkondensator

Zwei kreisförmige Metallplatten mit Radius $r = 30$ cm, die parallel im Abstand $d = 10$ cm angeordnet sind, bilden einen Plattenkondensator. In der Mitte zwischen den Platten hängt an einem isolierten Faden ($\ell = 1{,}2$ m) eine kleine, geladene Metallkugel ($m = 0{,}25$ g).

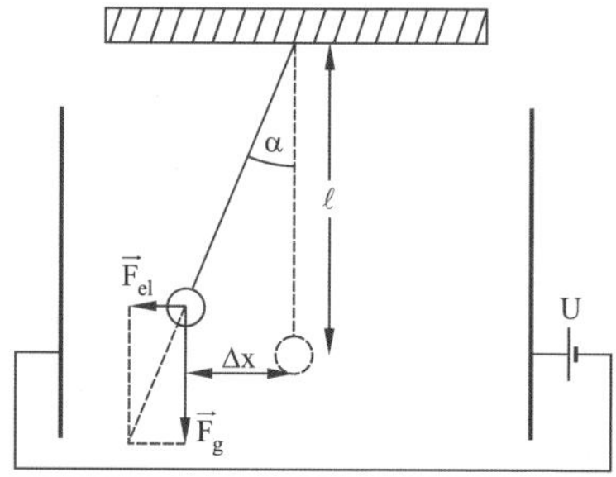

a) Berechnen Sie die Kapazität des Kondensators. 4 BE

Legt man an den Kondensator die Spannung $U = 2{,}0$ kV an, so wird die Kugel horizontal um $\Delta x = 4{,}0$ cm aus ihrer Ruhelage ausgelenkt. Influenzeffekte sollen nicht berücksichtigt werden, das Feld im Inneren des Kondensators darf als homogen angenommen werden.

b) Ermitteln Sie den Auslenkwinkel α und berechnen Sie mithilfe der Gewichtskraft die elektrische Kraft F_{el} auf die Metallkugel.
[zur Kontrolle: $F_{el} = 8{,}2 \cdot 10^{-5}$ N] 7 BE

c) Wie groß ist die Feldstärke E des homogenen elektrischen Feldes zwischen den Kondensatorplatten? Welche Ladung Q trägt die Metallkugel?
[zur Kontrolle: $E = 20\,\frac{\text{kV}}{\text{m}}$] 6 BE

d) Begründen Sie kurz, wie sich die Auslenkung der Kugel ändert, wenn bei konstanter Spannung der ursprüngliche Plattenabstand vergrößert wird. 4 BE

e) Nun wird der Faden durchtrennt. Beschreiben Sie qualitativ die Bewegung der Metallkugel innerhalb des Kondensators und begründen Sie Ihre Antwort. 6 BE

Die geladene Metallkugel wird anschließend wieder an den Faden gehängt, doch anstelle der Gleichspannung wird jetzt eine Wechselspannung an die Kondensatorplatten angelegt.

f) Welche Beobachtungen sind jeweils zu erwarten, wenn die angelegte Wechselspannung beginnend bei sehr niedrigen Frequenzen über die Eigenfrequenz des Pendels bis hin zu sehr hohen Frequenzen variiert wird? Begründen Sie Ihre Antwort ausführlich. 9 BE

60 BE

Tipps und Hinweise zur Lösung von Aufgabe I

Tipp zu Teilaufgabe 1 a

Die Lorentzkraft wirkt hier als Zentripetalkraft.

Tipp zu Teilaufgabe 1 b

Elektrische Feldenergie wird in kinetische Energie umgewandelt.

Tipps zu Teilaufgabe 1 c

Berechnen und bewerten Sie den Bahnradius eines O^{18}-Atoms in der Anordnung.

Sie benötigen hierzu die Geschwindigkeit des O^{18}-Isotops, die Sie aus dessen kinetischer Energie ermitteln können.

Tipps zu Teilaufgabe 1 d

Mit „Auswirkungen" sind die Änderungen von Geschwindigkeit und Bahnradius gemeint.

Beziehen Sie den Zweck der Apparatur in Ihre Überlegungen mit ein.

Tipp zu Teilaufgabe 2 a

Beachten Sie, dass es sich um einen Plattenkondensator handelt.

Tipps zu Teilaufgabe 2 b

Achten Sie auf ähnliche Dreiecke.

Betrachten Sie die Winkelbeziehungen im rechtwinkligen Dreieck. Welche Näherung ist bei der gegebenen Anordnung erlaubt?

Tipp zu Teilaufgabe 2 c

Verwenden Sie die elektrische Feldkraft, die sich mithilfe des Kräfteparallelogramms berechnen lässt.

Tipp zu Teilaufgabe 2 d

Beachten Sie für Ihre Argumentation die Formel für die Feldstärke im Plattenkondensator.

Tipp zu Teilaufgabe 2 e

Betrachten Sie die Kraftanteile und -wirkungen zunächst einzeln, anschließend die Überlagerung beider Bewegungen (Kräfteparallelogramm).

Tipp zu Teilaufgabe 2 f

Denken Sie an Versuche zur erzwungenen Schwingung in der Mechanik.

Lösung zu Aufgabe I

1. a) Die Ionen bewegen sich auf einer Kreisbahn (weil die Lorentzkraft als Zentripetalkraft wirkt) gemäß der Beziehung

$$Q \cdot v \cdot B = \frac{m \cdot v^2}{r}. \quad (*)$$

Damit ergibt sich für die Geschwindigkeit der Ionen, die die Blende mittig erreichen:

$$v = \frac{Q \cdot B \cdot r}{m} = \frac{6 \cdot 1{,}60 \cdot 10^{-19}\ \text{As} \cdot 0{,}30\ \text{T} \cdot 3{,}50 \cdot 10^{-2}\ \text{m}}{16 \cdot 1{,}66 \cdot 10^{-27}\ \text{kg}} \approx 3{,}8 \cdot 10^5\ \frac{\text{m}}{\text{s}}$$

Einheitenumformung: $1\ \text{T} = 1\ \frac{\text{V} \cdot \text{s}}{\text{m}^2}$

b) Setzt man vollständige Umwandlung der Feldenergie W_{el} in Bewegungsenergie W_{kin} voraus (nichtrelativistische Rechnung wegen der kleinen Geschwindigkeit!), dann gilt:

$$W_{el} = W_{kin} \quad \Leftrightarrow \quad Q \cdot U_1 = \frac{1}{2} m \cdot v^2 \quad \Leftrightarrow \quad U_1 = \frac{m \cdot v^2}{2Q}$$

$$\Rightarrow \quad U_1 = \frac{16u \cdot v^2}{2 \cdot 6e} = \frac{16 \cdot 1{,}66 \cdot 10^{-27}\ \text{kg} \cdot \left(3{,}8 \cdot 10^5\ \frac{\text{m}}{\text{s}}\right)^2}{2 \cdot 6 \cdot 1{,}60 \cdot 10^{-19}\ \text{As}} \approx 2{,}0 \cdot 10^3\ \text{V}$$

c) Zunächst erhält man für die Geschwindigkeit des Isotops $^{18}_{6}\text{O}$ mit $m' = 18\ \text{u}$ wegen $\frac{1}{2} m' \cdot v'^2 = Q \cdot U_1$ den Wert

$$v' = \sqrt{\frac{2Q \cdot U_1}{m'}} = \sqrt{\frac{2 \cdot 6 \cdot 1{,}60 \cdot 10^{-19}\ \text{As} \cdot 2{,}0 \cdot 10^3\ \text{V}}{18 \cdot 1{,}66 \cdot 10^{-27}\ \text{kg}}} \approx 3{,}6 \cdot 10^5\ \frac{\text{m}}{\text{s}}.$$

Bei dieser Geschwindigkeit v' ergibt sich im homogenen Feld des Sektormagneten der Bahnradius r' nach der Ausgangsgleichung (∗) zu:

$$r' = \frac{m' \cdot v'}{Q \cdot B} \approx \frac{18 \cdot 1{,}66 \cdot 10^{-27}\ \text{kg} \cdot 3{,}6 \cdot 10^5\ \frac{\text{m}}{\text{s}}}{6 \cdot 1{,}60 \cdot 10^{-19}\ \text{As} \cdot 0{,}30\ \text{T}} \approx 3{,}7 \cdot 10^{-2}\ \text{m}$$

Einheitenkontrolle:

$$1\ \frac{\text{kg} \cdot \frac{\text{m}}{\text{s}}}{\text{As} \cdot \text{T}} = 1\ \frac{\text{kg} \cdot \frac{\text{m}}{\text{s}}}{\text{As} \cdot \frac{\text{Vs}}{\text{m}^2}} = 1\ \frac{\text{kg} \cdot \text{m}^3}{\text{VAs}^3} = 1\ \frac{\text{kg} \cdot \text{m}^3}{\text{J} \cdot \text{s}^2} = 1\ \frac{\text{N} \cdot \text{m}^2}{\text{J}} = 1\ \frac{\text{J} \cdot \text{m}}{\text{J}} = 1\ \text{m}$$

Da die Blende nur Teilchen mit Bahnradius bis zu $3{,}55\ \text{cm} < 3{,}7\ \text{cm}$ durchlässt, können diese Ionen nicht passieren.

d) Wäre die Beschleunigungsspannung schon am Anfang 450 kV (also 225-mal höher als die tatsächlich verwendete), dann wäre wegen

$$v'' = \sqrt{\frac{2Q \cdot 225 \cdot U_1}{m}}$$

die Geschwindigkeit um den Faktor $\sqrt{225} = 15$ größer als v'. Um die Funktion der Apparatur zu gewährleisten – nämlich die Erzeugung eines Ionenstrahls mit bekannter Masse, bekannter Ladung und bekannter Energie –, müsste daher wegen

$$r'' = \frac{m \cdot v''}{Q \cdot B}$$

entweder die Flussdichte des Magneten 15-mal höher sein (teuer!) oder aber die Abmessungen des Magneten wären bei gleicher Flussdichte vergrößert werden (Faktor 15 in Länge und Breite), das wäre ebenfalls ein großer Aufwand.

2. a) Die Kapazität eines (luftgefüllten) Plattenkondensators der gegebenen Geometrie ist:

$$C = \varepsilon_0 \cdot \frac{A}{d} = \varepsilon_0 \cdot \frac{r^2 \cdot \pi}{d} = 8{,}85 \cdot 10^{-12}\ \frac{C}{Vm} \cdot \frac{(0{,}30\ m)^2 \cdot \pi}{0{,}10\ m} \approx 2{,}5 \cdot 10^{-11}\ F$$

b) Zur Berechnung des Auslenkwinkels α betrachtet man das große, rechtwinklige Dreieck. Wegen $\ell \gg \Delta x$ besitzt die Gegenkathete in guter Näherung die Länge Δx, sodass gilt:

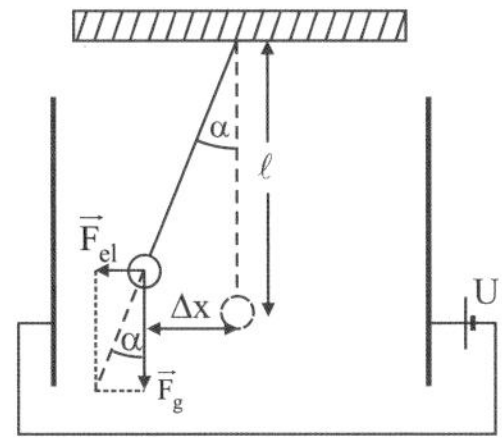

$$\sin\alpha \approx \frac{\Delta x}{\ell} = \frac{0{,}04\ m}{1{,}2\ m} \approx 3{,}3 \cdot 10^{-2} \quad \Rightarrow \quad \alpha \approx 1{,}9°$$

Im Kräfteparallelogramm bei der Kugel tritt der gleiche Winkel als Z-Winkel auf. Mit $F_g = m \cdot g$ folgt:

$$\tan\alpha = \frac{F_{el}}{F_g} \quad \Rightarrow \quad F_{el} = F_g \cdot \tan\alpha = m \cdot g \cdot \tan\alpha$$

$$F_{el} = 0{,}25 \cdot 10^{-3}\ kg \cdot 9{,}81\ \frac{N}{kg} \cdot \tan 1{,}9° \approx 8{,}2 \cdot 10^{-5}\ N$$

c) Beim Plattenkondensator gilt für die elektrische Feldstärke:

$$E = \frac{U}{d} = \frac{2{,}0 \cdot 10^3\ V}{0{,}10\ m} = 2{,}0 \cdot 10^4\ \frac{V}{m}$$

Für die elektrische Ladung der Kugel erhält man wegen $F_{el} = Q \cdot E$ den Wert

$$Q = \frac{F_{el}}{E} = \frac{8{,}2 \cdot 10^{-5}\ N}{2{,}0 \cdot 10^4\ \frac{V}{m}} = 4{,}1 \cdot 10^{-9}\ \frac{Nm}{V} = 4{,}1 \cdot 10^{-9}\ \frac{VAs}{V} = 4{,}1 \cdot 10^{-9}\ As.$$

d) An der Formel $E = \frac{U}{d}$ sieht man, dass bei Vergrößerung des Plattenabstandes d und konstanter Spannung U die Feldstärke kleiner wird. Damit verringert sich wegen der gleich bleibenden Kugelladung und der Gleichung $F_{el} = Q \cdot E$ auch die elektrische Feldkraft, also geht die Auslenkung zurück.

e) Wegen des homogenen elektrischen Feldes im Plattenkondensator ist F_{el} überall gleich groß, ebenso die Gravitationskraft F_g. Die vektorielle Summe der beiden zeigt also auch nach Durchtrennen des Fadens in Richtung des verlängerten Fadens und liefert eine konstante, geradlinige Beschleunigung. Die Kugel fällt also beschleunigt in Fadenrichtung nach links unten.

f) Bezeichnet man die Eigenfrequenz des Pendels mit f_0, dann schwingt für $f < f_0$ das Pendel mit der Anregungsfrequenz f im Rhythmus der angelegten Wechselspannung hin und her. Im Resonanzbereich $f \approx f_0$ wächst die Amplitude stark an. Im Falle zunehmender Frequenz $f > f_0$ kann die Kugel aufgrund ihrer Trägheit dem schnellen Wechsel der Polung nicht mehr folgen, das Pendel zittert nur noch hin und her bzw. lässt schließlich keine Bewegung mehr erkennen.

Grundkurs Physik (Bayern): Abiturprüfung 2008 – Aufgabe II
Schwingkreis, Interferenz (Dipolstrahlung), Wellenlängenbestimmung (Fotozelle)

1. Schwingkreis

In der abgebildeten Schaltung ist die Kapazität $C = 1{,}2$ mF und die Spannung $U_0 = 5{,}0$ V. Die Resonanzfrequenz des Schwingkreises beträgt $f_0 = 2{,}0$ Hz.

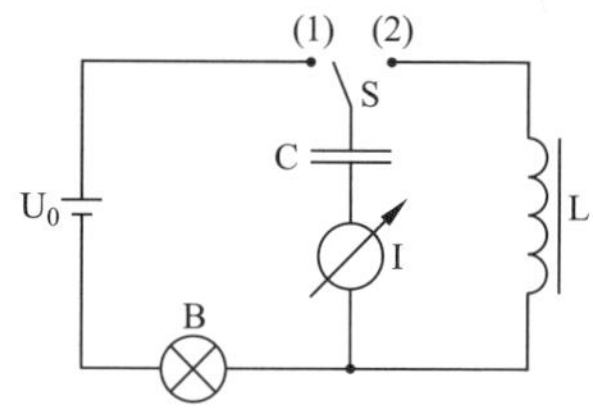

a) Wenn der Schalter S in die Stellung (1) gebracht wird, leuchtet das Lämpchen B kurz auf. Erklären Sie diese Beobachtung. 3 BE

b) Der Schalter wird nun in die Stellung (2) gebracht. Beschreiben und erläutern Sie die zu erwartende Beobachtung am Strommessgerät über einen längeren Zeitraum. 5 BE

c) Skizzieren Sie den zeitlichen Verlauf der Kondensatorspannung $U_C(t)$ für die erste Sekunde nach dem Umschalten auf (2). 4 BE

d) Berechnen Sie die Induktivität L. Die ohmschen Widerstände von Messgerät und Spule können dabei vernachlässigt werden.
[zur Kontrolle: $L = 5{,}3$ H] 4 BE

e) Um wie viel Prozent ändert sich die Resonanzfrequenz f_0, wenn man den Kondensator durch einen sonst baugleichen Kondensator mit doppelter Plattenfläche ersetzt? Wird f_0 kleiner oder größer? 5 BE

2. Interferenz von Dipolstrahlung

Zwei Dipolsender S_1 und S_2 schwingen gleichphasig mit der gleichen Frequenz und sind senkrecht zur Zeichenebene orientiert. S_1 befindet sich im Mittelpunkt eines Halbkreises mit Radius $a = 53$ cm, auf dem S_2 bewegt werden kann. Im Punkt E befindet sich ein Empfänger.

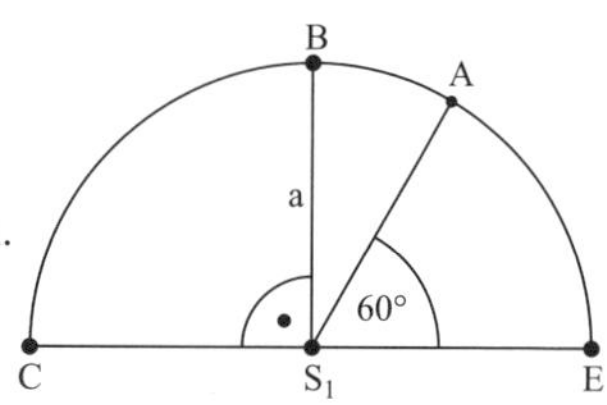

a) Der Sender S_2 wird an die Stelle A gebracht. Begründen Sie, warum sich bei dieser Konstellation – unabhängig von der verwendeten Frequenz – ein Empfangsmaximum ergibt. Geben Sie die Ordnung des Maximums an. 4 BE

b) Bringt man den Sender S_2 in die Position B, so registriert man beim Empfangsdipol E ein Maximum erster Ordnung. Berechnen Sie die Wellenlänge und die Frequenz der von den beiden Sendern abgegebenen Strahlung.
[zur Kontrolle: $\lambda = 22$ cm] 7 BE

c) Der Sender S_2 wird jetzt auf der Geraden CE von der Position C bis zum Sender S_1 bewegt. Berechnen Sie diejenigen Abstände zwischen S_1 und S_2, für die der Empfänger E Minima registriert. 5 BE

d) Nun werden S_1 und S_2 im Abstand $\frac{\lambda}{2}$ aufgestellt.
Nebenstehende Skizze zeigt eine Momentaufnahme der Wellenfronten der einzelnen Sender (Wellentäler gestrichelt, Wellenberge durchgezogen). Erläutern Sie anhand dieser Zeichnung die Empfangsintensität längs der Geraden g_1 und g_2. 5 BE

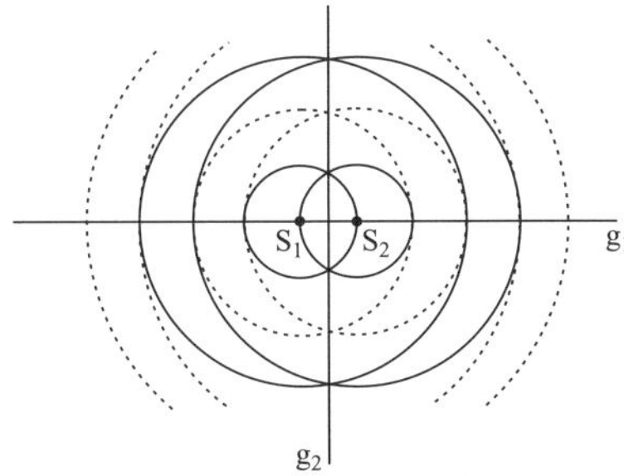

3. Wellenlängenbestimmung mit einer Fotozelle

Eine Fotozelle mit einer Cäsium-Kathode ($W_A = 1{,}94\ \text{eV}$) soll zur Bestimmung der Wellenlänge λ von monochromatischem Licht verwendet werden.

a) Beschreiben Sie den Aufbau und den Ablauf eines Versuchs, bei dem eine Spannung U gemessen wird, die Rückschlüsse auf die Wellenlänge des auftreffenden Lichts zulässt. Zeigen Sie, dass für die Wellenlänge folgender Zusammenhang gilt:

$$\lambda = \frac{h \cdot c}{W_A + e \cdot U}$$ 8 BE

b) Bestimmen Sie die Wellenlänge des Lichts, wenn $U = 1{,}0\ \text{V}$ ist. Welche Farbe hat dieses Licht? 4 BE

c) Schätzen Sie ab, wie lange es nach klassischer Vorstellung mindestens dauern würde, bis ein Elektron aus dem Kathodenmaterial herausgelöst wird. Nehmen Sie dazu an, dass auf die $1{,}0\ \text{cm}^2$ große Kathode Licht der Leistung $15\ \mu\text{W}$ trifft und die Atome der Kathode einen Radius von 10^{-10} m haben. 6 BE

60 BE

Tipps und Hinweise zur Lösung von Aufgabe II

Tipp zu Teilaufgabe 1 a

Beachten Sie den Ladezustand des Kondensators.

Tipps zu Teilaufgabe 1 b

Beachten Sie den Titel der Aufgabe: Es handelt sich um einen Schwingkreis.

Sie sollen „beschreiben“ und „erläutern“, die Zusammenhänge müssen also klar werden. Als „längere Zeitdauer“ wählen Sie eine Schwingungsperiode, dann können Sie verallgemeinern.

Überlegen Sie: Wie wirkt sich der ohmschen Widerstand auf die Schwingung aus?

Tipps zu Teilaufgabe 1 c

Beachten Sie Anfangswerte (Amplitude, Phase) und Periodendauer (Frequenz) der Kondensatorspannung.

Sie sollen den Verlauf des t-U_C-Graphen während der ersten Sekunde skizzieren.

Tipp zu Teilaufgabe 1 d

Verwenden Sie die Thomsonformel.

Tipp zu Teilaufgabe 1 e

Beachten Sie den Einfluss der Plattenfläche auf die Kapazität.

Tipps zu Teilaufgabe 2 a

Denken Sie an den Gangunterschied der Signale, die bei E eintreffen.

Welches geometrische Objekt bilden die Punkte A, S_1 und E?

Tipp zu Teilaufgabe 2 b

Ein Maximum erster Ordnung bedeutet eine Wellenlänge Gangunterschied.

Tipps zu Teilaufgabe 2 c

Hier muss destruktive Interferenz vorliegen.

Aus der Bedingung für den Gangunterschied folgen die möglichen Ordnungen der Minima.

Tipp zu Teilaufgabe 2 d

Sie müssen wiederum die jeweiligen Gangunterschiede analysieren.

Tipps zu Teilaufgabe 3 a

Hier ist nach der Gegenfeldmethode gefragt.

Führen Sie eine Energiebetrachtung durch. Sie führt auf den Zusammenhang zwischen Photonenenergie, kinetischer Energie der Fotoelektronen und Auslösearbeit.

Tipp zu Teilaufgabe 3 b

Verwenden Sie die Formel aus 3 a.

Tipps zu Teilaufgabe 3 c

Stellen Sie eine Verhältnisgleichung auf, in der Sie Leistungen und Flächen vergleichen.

Beachten Sie, dass für die Einstrahlfläche des Atoms nicht die ganze Oberfläche wesentlich ist, sondern die Projektion (also die „Schattenfläche“).

Lösung zu Aufgabe II

1. a) Nach dem Umlegen des Schalters in Stellung (1) liegt die Gleichspannung der Batterie am Kondensator an, er wird aufgeladen. Wenn der Kondensator voll aufgeladen ist, fließt kein Strom mehr. Die Lampe B leuchtet also kurz auf und erlischt gleich wieder, wenn der Kondensator aufgeladen ist.

b) Die Schalterstellung (2) lässt aus dem aufgeladenen Kondensator über die Induktivität Entladestrom fließen, in der Spule baut sich ein Magnetfeld auf. Bei entladenem Kondensator verschwindet dort die Spannung und dieser Entladestrom kommt zum Erliegen. Allerdings wird durch den jetzt fehlenden Entladestrom das Magnetfeld in der Induktivität wieder abgebaut und es fließt währenddessen ein Induktionsstrom in (nach der Lenz'schen Regel) gleicher Richtung weiter, der den Kondensator bei umgekehrter Polung wieder auflädt. Schließlich ist der Kondensator wieder aufgeladen und die Vorgänge laufen in der Gegenrichtung in gleicher Weise ab – der Schwingkreis schwingt und das Stromstärkemessgerät zeigt dies an.
Die maximale Stromstärke wird von Periode zu Periode geringer, weil durch den elektrischen Widerstand der Schaltung Wärme erzeugt wird und dadurch der Schwingkreis an Energie verliert.

Der Energieverlust wird hier nicht ersetzt, wie das etwa bei einer Meißnerschaltung der Fall ist (Erwähnung hier nicht verlangt).

c) Die Spannung beginnt beim Umlegen des Schalters in Stellung (2) bei ihrem Maximalwert, der Anfangswert beträgt wie angegeben $U_0 = 5{,}0$ V. Die Periodendauer T_0 ist (mit der angegebenen Resonanzfrequenz f_0)

$$T_0 = \frac{1}{f_0} = \frac{1}{2{,}0\ \text{Hz}} = 0{,}50\ \text{s}.$$

Anhand dieser Daten lässt sich das t-U_C-Diagramm während der ersten Sekunde skizzieren, wobei der Energieverlust durch ohmsche Wärme berücksichtigt ist:

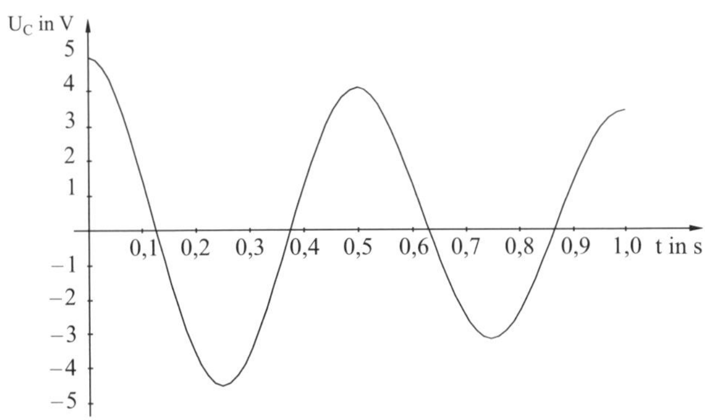

d) Die Thomsonformel $2\pi \cdot f_0 = \frac{1}{\sqrt{L \cdot C}}$ liefert für die Induktivität L nach Auflösen:

$$L = \frac{1}{(2\pi \cdot f_0)^2 \cdot C} = \frac{1}{(2\pi \cdot 2{,}0\ \text{s}^{-1})^2 \cdot 1{,}2 \cdot 10^{-3}\ \text{F}} \approx 5{,}3\ \text{H}$$

e) Beim Plattenkondensator gilt für die Kapazität

$$C = \varepsilon_0 \cdot \frac{A}{d},$$

eine Verdoppelung der Plattenfläche A liefert somit eine Verdoppelung der Kapazität C. Dies ergibt in der Thomsonformel dann:

$$f_0' = \frac{1}{2\pi \cdot \sqrt{L \cdot C'}} = \frac{1}{2\pi \cdot \sqrt{L \cdot 2C}} = \frac{1}{\sqrt{2}} \cdot \frac{1}{2\pi \cdot \sqrt{L \cdot C}} = \frac{1}{\sqrt{2}} \cdot f_0 < f_0$$

Die Frequenz wird also geringer. Die relative Abweichung beträgt:

$$\frac{f_0' - f_0}{f_0} = \frac{\frac{f_0}{\sqrt{2}} - f_0}{f_0} = \frac{1}{\sqrt{2}} - 1 \approx -0{,}29,$$

Die Frequenz nimmt um ca. 29 % ab.

2. a) Die Punkte A, S_1 und E bilden ein gleichseitiges Dreieck: Die Schenkel $\overline{AS_1}$ und $\overline{ES_1}$ sind gleich dem Radius a, die Innenwinkel betragen je 60°. Steht der Sender S_2 im Punkt A, dann ist daher die Weglänge der Signale von S_1 und A bis nach E jeweils gleich und damit der Gangunterschied null. Es tritt also ein Maximum nullter Ordnung unabhängig von der Frequenz der Sender auf.

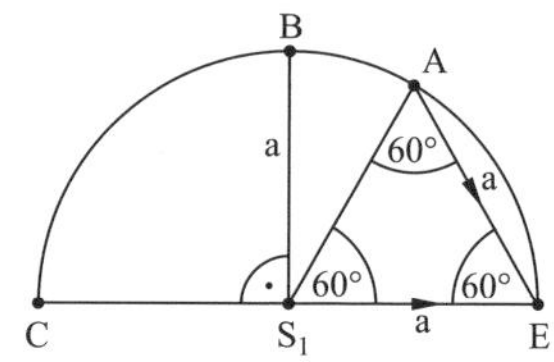

Der Gangunterschied ist auch auf allen anderen Punkten der Mittelsenkrechten von $[S_1A]$ null (vgl. Teilaufgabe 1 d).

b) Der Gangunterschied der beiden Signale von S_1 und B ist mit dem Satz des Pythagoras gerade

$$a\sqrt{2} - a = a \cdot (\sqrt{2} - 1).$$

Laut Angabe findet sich bei E ein Maximum 1. Ordnung, also ist der Gangunterschied genau eine Wellenlänge:

$$\lambda = a \cdot (\sqrt{2} - 1) = 53\ \text{cm} \cdot (\sqrt{2} - 1) \approx 22\ \text{cm}$$

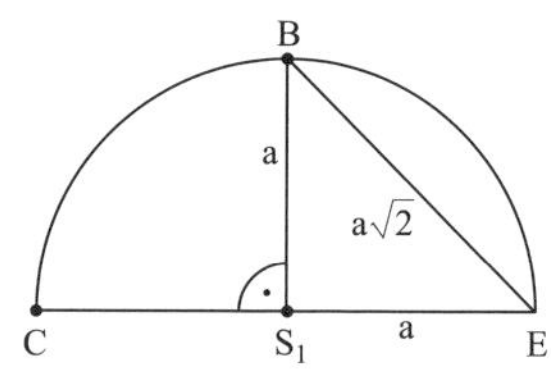

Die Frequenz ist dann

$$f = \frac{c}{\lambda} = \frac{3{,}0 \cdot 10^8\ \frac{m}{s}}{0{,}22\ m} \approx 1{,}4 \cdot 10^9\ \text{Hz}.$$

c) Der Weg von C nach S_1 hat die Länge a = 53 cm, ab S_1 sind dann die Weglängen der Signale von C bzw. S_1 nach E gleich (nämlich wieder a = 53 cm).
Der Gangunterschied besteht also nur aus dem Abstand des Punktes S_2 von S_1 und muss für ein Minimum ein ungeradzahliges Vielfaches der halben Wellenlänge sein, also

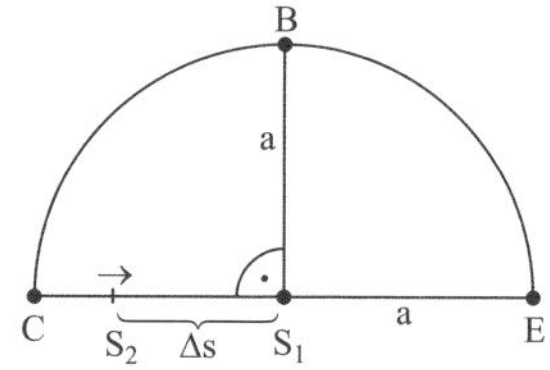

$$\Delta s = (2k+1) \cdot \frac{\lambda}{2} < 0{,}53\ m, \text{ mit } k \in \mathbb{N}_0.$$

Damit kommen als mögliche k-Werte in Frage:

$$k < \frac{1}{2} \cdot \left(\frac{2 \cdot 0{,}53\ m}{\lambda} - 1 \right) = 1{,}9 \quad \Rightarrow \quad k = 0 \text{ oder } k = 1$$

Bei einer Wellenlänge von $\lambda = 22$ cm entsprechen diesen k-Werten die Gangunterschiede $\Delta s \in \{11 \text{ cm}; 33 \text{ cm}\}$, man erhält also bei $\overline{S_1S_2} \approx 11$ cm und bei $\overline{S_1S_2} \approx 33$ cm zwei Minima.

d) Auf der Geraden g_1 ist der Gangunterschied unabhängig von der Position des Empfängers stets eine halbe Wellenlänge, also lässt sich nirgends das Signal empfangen. Auf der Geraden g_2 – sie stellt die Mittelsenkrechte der Verbindungslinie von S_1 und S_2 dar – ist der Gangunterschied überall null, das Signal ist überall empfangbar (in größerem Abstand natürlich wegen der quadratischen Abnahme schwächer, aber stets bei konstruktiver Interferenz).

3. a) **Wellenlängenbestimmung mit der Gegenfeldmethode**
Das einfarbige Licht fällt in die Vakuumfotozelle und trifft dort auf die Cäsiumschicht. Bei ausreichender Photonenenergie (oder ausreichend kleiner Wellenlänge) lösen sich dort Elektronen und fliegen zur Ringanode, sodass sich eine Fotospannung einstellt. Mit einer fein justierten Gegenspannung und einem sehr empfindlichen Stromstärkemessgerät wird der Zustand eingestellt, bei dem gerade kein Elektron mehr die Anode erreicht. Die Gegenspannung und die Fotospannung sind dann gleich groß. Die Photonenenergie $E = h \cdot c \cdot \lambda^{-1}$ wird teilweise als Auslösearbeit $W_A = 1{,}94$ eV benötigt, der Rest bleibt als kinetische Energie beim Elektron. Diese Bewegungsenergie wird ihm bei der Gegenfeldmethode gerade genommen, es ist $E_{kin} = e \cdot U$ und damit insgesamt

$$\frac{h \cdot c}{\lambda} = e \cdot U + W_A.$$

Aufgelöst nach der Wellenlänge liefert das

$$\lambda = \frac{h \cdot c}{e \cdot U + W_A}.$$

b) Nach Einsetzen der Spannung $U = 1{,}0$ V erhält man die zugehörige Wellenlänge

$$\lambda = \frac{h \cdot c}{e \cdot U + W_A} = \frac{4{,}136 \cdot 10^{-15}\,\text{eV} \cdot \text{s} \cdot 3{,}0 \cdot 10^{8}\,\frac{\text{m}}{\text{s}}}{1{,}00\,\text{eV} + 1{,}94\,\text{eV}} \approx 4{,}2 \cdot 10^{-7}\,\text{m},$$

das Licht ist also blau.

c) Die Projektion des (kugelförmig angenommenen) Atoms ist ein Kreis der Fläche $A_{Atom} = r_{Atom}^2 \cdot \pi$, der das Atom treffende Anteil der Lichtleistung ist

$$\frac{P_{Atom}}{P_{gesamt}} = \frac{A_{Atom}}{A_{Kathode}} = \frac{r_{Atom}^2 \cdot \pi}{1{,}0 \cdot 10^{-4}\,\text{m}^2} = \frac{10^{-20}\,\text{m}^2 \cdot \pi}{1{,}0 \cdot 10^{-4}\,\text{m}^2} = 10^{-16} \cdot \pi$$

$$\Rightarrow \quad P_{Atom} = 10^{-16} \cdot \pi \cdot P_{gesamt} = 10^{-16} \cdot \pi \cdot 15 \cdot 10^{-6}\,\text{W} = 4{,}7 \cdot 10^{-21}\,\text{W}$$

$$= 2{,}9 \cdot 10^{-2}\,\frac{\text{eV}}{\text{s}}$$

Bis zum Auslösen eines Elektrons würde somit die Zeit

$$t = \frac{W_A}{P_{Atom}} \approx \frac{1{,}94\,\text{eV}}{2{,}9 \cdot 10^{-2}\,\frac{\text{eV}}{\text{s}}} \approx 66\,\text{s}$$

vergehen.

Dies widerspricht der Beobachtung: Der Fotoeffekt findet ohne Zeitverzug statt.

Grundkurs Physik (Bayern): Abiturprüfung 2008 – Aufgabe III
Atomaufbau, Aufbau des Periodensystems, Anregung von Natriumatomen

1. **Der Atomaufbau**
Vor 100 Jahren haben Johannes Rydberg und Walter Ritz die Serienformel des Wasserstoffatoms aufgestellt:

$$\frac{1}{\lambda} = R_H \cdot \left(\frac{1}{n_1^2} - \frac{1}{n_2^2} \right) \text{ mit } n_2 > n_1,$$

wobei R_H die Rydbergkonstante von Wasserstoff ist.

a) Zeigen Sie, dass man bei geeigneter Wahl des Energienullpunkts aus der Serienformel die n-te Energiestufe

$$E_n = R_H \cdot h \cdot c \cdot \left(1 - \frac{1}{n^2} \right)$$

des Wasserstoffatoms erhält. 4 BE

b) Berechnen Sie die Energiewerte der drei niedrigsten Energieniveaus und die Ionisierungsenergie des Wasserstoffatoms. 5 BE

Im sichtbaren Bereich des Lichts (380 nm bis 750 nm) sind nur Linien der Balmer-Serie ($n_1 = 2$) zu beobachten.

c) Bestimmen Sie rechnerisch, zwischen welchen Werten die Wellenlängen der Linien der Balmer-Serie liegen. 6 BE

d) Zeigen Sie, dass alle Linien der Lyman-Serie ($n_1 = 1$) im ultravioletten Bereich des Lichts liegen. 6 BE

e) Nehmen Sie sowohl für das Bohr'sche als auch für das quantenmechanische Atommodell jeweils kurz Stellung, ob sie mit der Heisenberg'schen Unschärferelation verträglich sind. 6 BE

2. **Aufbau des Periodensystems**

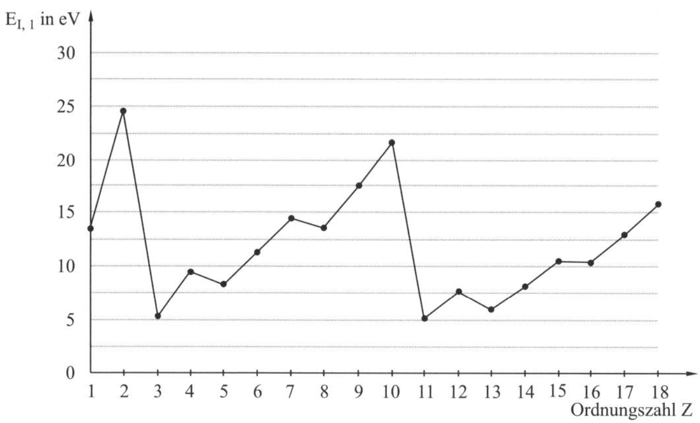

Einen Hinweis auf den Aufbau der Atomhülle mit mehreren Elektronen gibt die sogenannte erste Ionisierungsenergie $E_{I,1}$ in Abhängigkeit von der Ordnungszahl Z (siehe Abbildung auf der vorherigen Seite). Dabei handelt es sich um die Energie, die man aufwenden muss, um von einem Atom im Grundzustand ein Elektron zu entfernen.

a) Erläutern Sie, welche Hinweise das Diagramm über den Aufbau der Elektronenhülle gibt. Gehen Sie dabei auf die lokalen Maxima (bei $Z = 2$ und $Z = 10$) und die darauf folgenden Minima des Diagramms ein. 6 BE

b) Die zweite Ionisierungsenergie ist die Energie, die man aufwenden muss, um dem einfach positiv geladenen Ion im Grundzustand ein weiteres Elektron zu entreißen. Beschreiben Sie (für $Z > 1$) qualitativ den Verlauf dieser zweiten Ionisierungsenergie im Vergleich zur ersten. 6 BE

3. **Anregung von Natriumatomen**

Das Licht einer Glühbirne soll durch ein optisches Gitter spektral zerlegt und auf einen Schirm projiziert werden.

a) Schildern Sie anhand einer Skizze den Versuchsaufbau zur Erzeugung eines Gitterspektrums. 6 BE

Nun durchquert das Licht vor seiner Zerlegung ein mit Natriumdampf gefülltes Glasgefäß, wobei sich die Natriumatome im Grundzustand befinden. Ein Natriumatom gibt beim Übergang vom ersten angeregten Zustand in den Grundzustand ein Photon mit der Wellenlänge 589 nm ab.

b) Vergleichen Sie das ursprüngliche Spektrum des Glühlampenlichts mit dem Spektrum nach Durchqueren des Natriumdampfs und erklären Sie das Zustandekommen des Unterschieds. 8 BE

c) Trifft ein Elektron mit der kinetischen Energie 3,0 eV auf ein Natriumatom im Grundzustand, so kann es das Natriumatom anregen. Berechnen Sie unter der vereinfachenden Annahme, dass das ruhende Natriumatom keinen Rückstoß erhält, die Geschwindigkeit des Elektrons nach dem Stoß für den Fall, dass sich das Natriumatom nach dem Stoß im ersten angeregten Zustand befindet. Erläutern Sie Ihren Ansatz. 7 BE

60 BE

Tipps und Hinweise zur Lösung von Aufgabe III

Tipps zu Teilaufgabe 1 a

- Wählen Sie den Energienullpunkt bei $n_1 = 1$.
- Wie hängen Photonenenergie und Wellenlänge zusammen?

Tipp zu Teilaufgabe 1 b

- Die Ionisierungsenergie erhalten Sie für $n_2 \rightarrow \infty$.

Tipp zu Teilaufgabe 1 c

- Die kurze Grenzwellenlänge ist ein Grenzwert.

Tipp zu Teilaufgabe 1 d

- Der UV-Bereich beginnt bei einer Wellenlänge unterhalb von etwa 400 nm.

Tipps zu Teilaufgabe 1 e

- Formulieren Sie die Kernaussage der Heisenberg'schen Unschärferelation.
- Wichtige Begriffe: Ort, Impuls, Geschwindigkeit, Bahn, Orbital

Tipp zu Teilaufgabe 2 a

- Geben Sie zunächst die konkrete Bedeutung eines Maximums und eines benachbarten Minimums für die Auslösung der betreffenden Elektronen an. Schließen Sie anschließend auf ein passende Modellvorstellung für den Aufbau der Atomhülle.

Tipps zu Teilaufgabe 2 b

- Argumentieren Sie im Rahmen der in Teilaufgabe 2 a festgestellten Modellvorstellung. Wie ändert sich die Lage des Graphen (Verschiebung in waagerechter und senkrechter Richtung)?
- Berücksichtigen Sie den Einfluss der positiven Kernladung auf die Ionisierungsenergie.

Tipp zu Teilaufgabe 3 a

- Bilden Sie zunächst einen beleuchteten Spalt scharf ab.

Tipps zu Teilaufgabe 3 b

- Denken Sie an die Fraunhofer'schen Linien im Sonnenspektrum.
- Berücksichtigen Sie die unterschiedlichen Richtung des von den Na-Atomen absorbierten und emittierten Lichts.

Tipps zu Teilaufgabe 3 c

- Betrachten Sie die Energiebilanz für den Stoß.
- Wird die Anregungsenergie durch ein Photon geliefert, wird sie vollständig absorbiert und es gibt kein Photon mehr. Ein Elektron als Energielieferant kann dagegen einen Teil seiner kinetischen Energie behalten und weiterfliegen.

Lösung zu Aufgabe III

1. a) Wählt man den Energienullpunkt bei $n_1 = 1$, dann gilt zunächst mit $n_2 = n$

$$E_0 - E_1 = \Delta E = \frac{hc}{\lambda} = hc \cdot \frac{1}{\lambda} = h \cdot c \cdot R_H \cdot \left(\frac{1}{1^2} - \frac{1}{n^2}\right)$$

und mit $E_1 = 0$ dann:

$$E_0 = h \cdot c \cdot R_H \cdot \left(1 - \frac{1}{n^2}\right) \quad (*)$$

Die Rydbergkonstante für Wasserstoff beträgt $R_H = 1{,}0967 \cdot 10^7 \text{ m}^{-1}$.

b) Einsetzen von $n = 1, 2, 3$ in $(*)$ liefert:

$$E_1 = h \cdot c \cdot R_H \cdot \left(1 - \frac{1}{1^2}\right) = 0 \quad \text{(nur zur Bestätigung)}$$

$$E_2 = h \cdot c \cdot R_H \cdot \left(1 - \frac{1}{4}\right) \approx \frac{3}{4} \cdot 4{,}136 \cdot 10^{-15} \cdot 3{,}00 \cdot 10^8 \cdot 1{,}0967 \cdot 10^7 \text{ eV} \approx 10{,}2 \text{ eV}$$

$$E_3 = h \cdot c \cdot R_H \cdot \left(1 - \frac{1}{9}\right) \approx \frac{8}{9} \cdot 4{,}136 \cdot 10^{-15} \cdot 3{,}00 \cdot 10^8 \cdot 1{,}0967 \cdot 10^7 \text{ eV} \approx 12{,}1 \text{ eV}$$

Ionisierungsenergie $(n \to \infty)$:

$$E = h \cdot c \cdot R_H \cdot (1 - 0) = h \cdot c \cdot R_H \approx 13{,}6 \text{ eV}$$

c) Balmer-Serie: $\frac{1}{\lambda_n} = R_H \cdot \left(\frac{1}{2^2} - \frac{1}{n^2}\right)$

Die Grenzen sind durch $n = 3$ und $n \to \infty$ festgelegt, also:

$$\frac{1}{\lambda_3} = R_H \cdot \left(\frac{1}{2^2} - \frac{1}{9}\right) \approx \frac{1}{656 \text{ nm}} \quad \text{und} \quad \frac{1}{\lambda_\infty} = R_H \cdot \left(\frac{1}{2^2}\right) \approx \frac{1}{365 \text{ nm}}$$

Die Grenzwellenlängen der Balmer-Serie sind 365 nm und 656 nm.

d) Lyman-Serie: $\frac{1}{\lambda_n} = R_H \cdot \left(1 - \frac{1}{n^2}\right)$

Für die größte Wellenlänge dieser Serie $(n = 2)$ gilt:

$$\frac{1}{\lambda_2} = R_H \cdot \left(1 - \frac{1}{n^2}\right) \quad \Rightarrow \quad \lambda^2 \approx 122 \text{ nm}$$

Sie liegt somit im UV-Bereich, die kürzeren dann auch.

e) Nach der Heisenberg'schen Unschärferelation lassen sich Aufenthaltsort x und Impuls p eines Teilchens nicht beliebig genau bestimmen, für die Abweichungen gilt $h \le \Delta x \cdot \Delta p$. Nach dem Bohr'schen Atommodell bewegen sich die Elektronen auf definierten Bahnen, die Radien und Geschwindigkeiten (also auch Impulse) sind exakt bestimmbar. Folglich verträgt sich das Bohr'sche Atommodell nicht mit der Heisenberg'schen Unschärferelation, das quantenmechanische Modell dagegen schon. Hier werden statt der Bohr'schen Bahnen Orbitale angegeben: Das sind Raumbereiche um den Atomkern, in denen sich die Elektronen mit einer berechenbaren Wahrscheinlichkeit aufhalten. Es wird somit keine präzise Aussage über Ort und Impuls getroffen.

2. a) An den lokalen Maxima bei Z = 2 und Z = 10 ist eine vergleichsweise hohe Energie notwendig, um das Elektron vom Atom zu lösen (Ionisierungsenergie). Bei den darauf folgenden Werten Z = 3 und Z = 11 sind diese Energiewerte wesentlich kleiner, das nächste Elektron lässt sich also mit bedeutend geringerem Aufwand entfernen. Dies deutet auf die Schalenstruktur des Atoms hin.

b) Bei den Elementen mit den Ordnungszahlen 3 und 11 ist der Energieaufwand für die Entfernung des ersten Elektrons gering, beim zweiten jedoch muss eine „volle Schale“ aufgebrochen werden, der Energiebetrag für das zweite Elektron ist also sehr hoch (sogar noch höher als im Diagramm bei Z = 2 oder Z = 10, da im Atomkern ein Proton mehr sitzt und eine größere Anziehung zur Folge hat). Die Minima der zweiten Ionisierungsenergie werden bei Z = 4 und Z = 12 liegen, also ist die Kurve insgesamt (grob) um $\Delta Z = 1$ nach rechts verschoben, außerdem nach oben wegen der stärkeren Kernanziehung.

3. a) Um das Gitterspektrum einer Glühlampe zu zeigen, muss man zunächst einen mit dem Glühlampenlicht beleuchteten Spalt scharf auf den Schirm abbilden. Dazu wird das Licht der Lampe von einem Kondensor auf den Spalt gesammelt und dieser wiederum durch eine Sammellinse auf den Schirm projiziert. Der Spalt erscheint weiß. Bringt man nun hinter die Sammellinse das Gitter, zeigt sich das kontinuierliche Glühlichtspektrum auf dem Schirm.

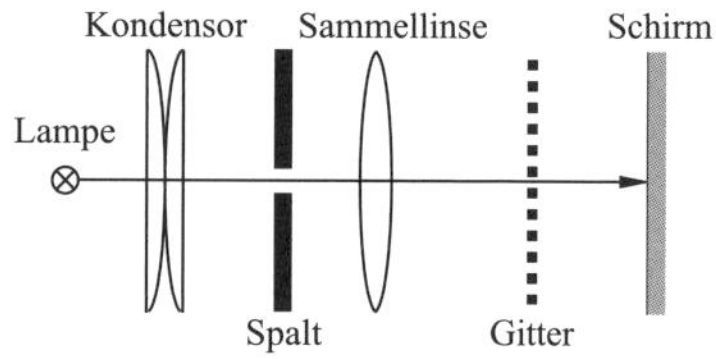

b) Das Spektrum zeigt eine schwarze Linie an der Stelle, die zunächst mit dem gelben Licht der angegebenen Wellenlänge 589 nm beleuchtet war. Das Zustandekommen lässt sich so erklären: Im Glühlichtspektrum ist das gelbe „Natriumlicht“ enthalten, es durchstrahlt den Natriumdampf in einer Richtung (in der Skizze oben von links nach rechts) und regt die Atome im Grundzustand an. Dabei wird es absorbiert. Die angeregten Natriumatome fallen zwar sofort in den Grundzustand zurück und emittieren dabei exakt dieses gelbe Licht, aber eben in alle Richtungen und damit nur zu einen verschwindend kleinen Anteil in Richtung Schirm. Das gelbe Licht fehlt praktisch im Spektrum.

c) Die Anregungsenergie des Natriumatoms lässt sich aus der Wellenlänge des gelben Lichtes berechnen:

$$E = \frac{h \cdot c}{\lambda} = \frac{6{,}63 \cdot 10^{-34}\,\text{Js} \cdot 6{,}24 \cdot 10^{18}\,\frac{\text{eV}}{\text{J}} \cdot 3{,}00 \cdot 10^{8}\,\frac{\text{m}}{\text{s}}}{589 \cdot 10^{-9}\,\text{m}} \approx 2{,}11\,\text{eV}$$

Von den 3,0 eV des auftreffenden Elektrons müssen also 2,11 eV für die Anregung verwendet werden, der Rest von 0,89 eV bleibt als Bewegungsenergie beim Elektron. Dessen Geschwindigkeit nach dem Stoß beträgt wegen $E_{kin} = \frac{1}{2} m \cdot v^2$ folglich:

$$v = \sqrt{\frac{2E_{kin}}{m}} = \sqrt{\frac{2 \cdot 0{,}89\,\text{eV}}{9{,}11 \cdot 10^{-31}\,\text{kg}}} = \sqrt{\frac{2 \cdot 0{,}89 \cdot 1{,}60 \cdot 10^{-19}\,\text{J}}{9{,}11 \cdot 10^{-31}\,\text{kg}}} \approx 5{,}6 \cdot 10^{5}\,\frac{\text{m}}{\text{s}}$$

Einheitenkontrolle: $1\sqrt{\frac{\text{J}}{\text{kg}}} = 1\sqrt{\frac{\text{Nm}}{\text{kg}}} = 1\sqrt{\frac{\text{kg} \cdot \text{m} \cdot \text{m}}{\text{s}^2 \cdot \text{kg}}} = 1\sqrt{\frac{\text{m}^2}{\text{s}^2}} = 1\,\frac{\text{m}}{\text{s}}$

Grundkurs Physik (Bayern): Abiturprüfung 2008 – Aufgabe IV
Mordfall Litvinenko, Herstellung von ^{210}Po

1. Mordfall Litvinenko

Anfang November 2006 kam das Poloniumisotop ^{210}Po (Halbwertszeit 138 d) wegen eines spektakulären Mordfalls in die Schlagzeilen. Der α-Strahler wurde dem russischen Ex-Agenten Alexander Litvinenko ins Essen gemischt. Dies führte innerhalb von drei Wachen zu dessen Tod.

a) Ordnen Sie ^{210}Po einer natürlichen Zerfallsreihe zu und begründen Sie Ihre Zuordnung mit den Massenzahlen und den Zerfallsarten. 4 BE

b) Geben Sie die Zerfallsgleichung von ^{210}Po an und berechnen Sie die gesamte hei diesem Zerfall frei werdende Energie Q.
[zur Kontrolle: $Q = 5{,}41$ MeV] 6 BE

c) Als maximale kinetische Energie der von ^{210}Po emittierten α-Teilchen wird in der Nuklidkarte 5,30 MeV angegeben. Geben Sie eine mögliche Ursache für den Unterschied zu Q an. 3 BE

Zur Zeit des Mordfalls war in einer Zeitschrift zu lesen: „Da die Zerfallsrate von Polonium-210 sehr hoch ist, ist auch die Strahlenintensität sehr hoch. Um die tödliche internistische Dosis zu erzeugen, sind gerade einmal ein 0,1 Millionstel eines Gramms notwendig, eine Giftmenge von der Größe eines Stecknadelkopfes. [...] In der Raumfahrt dient Polonium-210 als leichtgewichtige Wärmequelle. So kann ein Gramm Polonium-210 etwa 140 Watt Wärmeleistung erzeugen.“

d) Berechnen Sie die Aktivität einer Probe von 1,0 g ^{210}Po.
[zur Kontrolle: $A = 1{,}7 \cdot 10^{14}$ Bq] 6 BE

e) Bei der Aufnahme von ^{210}Po in den Körper ist bereits eine Aktivität von $1{,}5 \cdot 10^{7}$ Bq tödlich. Zeigen Sie, dass dies bei der im Text angegebenen Masse von „0,1 Millionstel eines Gramms“ der Fall ist. 3 BE

f) Geben Sie einen Grund an, warum das Hantieren mit ^{210}Po für die Mörder relativ ungefährlich war. 3 BE

g) ^{210}Po hat eine Dichte von 9,3 g/cm³. Überprüfen Sie damit die Aussage des Zeitungsartikels bezüglich des Volumens der Giftmenge. 5 BE

h) Verifizieren Sie die Zahlenangabe zur Wärmeleistung. 4 BE

2. Herstellung von ^{210}Po

Um ^{210}Po künstlich zu erzeugen, setzt man das stabile Isotop ^{209}Bi für kurze Zeit Neutronenstrahlung aus. Es entsteht ein Zwischenprodukt, das nach einem β^--Zerfall mit einer Halbwertszeit von 5,0 Tagen zu ^{210}Po wird. Die emittierten Elektronen haben dabei eine maximale Geschwindigkeit von 0,95 c.

a) Geben Sie die Zerfallsgleichung für den obigen β^--Zerfall an. 3 BE

b) Skizzieren Sie qualitativ das Energiespektrum eines β^--Strahlers und erklären Sie den wesentlichen Unterschied zum Energiespektrum eines α-Strahlers. 6 BE

c) Berechnen Sie die maximale kinetische Energie der emittierten Elektronen. 6 BE

d) Welcher Anteil des erzeugten Zwischenprodukts ist 15 Tage nach dem Neutronenbeschuss schon zerfallen? 4 BE

e) In einer Skizze soll qualitativ die ^{210}Po-Konzentration in einer ^{209}Bi-Probe in Abhängigkeit von der Zeit (in Tagen) nach dem Neutronenbeschuss dargestellt werden. Wählen Sie die geeignete Skizze und begründen Sie Ihre Wahl.

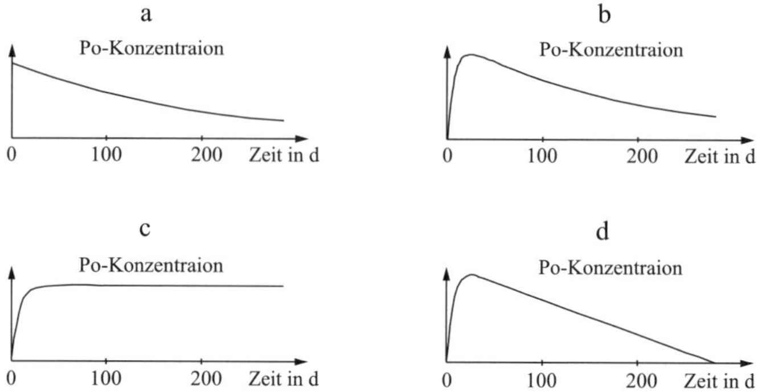

7 BE

60 BE

Tipps und Hinweise zur Lösung von Aufgabe IV

Tipp zu Teilaufgabe 1 a

Überlegen Sie, wie sich die Nukleonenzahl bei natürlichen radioaktiven Zerfällen ändert. Wodurch sind die verschiedenen Zerfallsreihen charakterisiert?

Tipps zu Teilaufgabe 1 b

Die Zerfallsart ist im Aufgabentext genannt.

Verwenden Sie zur Berechnung es Q-Werts die Atommassen.

Tipp zu Teilaufgabe 1 c

Was passiert nach der Reaktion mit dem entstandenen Bleiatom?

Tipps zu Teilaufgabe 1 d

Bestimmen Sie zunächst die Anzahl der in der Probe enthaltenen Kerne.

Die Zerfallskonstante erhalten Sie über die Halbwertszeit.

Tipp zu Teilaufgabe 1 e

Die Aktivität ist proportional zur Anzahl der Kerne und diese wiederum proportional zur Masse der Probe.

Tipp zu Teilaufgabe 1 f

Welche Schutzmaßnahmen sind bei Alphastrahlern wichtig?

Tipp zu Teilaufgabe 1 g

Entweder schätzen Sie zunächst das Volumen eines Stecknadelkopfes ab und schließen dann auf die zugehörige Masse oder Sie berechnen die der Probenmasse entsprechende Größe einer Kugel und prüfen, ob diese in der Größenordnung eines Stecknadelkopfes liegt.

Tipp zu Teilaufgabe 1 h

Verwenden Sie den je Reaktion freiwerdenden Q-Wert und die Aktivität von Polonium 210.

Tipp zu Teilaufgabe 2 a

Denken Sie daran, alle beim Betazerfall entstehenden Produkte in die Gleichung aufzunehmen.

Tipp zu Teilaufgabe 2 b

Beachten Sie die Rolle, die das das Neutrino bzw. Antineutrino hinsichtlich Energie- und Impulsverteilung beim Betazerfall spielt.

Tipp zu Teilaufgabe 2 c

Bei einer Geschwindigkeit von 0,95 c ist eine relativistische Rechnung notwendig.

Tipps zu Teilaufgabe 2 d

Berechnen Sie zunächst den noch vorhandenen Teil des Zwischenproduktes.

Die Rechnung vereinfacht sich, wenn Sie die Größe der Halbwertszeit berücksichtigen.

Tipp zu Teilaufgabe 2 e

Beachten Sie bei Ihren Überlegungen, dass das ^{210}Po erst aus dem ^{209}Bi erbrütet werden muss.

Lösung zu Aufgabe IV

1. a) Bei der Ermittlung der natürlichen Zerfallsreihe von ^{210}Po ist der Rest bei Division der Nukleonenzahl 210 durch 4 maßgebend, also $210:4=52$ Rest 2. Grund dafür ist die Tatsache, dass sich die Zahl der Kernbausteine (Nukleonen) bei den natürlichen radioaktiven Zerfällen nur um jeweils 4 verringern kann (Aussendung eines $^{4}_{2}He$-Kernes oder Alphateilchens) oder aber unverändert bleibt (beim Betazerfall wird ein Neutron zum Proton, die Summe der Nukleonen bleibt aber gleich; bei Gammastrahlung ändern sich nur Anregungszustände, an der Anzahl der Protonen, Neutronen und Elektronen ändert sich nichts).
Die natürliche Zerfallsreihe mit Divisionsrest 2 ist die Uran-Radium-Reihe (ausgehend von ^{238}U), das Poloniumisotop ^{210}Po gehört also zu dieser Reihe.

b) Im Aufgabentext steht, dass Polonium 210 ein Alphastrahler ist. Damit ist die Zerfallgleichung klar:

$$^{210}_{84}Po \rightarrow {}^{4}_{2}He + {}^{206}_{82}Pb$$

Der Q-Wert der Reaktion ergibt sich zu:

$$\begin{aligned} Q &= (m_{^{210}Po} - m_{^{4}He} - m_{^{206}Pb}) \cdot c^2 \\ &= (209{,}98285 - 4{,}002603 - 205{,}974440) \cdot u \cdot c^2 \\ &= 0{,}005807 \cdot 931{,}5\ \text{MeV} \approx 5{,}41\ \text{MeV} \end{aligned}$$

c) Die Differenz von $5{,}41\ \text{MeV} - 5{,}30\ \text{MeV} = 0{,}11\ \text{MeV}$ verbleibt als Bewegungsenergie beim Bleiatom, da *beide* Reaktionsprodukte vom Ort der Reaktion wegfliegen (in entgegengesetzter Richtung).

d) In 1,0 g einer ^{210}Po-Probe sind

$$N_0 = \frac{0{,}0010\ \text{kg}}{210 \cdot 1{,}66 \cdot 10^{-27}\ \text{kg}} \approx 2{,}9 \cdot 10^{21}$$

Kerne enthalten, als anfängliche Aktivität ergibt sich also mit der angegebenen Halbwertszeit von 138 Tagen:

$$A_0 = \lambda \cdot N_0 = \frac{\ln 2}{T_{\frac{1}{2}}} \cdot N_0 \approx \frac{\ln 2}{138 \cdot 24 \cdot 3\,600\ \text{s}} \cdot 2{,}9 \cdot 10^{21} \approx 1{,}7 \cdot 10^{14}\ \text{Bq}$$

e) Die gerade berechnete Aktivität hat 1,0 g des Isotops ^{210}Po. Die angegebene Masse von nur 0,1 Millionstel Gramm hat dann die 0,1 Millionstel Aktivität, also etwa

$$1{,}7 \cdot 10^7\ \text{Bq} > 1{,}5 \cdot 10^7\ \text{Bq} = A_{\text{tödlich}}.$$

f) ^{210}Po ist ein reiner (aber sehr starker) Alphastrahler, als Schutz vor der schädlichen Strahlung genügt also bereits ein Blatt Papier bzw. einfache Gummihandschuhe. Wichtig ist bei Alphastrahlern die Vermeidung jeglicher Art der Inkorporation

g) Geht man bei einem Stecknadelkopf (vorsichtigerweise!) von einer Kugel mit 1 mm Durchmesser aus, dann beträgt das Volumen

$$V_{\text{Kugel}} = \frac{4}{3} r^3 \pi \approx 0{,}52\ \text{mm}^3 \approx 0{,}00052\ \text{cm}^3.$$

Die Masse an enthaltenem ^{210}Po ist bei einer Dichte von $\rho = 9{,}3\,\frac{g}{cm^3}$ somit etwa

$$9{,}3\,\frac{g}{cm^3} \cdot 0{,}00052\,cm^3 \approx 5\,mg \approx 50\,000 \cdot 0{,}1\,\mu g.$$

Die Größenangabe „Stecknadelkopf" ist also deutlich zu groß.

Alternativ können Sie natürlich auch das der Probenmasse entsprechende Volumen und daraus den Kugeldurchmesser d_{Kugel} berechnen. Diesen vergleichen Sie mit dem Durchmesser d_{Steck} eines Stecknadelkopfes: Sie erhalten $d_{Kugel} \approx 0{,}03\,mm \ll d_{Steck}$.

h) Mit dem in Teilaufgabe 1 b berechneten Q-Wert der Reaktion (5,41 MeV) und der Aktivität von 1,0 g des Polonium 210 ($A_0 \approx 1{,}7 \cdot 10^{14}$ Bq, vgl. Teilaufgabe 1 d) ergibt sich je Sekunde die freiwerdende Energie

$$E \approx 5{,}41 \cdot 10^6\,eV \cdot 1{,}6 \cdot 10^{-19}\,\frac{J}{eV} \cdot 1{,}7 \cdot 10^{14} \approx 0{,}15\,kJ,$$

als Leistung damit rund 0,15 kW in guter Übereinstimmung mit den angegebenen 140 W.

2. a) Die Reaktion geht von dem stabilen Wismut 209 aus, die Gleichung der ganzen Reaktion lautet:

$$^{209}_{83}Bi + {}^{1}_{0}n \rightarrow {}^{210}_{83}Bi \rightarrow {}^{210}_{84}Bi + {}^{-1}_{0}e + {}^{0}_{0}\overline{\nu}$$

b) Grundsätzlich ist der Betazerfall wegen des Antineutrinos ein Vorgang mit drei beteiligten Teilchen, bei dem (anders als beim Zweiteilchenzerfall) keine diskrete, eindeutige, sondern eine kontinuierliche Energie- und Impulsverteilung auf die Produkte erfolgt; die Betateilchen können daher beliebige Energien zwischen 0 J und einem Maximalwert annehmen. Den restlichen Anteil $E - E_\beta$ der gesamten Zerfallsenergie E führt das zugehörige Neutrino bzw. Antineutrino fort.
Der Alphazerfall ist dagegen ein typisches Zweikörperproblem mit diskreten Lösungen für Energie und Impuls.
Die Abbildung zeigt den qualitativen Verlauf der Energieverteilung des Betaspektrums.

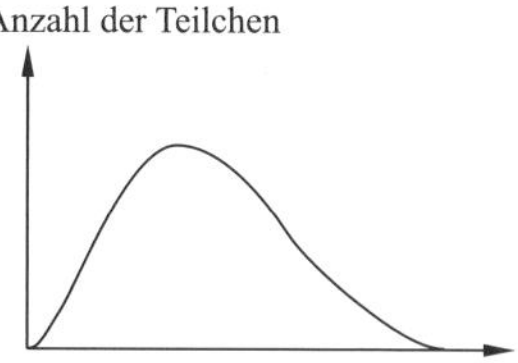

c) Bei der angegebenen Geschwindigkeit von bis zu 95 % der Lichtgeschwindigkeit ist eine relativistische Rechnung notwendig:

$$E = m \cdot c^2 = \frac{m_0 \cdot c^2}{\sqrt{1-\left(\frac{v}{c}\right)^2}} = \frac{0{,}511\,MeV}{\sqrt{1-0{,}95^2}} \approx 1{,}6\,MeV$$

d) Die angegebene Zeit von 15 Tagen sind gerade 3 Halbwertszeiten, also sind nach dieser Zeit noch

$$\left(\frac{1}{2}\right)^3 = \frac{1}{8} = 12{,}5\,\%$$

des Zwischenproduktes vorhanden, folglich sind die restlichen 87,5 % zerfallen.

e) Bei dieser Aufgabe wird von einer ^{209}Bi-Probe unter Neutronenbestrahlung ausgegangen, sodass zunächst kein ^{210}Po vorhanden ist und Graph a ausscheidet. Wegen der kurzen Halbwertszeit von 5 Tagen für das Zwischenprodukt und der vergleichsweise langen für das ^{210}Po (138 d) steigt die Konzentration des Polonium zunächst an (bis das Wismut aufgebraucht ist und kein neues ^{210}Po mehr entstehen kann) und sinkt dann wegen dem Eigenzerfall in der üblichen Weise ab, sodass Graph c (konstante ^{210}Po-Konzentration unmöglich!) und Graph d (Abfall nahezu linear statt exponentiell auf den Wert null) ausscheiden. Auch quantitativ passt der einzig verbleibende Graph b gut, denn nach etwa 20 Tagen ist praktisch das ganze ^{209}Bi zerfallen und die ^{210}Po-Konzentration maximal, etwa 138 Tage später hat sie sich ungefähr halbiert (das ist gerade eine Halbwertszeit des ^{210}Po).

Grundkurs Physik (Bayern): Abiturprüfung 2008 – Aufgabe V
Die Pluto-Mission *New Horizons*, Die Sonne

1. **Die Pluto-Mission *New Horizons***
Am 19. Januar 2006 startete die NASA-Sonde *New Horizons* zur Erforschung des Zwergplaneten Pluto aus nächster Nähe. Nach einem Swing-by-Manöver an Jupiter im Februar 2007 soll sie Pluto im Juli 2015 passieren. Dieses Rendezvous wird in einer Entfernung von 33 AE zur Sonne stattfinden.
   a) Berechnen Sie die minimale Entfernung Erde – Pluto.
   [zur Kontrolle: $r_{min} = 29$ AE] 4 BE
   b) Begründen Sie, dass mit dem Hubble-Teleskop, das eine Auflösung von 0,1" hat, keine Oberflächendetails von Pluto erkennbar sind. Berechnen Sie dazu den größten Winkel φ, unter dem Pluto von der Erde aus erscheint. 3 BE
   c) Welche Startgeschwindigkeit wäre nötig, um von einem Punkt der Erdbahn aus auf einer Hohmann-Ellipse zum Rendezvous mit Pluto im Juli 2015 zu gelangen? Wie lange würde in diesem Fall die Hinreise dauern? 9 BE
   d) Tatsächlich genügt eine deutlich kleinere Startgeschwindigkeit bezüglich der Erde als die in Teilaufgabe 1c berechnete. Erläutern Sie dies. 4 BE
   e) Berechnen Sie die Bestrahlungsstärke auf Pluto im Juli 2015. Welche Auswirkungen hat dieses Ergebnis auf die Energieversorgungssysteme der Sonde, die zum Betrieb mehr als 200 W benötigt? 5 BE
   f) Plutos Begleiter Charon hat ungefähr 12 % der Gesamtmasse des Systems Pluto-Charon. Beide umkreisen sich in 6,4 Tagen mit einem Mittelpunktsabstand von $d = 1{,}94 \cdot 10^4$ km. Berechnen Sie daraus die Masse Charons. 6 BE
   g) Im August 2006 strich die Internationale Astronomische Union Pluto aus der Liste der Planeten und ordnete ihn in die neue Klasse der Zwergplaneten ein. Geben Sie zwei physikalische Argumente an, die diese Einstufung plausibel machen. 4 BE

2. **Die Sonne**
Beobachtet man die Sonne durch ein geeignetes Filter, so erkennt man, dass sie nicht gleichmäßig hell ist.
   a) Beschreiben Sie die Granulation und erläutern Sie ihr Zustandekommen anhand des Aufbaus der Sonne. 5 BE

   Eine sehr auffällige Erscheinung der Sonnenoberfläche sind Sonnenflecken, die eine Temperatur von etwa $4{,}0 \cdot 10^3$ K besitzen. Zurzeit sind aber nur sehr selten größere Flecken auf der Sonne zu finden.
   b) Erklären Sie dies anhand der durch langjährige Beobachtungen festgestellten Gesetzmäßigkeit über die Häufigkeit von Sonnenflecken. 4 BE
   c) Erläutern Sie eine Besonderheit der Sonnenrotation, die man durch Beobachtung der Sonnenflecken entdeckt hat. 5 BE

   Im Folgenden soll die scheinbare Helligkeit eines Sonnenflecks von Erdgröße abgeschätzt werden.
   d) Berechnen Sie die Strahlungsleistung L_K einer Kugel mit Erdradius und einer Temperatur von $4{,}0 \cdot 10^3$ K. [zur Kontrolle: $L_K = 7{,}4 \cdot 10^{21}$ W] 4 BE
   e) Bestimmen Sie die scheinbare Helligkeit eines solchen Objekts in einer Entfernung von 1 AE. Vergleichen Sie diese mit der scheinbaren Helligkeit des Vollmondes ($m_{VM} = -12{,}5$). 7 BE

   60 BE

Tipps und Hinweise zur Lösung von Aufgabe V

Tipps zu Teilaufgabe 1 a

- Verwenden Sie Daten aus der Formelsammlung.
- Welche Stellung müssen Pluto zur Sonne bzw. Pluto zur Erde haben, damit der Abstand Pluto–Erde möglichst klein ist?

Tipps zu Teilaufgabe 1 b

- Welche Beziehung kennen Sie zwischen Mittelpunktswinkel und zugehörigem Bogen?
- Ordnen Sie die gegebenen Größen entsprechend zu. In welcher Größenordnung liegt die berechnete Auflösung?

Tipps zu Teilaufgabe 1 c

- Wie sieht eine Hohmannbahn aus? Fertigen Sie eine Skizze an.
- Wie berechnet man demnach die Daten (a, T) der Hohmannbahn? Berücksichtigen Sie die Textinformationen zur Entfernung Plutos von der Sonne beim Rendezvous.
- Wie berechnet man die Bahngeschwindigkeit eines Körpers auf einer Ellipsenbahn? Beachten Sie: Man möchte nur zum Pluto reisen – nicht gleich wieder zurück!

Tipp zu Teilaufgabe 1 d

- Überlegen Sie: Bezüglich welchen Körpers muss die in 1 c berechnete Geschwindigkeit erreicht werden?

Tipps zu Teilaufgabe 1 e

- Welche Größen legen die Bestrahlungsstärke fest?
- Was gilt für die Bestrahlungsstärke auf der Erde?
- Überlegen Sie, welche Energieversorgungssysteme für eine solche Sonde in Betracht kommen.

Tipps zu Teilaufgabe 1 f

- Wie berechnet man die Gesamtmasse eines Systems aus zwei massegleichen Himmelskörpern? (Vergleichen Sie den berechneten Wert mit demjenigen aus der Formelsammlung.)

Tipp zu Teilaufgabe 1 g

- Beachten Sie die verschiedenen Daten für Pluto aus der Formelsammlung und der berechneten im Vergleich zu Planeten. Erinnern Sie sich an Zeitungsberichte über Sedna bzw. Eris?

Tipp zu Teilaufgabe 2 a

- Wie sieht die Sonnenoberfläche aus? Mit welchem wichtigen Phänomen steht dieses Aussehen im Zusammenhang?

Tipp zu Teilaufgabe 2 b

- Denken Sie an die langfristigen Sonnenfleckendiagramme.

Tipp zu Teilaufgabe 2 c

- Rotiert die Sonne auf die gleiche Weise wie ein Ball oder die Erde (ein starrer Körper)?

Tipp zu Teilaufgabe 2 d

- Denken Sie an die Strahlungsgesetze.

Tipp zu Teilaufgabe 2 e

- Wie berechnet man scheinbare Helligkeiten (Formel aus dem Kurshalbjahr 13/2)?

Lösung zu Aufgabe V

1. **Die Pluto-Mission *New Horizons***

Hintergrundinformation: Planet Pluto ist von der Erde soweit entfernt, dass kein Teleskop von der Erde aus Einzelheiten auf der Plutooberfläche auflösen kann (vgl. Teilaufgabe b). Nur durch eine Sonde ist eine genauere Erforschung des Planeten möglich. Deshalb hat man im Januar 2006 die Sonde *New Horizons* auf den Weg zu Pluto geschickt. Mit zum Projekt gehören z. B. die Erforschung ev. vorhandenen Magnetfelder, die Untersuchung des geologischen Aufbaus und eine Kartierung des Kleinplaneten. Schon im Jahr 2005 hat man bei Pluto zwei weitere kleine Monde Hydra und Nix entdeckt. Wenn möglich soll die Sonde anschließend auch noch andere Objekte des Kuipergürtels untersuchen.

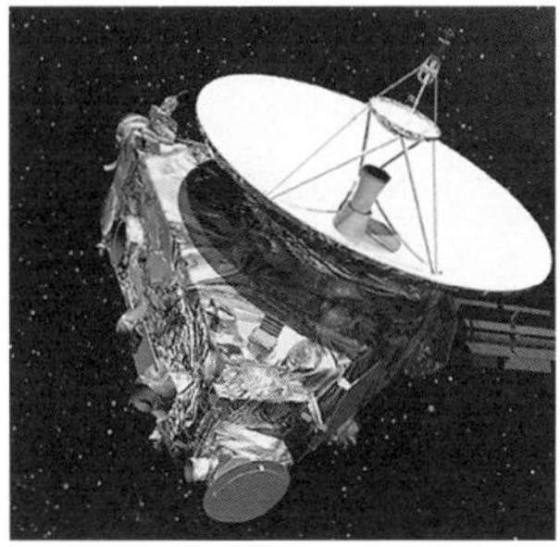

Abb. 1: New Horizons
Quelle: commons.wikimedia.org

a) Aus der Formelsammlung (Tabellen, Astronomische Daten) entnimmt man für den Pluto: r = 39,8 AE und $\varepsilon = 0{,}25$. Damit kann man die Perihelentfernung r_p vom Pluto berechnen:

$$r_p = r \cdot (1-\varepsilon) = 39{,}8\ \text{AE} \cdot (1-0{,}25) = 30\ \text{AE}$$

Die minimale Entfernung Pluto–Erde liegt dann vor, wenn sich Pluto im Perihel befindet und von der Erde aus gesehen in Opposition steht. Sie berechnet sich zu:

$$r_{min} = r_p - 1\ \text{AE} = 29\ \text{AE}$$

b) Den Durchmesser d von Pluto bestimmt man mithilfe der Formelsammlung zu $d = 0{,}18 \cdot d_E$, wobei d_E der Durchmesser der Erde ist: $d = 0{,}18 \cdot 2 \cdot 6\,368\ \text{km} = 2\,292\ \text{km}$. Mit der Formel

$$\frac{\varphi}{360^\circ} = \frac{d}{2\pi \cdot r},$$

worin r die in Teilaufgabe a berechnete Entfernung r_{min} ist, erhält man:

$$\varphi = \frac{d \cdot 360^\circ}{2\pi \cdot r_{min}} = \frac{2\,292\ \text{km} \cdot 360 \cdot 3\,600''}{2\pi \cdot 29 \cdot 1{,}5 \cdot 10^{11}\ \text{km}} = 0{,}11''$$

Da die Größenordnung des scheinbaren Durchmesser in derjenigen der Auflösung des Hubble-Teleskops liegt, kann man auf der Oberfläche keine Details erkennen (siehe Abbildung 2).

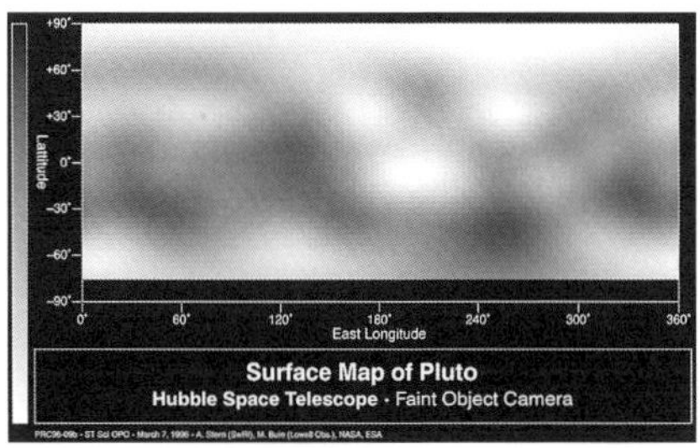

Abb. 2: Ein „Oberflächenbild“ von Pluto, aufgenommen mit dem Hubble-Teleskop
Quelle: Hubble Space Telescope (HST)

c) Die Ellipse einer Hohmannbahn von der Erde zum Pluto hat ihr Perihel bei der Erde und ihr Aphel beim Pluto. Damit bestimmt man die große Halbachse der Bahn zu:

$$a_H = \frac{1}{2} \cdot (33\ \text{AE} + 1\ \text{AE}) = 17\ \text{AE}$$

Beachten Sie die Angabe der Rendezvousentfernung von 33 AE im Eingangstext der Aufgabe!

Mit der Formel für die Bahngeschwindigkeit eines Planeten berechnet sich dann die Bahngeschwindigkeit im Perihel (Startpunkt Erde) zu:

$$v = \sqrt{G \cdot M_\odot \cdot \left(\frac{2}{1\ \text{AE}} - \frac{1}{17\ \text{AE}} \right)} =$$

$$= \sqrt{6{,}67 \cdot 10^{-11}\ \text{m}^3\text{kg}^{-1}\text{s}^{-2} \cdot 2{,}0 \cdot 10^{30}\ \text{kg} \cdot \left(\frac{2}{1{,}5 \cdot 10^{11}\ \text{m}} - \frac{1}{17 \cdot 1{,}5 \cdot 10^{11}\ \text{m}} \right)} =$$

$$= 42\ \frac{\text{km}}{\text{s}}$$

Die Dauer der Hinreise entspricht der halben Umlaufzeit der Hohmann-Ellipse, die man über das 3. Kepler'sche Gesetz erhält:

$$\frac{T_E^2}{(1\text{a})^2} = \left(\frac{a_H}{1\ \text{AE}} \right)^3 \quad \Rightarrow \quad T_H = \sqrt{17^3}\ \text{a} = 70\ \text{a}$$

Der Flug dauert also 35 Jahre.

d) Da sich die Erde mit einer Geschwindigkeit von ca. 30 $\frac{\text{km}}{\text{s}}$ auf ihrer Bahn bewegt, kann die Sonde beim Start (entspricht Perihel der Hohmannbahn) mit einer entsprechend niedrigeren Geschwindigkeit (mit ca. 12 $\frac{\text{km}}{\text{s}}$) in Bewegungsrichtung der Erde starten. Wichtig ist, dass die Sonde in Bezug auf die Sonne eine Geschwindigkeit von rund 42 $\frac{\text{km}}{\text{s}}$ erreicht.

e) Die Bestrahlungsstärke berechnet sich allgemein mit der Gleichung

$$S = \frac{L}{4\pi r^2}.$$

Setzt man die Bestrahlungsstärke bei Pluto zu der bei der Erde (Solarkonstante) ins Verhältnis, so erhält man:

$$\left.\begin{aligned} S_P &= \frac{L}{4\pi r_P^2} \\ S_E &= \frac{L}{4\pi r_E^2} \end{aligned}\right\} \Rightarrow \frac{S_P}{S_E} = \left(\frac{r_E}{r_P} \right)^2 = \left(\frac{1}{33} \right)^2$$

$$\Rightarrow S_P = \left(\frac{1}{33} \right)^2 \cdot 1{,}36\ \frac{\text{kW}}{\text{m}^2} = 1{,}25\ \frac{\text{W}}{\text{m}^2}$$

Wenn man mehr als 200 Watt für den Betrieb der Sonde benötigt, müsste man die Sonde mit einer Fläche von Solarzellen von mindestens $\frac{200\ \text{W}}{1{,}25\ \text{W}}\ \text{m}^2 = 160\ \text{m}^2$ ausrüsten. Da diese Größenordnung nicht durchführbar ist, hat man die Sonde mit einem Kernreaktor bestückt.

f) Die Gesamtmasse des Systems kann man bei bekannter Umlaufdauer (T = 6,4 d) und dem Abstand der beiden Körper ($r = 1{,}94 \cdot 10^4$ km) mithilfe des 3. Keplerschen Gesetzes berechnen:

$$\frac{T^2}{r^3} = \frac{4\pi^2}{G \cdot m_{gesamt}}$$

Aufgelöst nach m_{gesamt} folgt:

$$m_{gesamt} = \frac{4\pi^2 \cdot (1{,}94 \cdot 10^7 \text{ m})^3}{(6{,}4 \cdot 24 \cdot 3\,600 \text{ s})^2 \cdot 6{,}67 \cdot 10^{-11} \text{ m}^3\text{kg}^{-1}\text{s}^{-2}} = 1{,}4 \cdot 10^{22} \text{ kg}$$

Auf Charon entfällt dann eine Masse von $m_{Charon} = 0{,}12 \cdot m_{gesamt} = 1{,}7 \cdot 10^{21}$ kg.

g) Möglich sind u. a. folgende Gründe:
- In den letzten Jahren wurden mehrere vergleichbare Objekte im Sonnensystem entdeckt wie z. B. Quaoar, Sedna und Eris (größer als Pluto!).
- Pluto kann ähnlich wie diese Objekte seine Umlaufbahn nicht durch gravitative Wirkung von anderen Kleinobjekten säubern.
- Das System Pluto Charon wird nicht von Pluto beherrscht, d. h. die Massenverteilung ist nicht dominant zugunsten von Pluto.
- Seine Bahn ist wesentlich stärker zur Ekliptik geneigt als bei den anderen Planeten.
- Seine Bahn ist wesentlich exzentrischer (ähnlich wie bei den anderen oben genannten Objekten).
- Sein Radius ist in der Größenordnung der anderen entdeckten Kleinplaneten – und damit deutlich kleiner als bei den herkömmlichen Planeten.

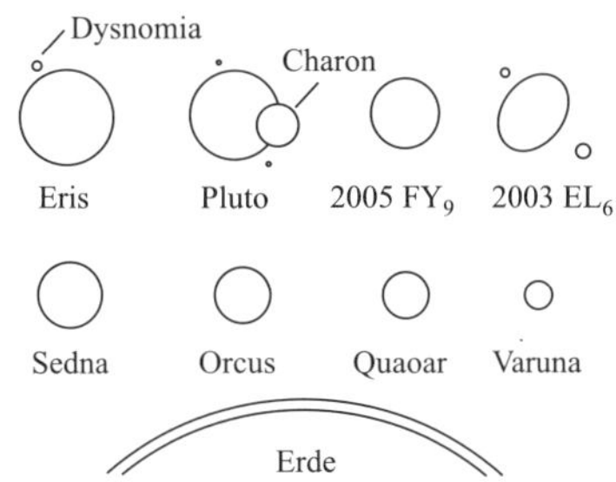

Abb. 3: Größenverhältnisse

2. Die Sonne

a) Als **Granulation** bezeichnet man die körnige Struktur der Sonnenoberfläche. Man kann in Abbildung 4 viele kleine „Körner" – die Granulen – mit dunklen Abgrenzungsrändern erkennen. Granulen haben eine Ausdehnung von bis zu 1 000 km und existieren nur für wenige Minuten. Die Granulation beruht auf der Wärmekonvektion (Energietransport aus dem Sonneninneren in den obersten Sonnenschichten): Heißes und damit hell leuchtendes Material steigt auf und kommt an die Sonnenoberfläche, erkaltet und sinkt am Rand entsprechend weniger leuchtkräftig wieder ab (vgl. Vorgänge in einem Kochtopf mit Wasser oder Öl). Im Inneren der Sonne erfolgt der Energietransport hingegen durch Strahlung.

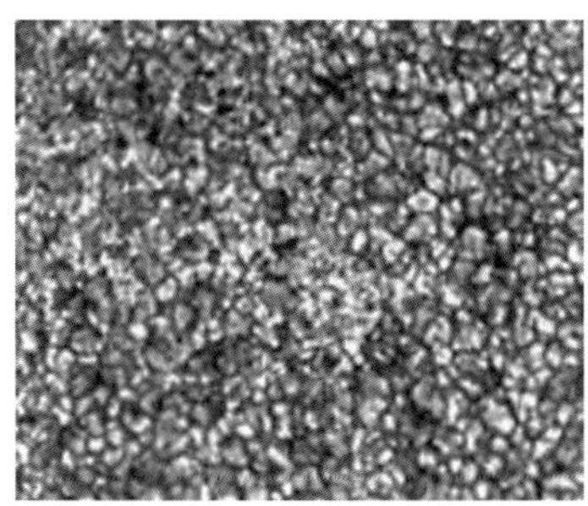
Abb. 4: Granulation
Quelle: commons.wikimedia.org

b) Die Anzahl der Sonnenflecken unterliegt einem 11-jährigen Zyklus mit Maxima und Minima – entdeckt von Samuel Schwabe (1789–1875). Zurzeit befindet sich die Sonne im Sonnenfleckenminimum (Abbildung 5) und zeigt damit nur sehr wenige Sonnenflecken, die in den mittleren nördlichen oder südlichen Breiten auftreten.

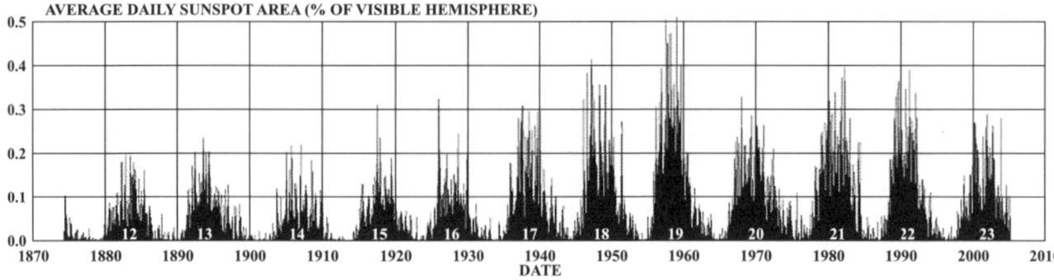

Abb. 5: Verlauf der Sonnenfleckenrelativzahl Quelle: commons.wikimedia.org

c) Durch die Beobachtung der Bewegung der Sonnenflecken auf der Sonnenscheibe hat man erkannt, dass die Sonne nicht wie ein Festkörper um die eigene Achse rotiert, sondern eine **differenzielle Rotation** ausführt. Das bedeutet, das die Sonnenrotation am Äquator schneller (Dauer ca. 24 Tage) erfolgt als an den Polen (Dauer ca. 31 Tage).

d) Die Strahlungsleistung lässt sich mit dem Gesetz von Stefan und Boltzmann berechnen:

$$L = \sigma \cdot 4\pi R^2 \cdot T^4 =$$

$$= 5{,}67 \cdot 10^{-8}\ \mathrm{Wm^{-2}K^{-4}} \cdot 4\pi \cdot (6\,368 \cdot 10^3\ \mathrm{m})^2 \cdot (4 \cdot 10^3\,\mathrm{K})^4 = 7{,}4 \cdot 10^{21}\ \mathrm{W}$$

e) Man verwendet wieder die Formel für die Solarkonstante, ersetzt aber die Leuchtkraft der Sonne durch die eben berechnete eines Sonnenflecks:

$$S = \frac{L}{4\pi r^2} = \frac{7{,}4 \cdot 10^{21}\ \mathrm{W}}{4\pi \cdot (1{,}5 \cdot 10^{11}\ \mathrm{m})^2}$$

$$= 0{,}026\ \frac{\mathrm{W}}{\mathrm{m^2}}$$

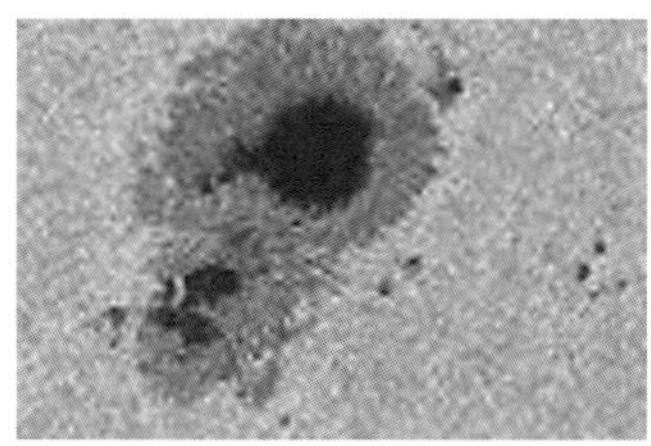

Abb. 6: Sonnenoberfläche mit Sonnenfleck
Quelle: nssdc.gsfc.nasa.gov

Zum Berechnen der scheinbaren Helligkeit des Fleckes dient die aus dem Kurshalbjahr 13/2 bekannte Gleichung:

$$m_1 - m_2 = -2{,}5 \cdot \lg\left(\frac{E_1}{E_2}\right)$$

Mit $m = m_1$ und $m_\odot = m_2$ folgt:

$$m = m_\odot - 2{,}5 \cdot \lg\left(\frac{S}{S_\odot}\right) = -26{,}8 - 2{,}5 \cdot \lg\left(\frac{0{,}026}{1\,360}\right) = -15$$

Damit ist der Sonnenfleck um 2,5 Größenklassen heller als der Vollmond.

Grundkurs Physik (Bayern): Abiturprüfung 2008 – Aufgabe VI
Der Stern Polaris, Die Andromeda-Galaxie

1. **Der Stern Polaris**

Das Sternbild Kleiner Bär (Ursa Minor, UMi) wurde angeblich vom griechischen Gelehrten Thales eingeführt. Polaris (α UMi) ist der hellste Stern in diesem Sternbild. Wegen seiner unmittelbaren Nähe zum Himmelsnordpol ist dieser Stern ein markanter Orientierungspunkt am Himmel.

Angaben zu Polaris:
Mittlere scheinbare Helligkeit: 2,0
Entfernung: 132 pc
Oberflächentemperatur: $7{,}0 \cdot 10^3$ K

a) Erläutern Sie ein fotografisches Verfahren, mit dem sich belegen lässt, dass Polaris sehr nahe am Himmelsnordpol steht. 4 BE

b) Erläutern Sie, wie sich für einen Beobachter aus der Lage von Polaris die geografische Breite des Beobachtungsortes ergibt. 3 BE

c) Ermitteln Sie die mittlere absolute Helligkeit dieses Sterns sowie die Leuchtkraft im Vergleich zur Sonne.
[zur Kontrolle: $L_{Polaris} = 2{,}3 \cdot 10^3\ L_{\odot}$] 6 BE

d) Überprüfen Sie, ob sich die Entfernung von Polaris durch Beobachtung der trigonometrischen Parallaxe bestimmen lässt, wenn man von einem maximalen Auflösungsvermögen von 0,01" ausgeht. 4 BE

e) Berechnen Sie den Radius von Polaris im Vergleich zur Sonne. 5 BE

f) Polaris ist ein δ-Cephei-Stern (Cepheide). Beschreiben Sie das Entwicklungsstadium, in dem sich Polaris befindet. Worin unterscheidet sich dieser Stern im inneren Aufbau von der Sonne? 6 BE

2. **Die Andromeda-Galaxie**

Die Andromeda-Galaxie ist eine Scheibengalaxie, die der Milchstraße ähnlich ist. Für die folgenden Überlegungen soll von einer kreisförmigen Scheibe ausgegangen werden. Zusätzlich darf stark vereinfachend angenommen werden, dass die Blickrichtung zur Andromeda-Galaxie in der Scheibenebene liegt und dass die Erde relativ zum Zentrum der Milchstraße ruht.

Die Helligkeitsschwankungen eines bestimmten δ-Cephei-Sterns in der Andromeda-Galaxie besitzen eine Periodendauer von 39 Tagen. Die mittlere scheinbare Helligkeit dieses Sterns beträgt 18,7.

a) Ermitteln Sie die Entfernung r der Andromeda-Galaxie von unserem Sonnensystem in Lichtjahren.
[zur Kontrolle: $r = 2{,}5 \cdot 10^6$ Lj] 6 BE

Die Laborwellenlänge der H_α-Linie von Wasserstoff beträgt 656,47 nm. Für denjenigen Rand der Andromeda-Galaxie, der sich aufgrund der Scheibenrotation auf die Erde zu bewegt, ermittelt man für die H_α-Linie eine Wellenlänge von 655,68 nm. Für den anderen Rand, der sich von der Erde weg bewegt, ergeben sich 656,65 nm.

b) Untersuchen Sie, ob sich die Andromeda-Galaxie insgesamt auf die Milchstraße zu oder von ihr weg bewegt. Berechnen Sie den Geschwindigkeitsbetrag v dieser Gesamtbewegung.
[zur Kontrolle: $v = 1{,}4 \cdot 10^2\ \frac{km}{s}$] 7 BE

Ein Stern X im Randbereich der Andromeda-Galaxie ist $1{,}1 \cdot 10^5$ Lj vom Zentrum der Galaxie entfernt.

c) Berechnen Sie den Winkel, unter dem ein Beobachter von der Erde aus die Galaxienscheibe sieht. Vergleichen Sie diesen Winkel mit dem Winkeldurchmesser des Mondes. 4 BE

d) Zeigen Sie, dass der Stern X für einen vollen Umlauf um das Zentrum der Galaxie auf einer kreisförmigen Bahn $9{,}4 \cdot 10^8$ Jahre braucht. 5 BE

e) Schätzen Sie durch eine Rechnung die Gesamtmasse der Andromeda-Galaxie ab und geben Sie diese in Vielfachen der Sonnenmasse an. 6 BE

f) Geben Sie an, nach welcher Gesetzmäßigkeit sich weit entfernte Galaxien relativ zur Milchstraße bewegen, und begründen Sie, warum die Andromeda-Galaxie ein anderes Verhalten zeigt. 4 BE

60 BE

Tipps und Hinweise zur Lösung von Aufgabe VI

Tipps zu Teilaufgabe 1 a

- Denken Sie an verschiedene Aufnahmen des Himmels.
- Wie sehen Aufnahmen aus, die mit bzw. ohne Nachführung gemacht wurden?

Tipps zu Teilaufgabe 1 b

- Machen Sie sich anhand einer Zeichnung die Lage der beiden Winkel klar.
- Denken sie auch an die Montierung eines Fernrohres.

Tipp zu Teilaufgabe 1 c

- Wie hängen die gegebenen Größen m und r zusammen?

Tipp zu Teilaufgabe 1 d

- Verwenden Sie für die Abschätzung die Parallaxenformel.

Tipp zu Teilaufgabe 1 e

- Wie hängt der Radius des Sternes von seiner Temperatur ab?

Tipps zu Teilaufgabe 1 f

- Wo sind die Cepheiden im Hertzsprung-Russell-Diagramm zu finden?
- Um welche Art von Sternen handelt es sich demnach?
- Was läuft im Inneren eines solchen Sternes im Vergleich zu Sonne ab?

Tipp zu Teilaufgabe 2 a

- Welcher Zusammenhang besteht zwischen der Periodendauer eines Cepheiden und seiner scheinbaren bzw. absoluten Helligkeit?

Tipps zu Teilaufgabe 2 b

- Berücksichtigen Sie den Dopplereffekt.
- Hier überlagern sich Rotationsgeschwindigkeit und Radialgeschwindigkeit!
- Um eine genaue Vorstellung über die einzelnen Geschwindigkeiten zu bekommen, empfiehlt es sich, eine Skizze anzufertigen.

Tipp zu Teilaufgabe 2 c

- Wie berechnet man scheinbare Durchmesser? Nicht vergessen: In der Gleichung erscheint der Durchmesser.

Tipp zu Teilaufgabe 2 d

- Berechnen Sie eine Kreisbahngeschwindigkeit.

Tipp zu Teilaufgabe 2 e

- Welcher Ansatz hilft bei Massenberechnungen im Universum?

Tipp zu Teilaufgabe 2 f

- Denken Sie an die Galaxienflucht und das Hubble-Gesetz.

Lösung zu Aufgabe VI

1. **Der Stern Polaris**
   Gegeben sind die Größen m = 2,0; r = 132 pc und T = 7 000 K.

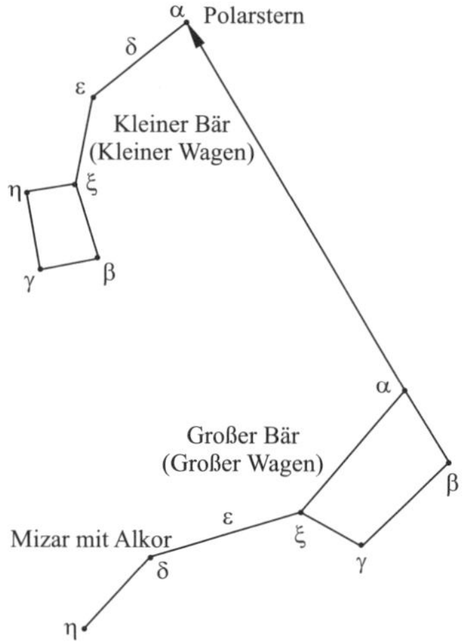

Abb. 1: Lage von Polaris am Himmel
Quelle: commons.wikimedia.org

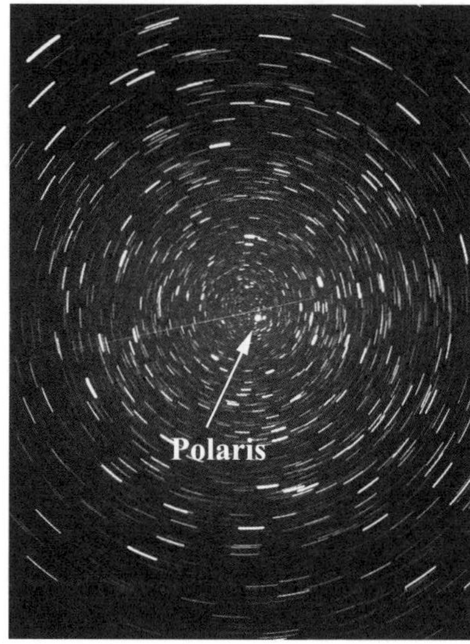

Abb. 2: Bild der Sternspuren um Polaris

a) Mit einer geeigneten Kamera, die in Richtung Himmelsnordpol ausgerichtet ist, wird eine länger belichtete Aufnahme (1,5 Stunden und länger!) ohne Nachführung gefertigt. Von Polaris entsteht ein hellerer Lichtfleck auf der Fotoplatte, während die anderen Sterne Kreisbögen um Polaris beschreiben (siehe Abbildung 2).

b) Abbildung 3 zeigt die Situation an der projizierten Himmelskugel:
   Z: Zenit;
   N_2: Nadir;
   N: Himmelsnordpol;
   HÄ: Himmelsäquator;
   h: Horizont

   Die Polhöhe (Winkel φ: Winkel zwischen dem Horizont und der Polachse) und der Winkel der geographischen Breite (Φ: Winkel zwischen dem Himmelsäquator und der Zenitlinie) sind als Winkel zwischen zwei paarweise zueinander senkrecht stehenden Geraden ($ZN_2 \perp h$ und HÄ $\perp$ NS) gleich. Damit lässt sich aufgrund der Lage von Polaris bei N unmittelbar die geografische Breite Φ angeben.

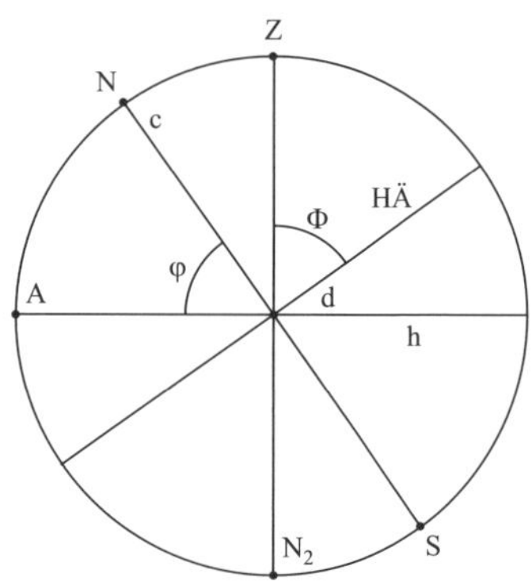

Abb. 3: Beziehung Polhöhe – geografische Breite

c) Die absolute Helligkeit berechnet sich aus der scheinbaren mithilfe des Entfernungsmoduls:

$$m - M = 5 \cdot \lg \frac{r}{10\ \text{pc}} \Leftrightarrow m - M = 5 \cdot \lg 13{,}2 = 5{,}6 \Leftrightarrow 2{,}0 - M = 5{,}6$$
$$\Leftrightarrow M = -3{,}6$$

Die relative Leuchtkraft erhält man zu:

$$L^* = \frac{L}{L_\odot} = q^{M_\odot - M} = 2{,}512^{4{,}8 + 3{,}6} = 2{,}3 \cdot 10^3$$

d) Mit irdischen Teleskopen kann man Parallaxen von bis zu 0,01" auflösen. Nach der Parallaxenformel

$$\frac{r}{1\ \text{pc}} = \frac{1''}{p} = \frac{1''}{0{,}01''} = 100$$

funktioniert die Methode für Entfernungen bis maximal 100 pc. Da Polaris 132 pc entfernt ist, kann seine Entfernung nicht mit dieser Methode bestimmt werden.

e) Zur Berechnung des Radius verwendet man das Gesetz von Stefan und Boltzmann, angewandt auf Polaris und Sonne. Der Quotient der beiden Gleichungen führt dann zu $R^* = \frac{R_P}{R_\odot}$:

$$\left.\begin{aligned} L_P &= \sigma \cdot 4\pi \cdot R_P^2 \cdot T_P^4 \\ L_\odot &= \sigma \cdot 4\pi \cdot R_\odot^2 \cdot T_\odot^4 \end{aligned}\right\} \Rightarrow L^* = \frac{L_P}{L_\odot} = (R^*)^2 \cdot \left(\frac{T_P}{T_\odot}\right)^4$$

Auflösen nach R^* liefert mit dem Ergebnis aus Teilaufgabe 2 c:

$$R^* = \sqrt{L^*} \cdot \left(\frac{T_\odot}{T_P}\right)^2 = \sqrt{2{,}3 \cdot 10^3} \cdot \left(\frac{5\,800}{7\,000}\right)^2 = 33$$

f) Polaris ist ein **pulsierender Riesenstern** (Lage: oberhalb der Hauptreihe im HRD). Es handelt sich dabei um veränderliche Sterne, die ihre Leuchtkraft streng periodisch verändern. Dabei verändert sich auch ihre Oberflächentemperatur und der Radius, und damit ihre Spektralklasse. In seinem Inneren erzeugt er bereits durch Fusion schwerere Elemente wie Sauerstoff, Stickstoff bis maximal hin zu Eisen. Der Kern baut sich schalenförmig aus den einzelnen Fusionszonen auf – während im Kern der Sonne nur eine Brennzone existiert, in der Wasserstoff zu Helium fusioniert wird. Da die Sternhülle für die extreme Strahlung aus dem Inneren nicht durchsichtig ist, wird sie durch Absorption aufgeheizt. Infolge der ansteigenden Temperatur sinkt die Absorptionsfähigkeit, dadurch nimmt der Druck und die Temperatur wieder ab. Der Stern zieht sich aufgrund seiner eigenen Gravitation wieder zusammen.

2. **Die Andromeda-Galaxie**

Gegeben sind Periodendauer $p = 39$ d eines Cepheiden und die mittlere scheinbare Helligkeit $m = 18{,}7$.

a) Die mittlere absolute Helligkeit des Sternes kann mittels der folgenden (von Henrietta Swan-Leavitt im Jahr 1912 gefundenen) Beziehung ermittelt werden:

$$M = -1{,}67 - 2{,}54 \lg p = M = -1{,}67 - 2{,}54 \lg 39 = -5{,}7$$

Die Entfernung zur Andromeda-Galaxie erhält man daraus mithilfe des Entfernungsmoduls:

$$m - M = 5 \cdot \lg \frac{r}{10\ pc}$$

Mit $m - M = 18,7 + 5,7 = 24,4$ folgt:

$$24,4 = 5 \cdot \lg \frac{r}{10\ pc}$$

$$4,88 = \lg \frac{r}{10\ pc}$$

Abb. 4: Andromeda-Galaxie
Quelle: commons.wikimedia.org

Nach Umstellen und Umrechnung von pc in ly mithilfe des Faktors 3,26 ergibt sich:

$$r = 10^{4,88} \cdot 10\ pc = 7,6 \cdot 10^5\ pc = 2,5 \cdot 10^6\ ly$$

b) Gegeben sind die Wellenlängen $\lambda = 656,47$ nm, $\lambda_{zu} = 655,68$ nm, $\lambda_{weg} = 656,65$ nm. Für die Differenzen

$$\Delta\lambda_{zu} = 655,68\ nm - 656,47\ nm = -0,79\ nm \quad \text{und}$$

$$\Delta\lambda_{weg} = 656,65\ nm - 656,47\ nm = 0,18\ nm$$

ist der **Dopplereffekt** verantwortlich. Hierfür gilt die Gleichung

$$\frac{\Delta\lambda}{\lambda} = \frac{v}{c} \quad \Leftrightarrow \quad v = \frac{\Delta\lambda}{\lambda} \cdot c,$$

sodass folgt:

$$v_{zu} = \frac{-0,79}{656,47} \cdot 3 \cdot 10^5\ \frac{km}{s} = -360\ \frac{km}{s} \quad \text{und}$$

$$v_{weg} = \frac{0,18}{656,47} \cdot 3 \cdot 10^5\ \frac{km}{s} = 82\ \frac{km}{s}$$

Das bedeutet: Die Geschwindigkeit auf uns zu ist größer als die von uns weg. Daher muss sich der **Rotationsgeschwindigkeit v** eine **Radialgeschwindigkeit u** in Richtung unserer Galaxie **überlagern**.

Mithilfe einer Skizze lässt sich die Situation analysieren (Abbildung 5). Ihr lassen sich die folgenden Beziehungen entnehmen, wobei $u < 0$ gilt, da der Gesamteffekt eine Bewegung auf uns zu darstellt:

$$-v + u = -360\ \frac{km}{s}$$

$$v + u = 82\ \frac{km}{s}$$

Addieren beider Gleichungen ergibt:

$$2u = -278\ \frac{km}{s}$$

$$\Leftrightarrow \quad u = -139\ \frac{km}{s} = 1,4 \cdot 10^2\ \frac{km}{s}$$

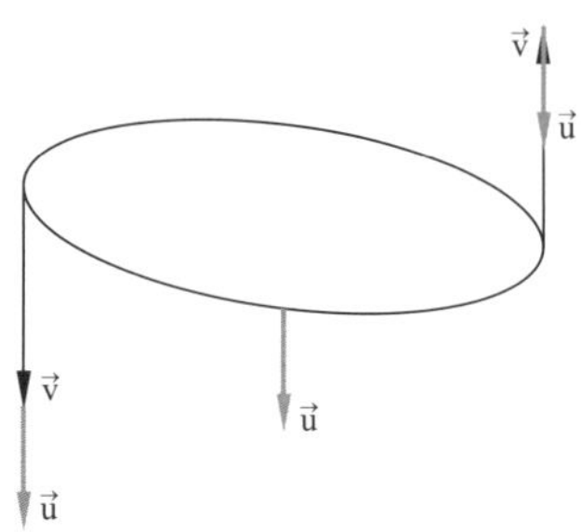

Abb. 5: Überlagerung von Rotations- und Radialgeschwindigkeit

Ergebnis: Die Andromeda Galaxie bewegt sich mit $140\ \frac{km}{s}$ auf unsere Galaxie zu.

Die Rotationsgeschwindigkeit berechnet sich damit zu

$$v = 82\,\frac{km}{s} + 139\,\frac{km}{s} \approx 220\,\frac{km}{s}.$$

Nach der Rotationsgeschwindigkeit ist hier zwar nicht explizit gefragt, Sie benötigen sie aber zur Lösung von Teilaufgabe 2 d.

c) Der Abstand des Zentrums der Andromeda-Galaxie vom Rand beträgt $1{,}1 \cdot 10^5$ ly. Mit der Gleichung

$$\frac{\varphi}{360°} = \frac{d}{2\pi \cdot r}$$

und dem Ergebnis aus Teilaufgabe a erhält man:

$$\varphi = \frac{d \cdot 360°}{2\pi \cdot r} = \frac{2 \cdot 1{,}1 \cdot 10^5 \cdot 360°}{2\pi \cdot 2{,}5 \cdot 10^6\ ly} = 5°$$

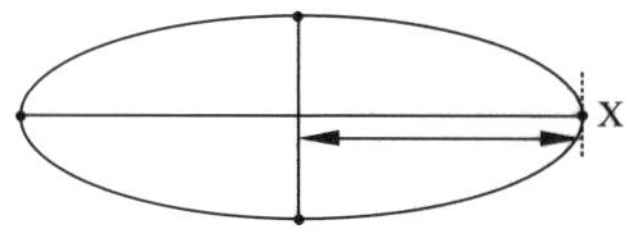

Abb. 6: Lage des Sterns X

Aus dem Unterricht weiß man, dass der scheinbare Durchmesser des Mondes rund $30' = 0{,}5°$ beträgt – somit hat die Andromeda-Galaxie einen 10-mal so großen scheinbaren Durchmesser wie der Vollmond!

d) Die Umlaufdauer des Sterns X beträgt bei Annahme einer kreisförmigen Bahn

$$T = \frac{2\pi r}{v_X}.$$

Dabei ist Geschwindigkeit des Sterns aus Teilaufgabe b bekannt, $v_X = 220\,\frac{km}{s}$. Mit $1\ ly = 9{,}46 \cdot 10^{15}$ m (Formelsammlung) folgt:

$$T = \frac{2\pi \cdot 1{,}1 \cdot 10^5 \cdot 9{,}46 \cdot 10^{15}\ m}{220 \cdot 10^3\ \frac{m}{s}} = 2{,}97 \cdot 10^{16}\ s = 9{,}4 \cdot 10^8\ a$$

e) Die Berechnung der Gesamtmasse einer Galaxie über einen Stern am Rande der Galaxie erfolgt über den Ansatz $F_{Grav} = F_Z$:

$$\frac{G \cdot M_A \cdot m_X}{r_X^2} = \frac{m_X \cdot v_X^2}{r_X} \quad \Rightarrow \quad M_A = \frac{v_X^2 \cdot r_X}{G} \qquad (I)$$

Der gleiche Ansatz für die Sonne und die Erde liefert:

$$M_\odot = \frac{v_{Erde}^2 \cdot 1\ AE}{G} \qquad (II)$$

Mit $r_X = 1{,}1 \cdot 10^5$ ly $= 6{,}96 \cdot 10^9$ AE (Formelsammlung) und $v_{Erde} = 30\,\frac{km}{s}$ erhält man nach Division (I) : (II) der beiden Gleichungen:

$$\frac{M_A}{M_\odot} = \left(\frac{v_X}{v_{Erde}}\right)^2 \cdot \frac{r_X}{1\ AE} = \left(\frac{220}{30}\right)^2 \cdot 6{,}96 \cdot 10^9 = 3{,}8 \cdot 10^{11}$$

Natürlich kann man auch in Gleichung I direkt einsetzen, mit kg, m und s rechnen und abschließend die Masse in kg in Sonnenmassen umrechnen.

f) Im Allgemeinen entfernen sich die Galaxien aufgrund des Hubble-Effektes voneinander (Expansion des Universums). Die Andromeda-Galaxie gehört zusammen mit anderen Kleingalaxien zur **lokalen Gruppe**: Sie sind gravitativ aneinander gebunden und ziehen sich somit gegenseitig an.

Grundkurs Physik (Bayern): Abiturprüfung 2009 – Aufgabe I
Globaler elektrischer Kreislauf in der Atmosphäre, Induktion (langgestreckte Spule)

1. **Globaler elektrischer Kreislauf in der Atmosphäre**

Man stellt sich vor, dass in der Atmosphäre ein globaler elektrischer Kreislauf existiert. Die Ladungstrennung in den Wolken bildet die „Batterie" dieses Stromkreises. Durch diese Ladungstrennung wird die sogenannte mittlere Atmosphäre, eine Schicht in rund 40 km Höhe, positiv aufgeladen, sodass zwischen mittlerer Atmosphäre und Erdboden eine Spannung von $U = 400$ kV herrscht. Sowohl die mittlere Atmosphäre als auch der Erdboden können als leitend angesehen werden. In Schönwetterregionen bilden positive geladene Ionen einen ständigen Stromfluss von der Atmosphäre zum Erdboden, in Gewitterregionen wird durch Blitze der Stromkreis geschlossen. Die weltweit beobachtbaren Ströme können zu einem Gesamtstrom der Stärke $I = 1{,}3$ kA zusammengefasst werden. Ohne anhaltende Ladungstrennung wäre bei Annahme eines konstanten Stromes I in der Schönwetterregion die mittlere Atmosphäre nach 14 Minuten entladen.

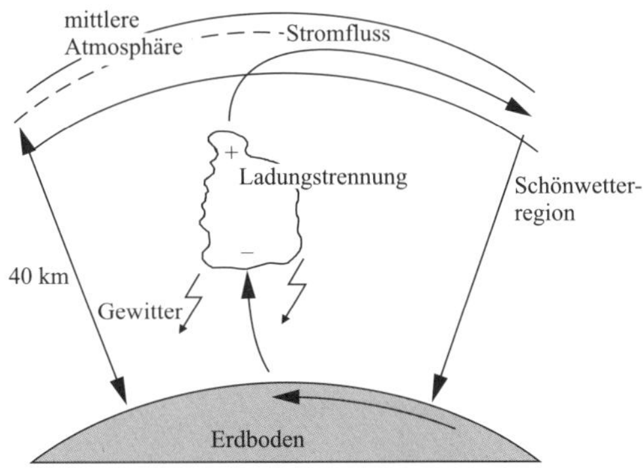

a) Berechnen Sie die Gesamtladung Q der mittleren Atmosphäre. [zur Kontrolle: $Q = 1{,}1 \cdot 10^6$ C] 4 BE

b) Trotz des Stroms kann man die Schönwetterregion als Kondensator mit der mittleren Atmosphäre und dem Erdboden als Kondensatorplatten auffassen. Berechnen Sie unter Annahme eines homogenen elektrischen Felds den Betrag der Kraft F_{el} auf ein einfach positiv geladenes Ion in der Schönwetterregion. 5 BE

c) Zeigen Sie durch eine Abschätzung, dass der Betrag der Energie, die im elektrischen Feld der Schönwetterregion gespeichert ist, in der Größenordnung 10^{11} J liegt. 4 BE

d) Nehmen Sie an, man könnte diese Energie in einem Kraftwerk im Dauerbetrieb nutzbar machen. Welche Leistung hätte das Kraftwerk? Wäre es sinnvoll, diese Ressource als „Energiequelle der Zukunft" zu nutzen? Begründung! 5 BE

Nebenstehend ist das t-I-Diagramm einer vereinfachten Blitzladung („Normblitz") in der Gewitterregion abgebildet. Die Anstiegszeit der Stromstärke beträgt 10 µs.

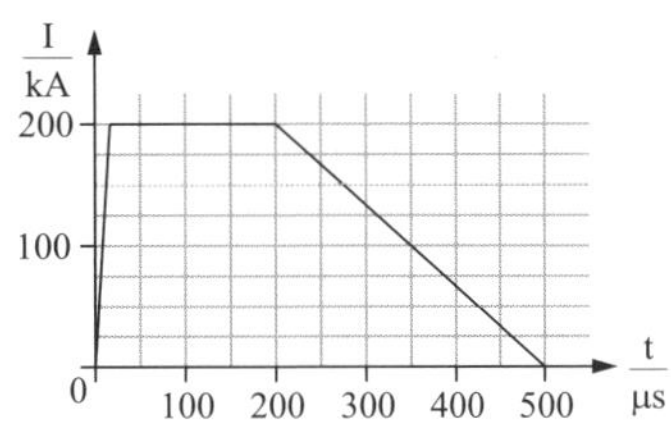

e) Zeigen Sie mithilfe des Diagramms, dass ein Normblitz etwa die Ladung 70 C transportiert. Berechnen Sie, wie viele Normblitze es durchschnittlich pro Sekunde geben muss, damit der globale Kreislauf aufrecht erhalten werden kann. 8 BE

f) Der Entladungsstrom I ist wie ein stromdurchflossener Draht von einem Magnetfeld umgeben. Für die magnetischer Flussdichte im Abstand r vom Entladestrom gilt:

$$B = \mu_0 \cdot \frac{I}{2r \cdot \pi}$$

Berechnen Sie die maximale Flussdichte B, die sich in 50 Metern Abstand vom Normblitz ergibt. Entnehmen Sie dazu benötigte Daten dem Diagramm.
[zur Kontrolle: $B = 8{,}0 \cdot 10^{-4}$ T] 4 BE

In der Umgebung eines Blitzes können an spannungsempfindlichen Elektrogeräten Schäden durch Induktion auftreten. Gehen Sie davon aus, dass sich in 50 Metern Entfernung vom Normblitz eine kreisförmige Spule der Querschnittsfläche 2,0 cm^2 mit 1200 Windungen befindet.

g) Bei welcher Orientierung der Spule ergibt sich die größte induzierte Spannung, wenn die Blitzentladung senkrecht zur Erdoberfläche verläuft? 3 BE

h) Berechnen Sie den Betrag der mittleren Spannung, die in den ersten 10 µs des Normblitzes induziert wird. 6 BE

2. Induktion in einer langgestreckten Spule

Im Inneren einer langgestreckten, zylinderförmigen Feldspule ($\ell_1 = 750$ mm, $N_1 = 1460$, $A_1 = 45{,}0\ cm^2$) befindet sich eine Induktionsspule ($\ell_2 = 105$ mm, $N_2 = 260$, $A_2 = 20{,}25\ cm^2$), deren Enden mit einem Spannungsmessgerät verbunden sind. Beide Spulenachsen sind zueinander parallel.

a) Erläutern Sie jeweils ausführlich, welche Wirkungen folgende zwei Experimente in der Induktionsspule hervorrufen:
   α) Durch die Feldspule fließt ein sinusförmiger Wechselstrom.
   β) In der Feldspule fließt ein Gleichstrom konstanter Stärke, während die Induktionsspule in Richtung ihrer Spulenachse im Inneren der Feldspule hin und her bewegt wird. 8 BE

Durch die Feldspule fließt nun ein Gleichstrom der Stärke $I = 3{,}0$ A.

b) Berechnen Sie die magnetische Flussdichte B im Inneren der Feldspule.
[Zur Kontrolle: $B = 7{,}3$ mT] 4 BE

c) Die Feldspule wird innerhalb von 0,50 Sekunden auf die doppelte Länge auseinander gezogen, wobei die Induktionsspule ihre Form und Position beibehält. Begründen Sie ausführlich, weshalb in der Induktionsspule eine Spannung induziert wird. Berechnen Sie den Wert dieser Induktionsspannung. 9 BE

60 BE

Tipps und Hinweise zur Lösung von Aufgabe I

Tipp zu Teilaufgabe 1 a

Die Stromstärke ist definiert als Ladungsfluss pro Zeiteinheit.

Tipp zu Teilaufgabe 1 b

Beachten Sie den Zusammenhang zwischen elektrischer Feldstärke und Spannung bei einem Plattenkondensator.

Tipp zu Teilaufgabe 1 c

Der Energieinhalt lässt sich auch nur durch Kapazität und Spannung ausdrücken.

Tipp zu Teilaufgabe 1 d

Zum Vergleich: Großkraftwerke liefern einzeln 1 500 MW und mehr.

Tipp zu Teilaufgabe 1 e

Interpretieren Sie den Flächeninhalt unter dem Graphen als Ladungsmenge Q.

Tipp zu Teilaufgabe 1 f

Die maximale Flussdichte liegt bei maximaler Stromstärke vor.

Tipp zu Teilaufgabe 1 g

Beachten Sie die Rechte-Hand-Regel.

Tipp zu Teilaufgabe 1 h

Der magnetische Fluss ist das Produkt aus Querschnittsfläche A der Spule und Flussdichte B.

Tipp zu Teilaufgabe 2 a

Eine Induktionsspannung tritt nur bei Flussänderungen auf.

Tipp zu Teilaufgabe 2 b

Die Formelsammlung bietet eine hilfreiche Gleichung hierfür an.

Tipp zu Teilaufgabe 2 c

Wie wirkt sich die Spulendehnung auf die Flussdichte im Inneren aus? Analysieren Sie die in Teilaufgabe 2 b verwendete Formel.

Lösung zu Aufgabe I

1. a) Mit der Formel $I = \frac{\Delta Q}{\Delta t}$ ergibt sich für die Gesamtladung:

$$\Delta Q = I \cdot \Delta t = 1{,}3 \cdot 10^3\,A \cdot 14 \cdot 60\,s \approx 1{,}1 \cdot 10^6\,C$$

b) Für die elektrostatische Kraft gilt $F_{el} = E \cdot Q$, im Plattenkondensator außerdem $E = \frac{U}{d}$ und damit:

$$F_{el} = \frac{U}{d} \cdot Q_{Ion} = \frac{400 \cdot 10^3\,V}{40 \cdot 10^3\,m} \cdot 1{,}6 \cdot 10^{-19}\,As \approx 1{,}6 \cdot 10^{-18}\,N$$

c) In der Formelsammlung steht für den Energieinhalt des Plattenkondensators die Gleichung $W_{el} = \frac{1}{2} C \cdot U^2$. Mit $C = \frac{Q}{U}$ ergibt sich:

$$W_{el} = \frac{1}{2} Q \cdot U = \frac{1}{2} \cdot 1{,}1 \cdot 10^6\,C \cdot 400 \cdot 10^3\,V \approx 2{,}2 \cdot 10^{11}\,J$$

Der Energieinhalt liegt also in der angegebenen Größenordnung von etwa 10^{11} J.

Bei dieser Aufgabe wurde ausdrücklich auch die Lösung

$$W_{el} = U \cdot I \cdot t = 4{,}4 \cdot 10^{11}\,J$$

akzeptiert.

d) Um die Energie von $W_{el} \approx 2{,}2 \cdot 10^{11}$ J in t = 14 min zu liefern, muss eine Leistung von

$$P \approx \frac{2{,}2 \cdot 10^{11}\,J}{14 \cdot 60\,s} \approx 2{,}6 \cdot 10^8\,W \approx 260\,MW$$

verfügbar sein. Als Energiequelle der Zukunft wird sich diese Idee wohl nicht erschließen lassen, da eine erzwungene Entladung im Schönwettergebiet den gesamten Stromfluss stört und enorme klimatische Veränderungen zur Folge hätte. Außerdem ist die Leistung weltweit gesehen winzig klein und daher vernachlässigbar.

e) Die Ladung $\Delta Q = I \cdot \Delta t$ lässt sich als Flächeninhalt unter dem Graphen interpretieren. Dieser lässt sich aus drei Teilen zusammensetzen: Dreieck 1 von t = 0 bis t = 10 μs, Rechteck von t = 10 μs bis t = 200 μs und Dreieck 2 von t = 200 μs bis t = 500 μs. Die Flächeninhalte ergeben zusammen:

$$Q = A_{Dreieck\,1} + A_{Rechteck} + A_{Dreieck\,2}$$

$$= \frac{1}{2} \cdot 10 \cdot 10^{-6}\,s \cdot 200 \cdot 10^3\,A + 190 \cdot 10^{-6}\,s \cdot 200 \cdot 10^3\,A$$

$$+ \frac{1}{2} \cdot 300 \cdot 10^{-6}\,s \cdot 200 \cdot 10^3\,A$$

$$= 345 \cdot 10^{-6}\,s \cdot 200 \cdot 10^3\,A = 69\,C \approx 70\,C$$

Um eine Dauerstromstärke von 1,3 kA zu liefern, sind also je Sekunde

$$\frac{1{,}3 \cdot 10^3\,A \cdot 1\,s}{70\,C} \approx 19$$

Blitze notwendig.

f) Die maximale Flussdichte liegt während der Phase mit maximaler Stromstärke 200 kA vor. Sie besitzt dann in r = 50 m Abstand den Wert

$$B = \mu_0 \cdot \frac{I}{2r \cdot \pi} = 4\pi \cdot 10^{-7} \frac{Vs}{Am} \cdot \frac{200 \cdot 10^3 A}{2 \cdot 50m \cdot \pi} \approx 8{,}0 \cdot 10^{-4}\,T.$$

g) Wenn die Stromrichtung senkrecht zur Erdoberfläche verläuft, dann verlaufen die magnetischen Feldlinien parallel zur Erdoberfläche:

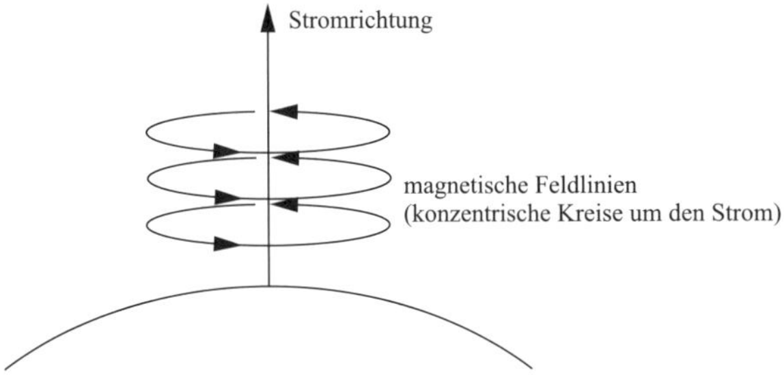

Die Induktionsspule sollte also so liegen, dass „möglichst viele“ Feldlinien sie durchlaufen, das Spuleninnere sollte also in Richtung der Feldlinien zeigen.

h) Die Induktionsspannung ist am größten bei der stärksten Änderung der Stromstärke, also während des steilen Anstiegs in den ersten 10 Mikrosekunden. Es gilt dann:

$$U_{ind} = -N \cdot \dot{\Phi} = -N \cdot \dot{(B \cdot A)} \overset{A = \text{konst.}}{=} -N \cdot \dot{B} \cdot A$$

$$= -N \cdot \dot{\left(\mu_0 \cdot \frac{I}{2r \cdot \pi}\right)} \cdot A = -\frac{N \cdot \mu_0 \cdot A}{2r \cdot \pi} \cdot \dot{I} = -\frac{N \cdot \mu_0 \cdot A}{2r\pi} \cdot \frac{\Delta I}{\Delta t}$$

$$= -\frac{1200 \cdot 4\pi \cdot 10^{-7} \frac{Vs}{Am} \cdot 2{,}0 \cdot 10^{-4}\,m^2}{2 \cdot 50\,m \cdot \pi} \cdot \frac{200 \cdot 10^3 A}{10 \cdot 10^{-6}\,s} \approx -19\,V$$

2. a) α) Der sinusförmige Wechselstrom in der Feldspule verursacht ein sinusförmiges magnetisches Wechselfeld gleicher Frequenz, in welchem sich die Induktionsspule befindet. In ihr wiederum wird eine **sinusförmige Wechselspannung gleicher Frequenz induziert**, die gemäß Lenz'scher Regel der Ursache entgegenwirken „möchte“, also gerade einen andersherum gepolten Stromfluss auslösen würde als der Feldstrom (das Magnetfeld des Induktionsstroms würde dann das primäre Feld und damit die Ursache des Induktionsstromes schwächen).
Arbeitet das angeschlossene Spannungsmessgerät stromlos, dann fließt auch kein Strom und es liegt lediglich die Wechselspannung an. Da die sekundäre Windungszahl kleiner ist und auch die vom Magnetfeld durchsetzte Fläche der Sekundärspule, ist die Amplitude der Induktionsspannung wesentlich kleiner als die der feldstromerzeugenden Spannungsquelle.

β) Im Inneren der Feldspule ist das Magnetfeld nahezu homogen, sodass eine Bewegung der Induktionsspule in Spulen- und damit in Feldlinienrichtung keine Änderung des magnetischen Flusses in der Sekundärspule bewirkt. Es wird also **keine Induktionsspannung** zu messen sein.

b) Die Formel für die Flussdichte in der Primärspule ist (Formelsammlung)

$$B = \mu_0 \cdot \frac{I \cdot N_1}{\ell_1},$$

mit den angegebenen Größen liefert das

$$B = 4\pi \cdot 10^{-7}\,\frac{Vs}{Am} \cdot \frac{3{,}0\ A \cdot 1460}{750 \cdot 10^{-3}\ m} \approx 7{,}3\ mT.$$

c) Betrachtet man die Gleichung für die Flussdichte im Spuleninneren

$$B = \mu_0 \cdot \frac{I \cdot N_1}{\ell_1},$$

dann erkennt man dort die Spulenlänge im Nenner. Wird sie verdoppelt beim Dehnen, dann halbiert sich die Flussdichte (auch in der Sekundärspule!), wodurch eine Induktionsspannung in der Induktionsspule verursacht wird. Geht man von einer gleichmäßigen Längenverdoppelung aus, dann gilt während der 0,50 s für die Induktionsspannung:

$$\begin{aligned}
U_{ind} &= -N_2 \cdot \dot{\Phi} \\
&= -N_2 \cdot (\dot{B} \cdot A_2) \\
&= -N_2 \cdot \frac{\Delta B}{\Delta t} \cdot A_2 \\
&= -N_2 \cdot \frac{\mu_0 \cdot \frac{I \cdot N_1}{2\ell_1}}{\Delta t} \cdot A_2 \\
&= -N_2 \cdot \frac{\mu_0 \cdot I \cdot N_1}{2\ell_1 \cdot \Delta t} \cdot A_2 \\
&= -200 \cdot \frac{4\pi \cdot 10^{-7}\,\frac{Vs}{Am} \cdot 3{,}0\ A \cdot 1460}{2 \cdot 750 \cdot 10^{-3}\ m \cdot 0{,}50\ s} \cdot 20{,}25 \cdot 10^{-4}\ m^2 \\
&\approx 3{,}0 \cdot 10^{-3}\ V
\end{aligned}$$

Grundkurs Physik (Bayern): Abiturprüfung 2009 – Aufgabe II
Elektromagnetischer Schwingkreis, Interferenz und Fotoeffekt

1. **Elektromagnetischer Schwingkreis**
Ungedämpfte elektromagnetische Schwingungen kann man mithilfe eines Schwingkreises und einer geeigneten Rückkopplungsschaltung erzeugen. Nebenstehende Abbildung zeigt einen Schwingkreis mit einem Kondensator der Kapazität $C = 50$ pF und einer Spule mit der Gesamtinduktivität $L_1 = 1{,}3$ µH.
Um zwei verschiedene Frequenzen zu erzeugen, kann man einen Schalter zwischen den Positionen ① und ② umschalten.

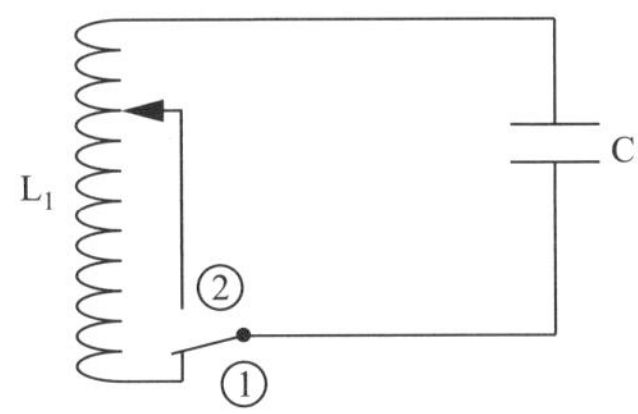

a) Erklären Sie kurz, wie mit dem Prinzip der Rückkopplung eine ungedämpfte elektromagnetische Schwingung erzeugt werden kann. 5 BE
b) Berechnen Sie die Frequenz f_1 des Schwingkreises für Schalterstellung ①. [zur Kontrolle: $f_1 = 20$ MHz] 3 BE
c) In Schalterstellung ② soll eine Schwingung doppelter Frequenz erzeugt werden. Zeigen Sie, dass dies erreicht werden kann, indem man nur ein Viertel der Windungen verwendet. Nehmen Sie dafür an, dass die Spule langgestreckt und die Windungsdichte (Zahl der Windungen pro Längeneinheit) konstant ist. 5 BE

Der Schalter befindet sich nun wieder in Position ①. An den Schwingkreis wird ein Sendedipol angekoppelt.

d) Berechnen Sie die kürzeste Länge des Dipols, sodass die Energieübertragung für die Abstrahlung optimal ist. Begründen Sie, dass sich mit diesem Dipol auch in Schalterstellung ② elektromagnetische Wellen gut aussenden lassen. 5 BE
e) Skizzieren Sie die Ladungs- und Stromverteilung längs des Dipols bei optimaler Energieübertragung für die Zeiten $t = \frac{T}{4}$ und $t = \frac{T}{2}$, wobei T die Schwingungsdauer ist. 6 BE
f) Beschreiben Sie kurz zwei Versuche, mit denen sich die Wellennatur der Dipolstrahlung nachweisen lässt. 8 BE

2. **Interferenz und Fotoeffekt**
Ein schmales Lichtbündel aus einer Quecksilberdampflampe strahlt auf ein Gitter mit 640 Strichen pro Millimeter. Das entstehende Spektrum wird mit einem Detektor untersucht, der auf einer Kreislinie bewegt werden kann.

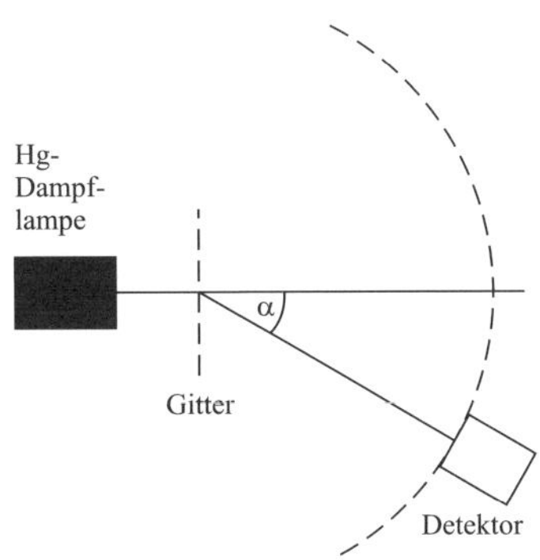

a) Unter dem Winkel $\alpha = 16{,}2°$ fällt das Licht des Maximums 1. Ordnung einer bestimmten Spektrallinie auf den Detektor. Berechnen Sie die Wellenlänge λ der Linie. [zur Kontrolle: $\lambda = 436$ nm] 4 BE
b) Bis zu welcher Ordnung sind Spektrallinien der in Teilaufgabe 2 a ermittelten Wellenlänge zu erwarten? 5 BE

Als Detektor wird eine Vakuumfotozelle verwendet, die an ein Spannungsmessgerät mit sehr hohem Innenwiderstand angeschlossen ist. Wenn die Fotozelle mit dem Licht einer Spektrallinie beleuchtet wird, stellt sich eine bestimmte Spannung U ein.

c) Erklären Sie, warum für die Spannung U der Zusammenhang

$$e \cdot U = h \cdot f - W_A$$

gilt. Dabei ist h die Planck-Konstante, f die Frequenz des Lichts und W_A die Austrittsarbeit des Kathodenmaterials. 5 BE

d) Die Intensität der Linie zweiter Ordnung ist deutlich geringer als diejenige der Linie erster Ordnung. Geben Sie mit Begründung an, ob sich dies grundsätzlich auf die Spannung an der Fotozelle auswirkt. 5 BE

e) Der Aufbau kann prinzipiell zur Bestimmung sowohl von h als auch von W_A dienen. Beschreiben Sie, wie man aus den Werten für den Winkel α, unter dem das Maximum 1. Ordnung auftritt, und U für verschiedene Spektrallinien die gesuchten Größen erhält. 9 BE

60 BE

Tipps und Hinweise zur Lösung von Aufgabe II

Tipp zu Teilaufgabe 1 a

Jeder elektrische Leiter hat einen Widerstand und erwärmt sich. Diese Energie fehlt dann dem Schwingkreis.

Tipp zu Teilaufgabe 1 b

Die Frequenz erhält man mit der Thomsonformel.

Tipp zu Teilaufgabe 1 c

Finden Sie zunächst einen Zusammenhang zwischen Spulenlänge und Induktivität.

Tipp zu Teilaufgabe 1 d

Wesentliches Stichwort: „$\frac{\lambda}{2}$-Dipol“

Tipp zu Teilaufgabe 1 e

Gehen Sie zum Zeitpunkt t=0 von einem vollständig geladenen Kondensator aus.

Tipp zu Teilaufgabe 1 f

Zum Nachweis der Wellennatur kann die Interferenz dienen.

Tipp zu Teilaufgabe 2 a

Beim Maximum erster Ordnung ist der Gangunterschied zweier Wellen gerade eine Wellenlänge.

Tipp zu Teilaufgabe 2 b

Der Sinus kann höchstens den Wert 1 annehmen.

Tipp zu Teilaufgabe 2 c

Beachten Sie den Energieerhaltungssatz.

Tipp zu Teilaufgabe 2 d

Betrachten Sie die in Teilaufgabe 2 c gefundene Gleichung (Energiebilanz).

Tipp zu Teilaufgabe 2 e

Sollen aus einer Beziehungsgleichung zwei Größen ermittelt werden, dann sind wenigstens zwei Messwertpaare notwendig.

Lösung zu Aufgabe II

1. a) In einem Schwingkreis treten stets durch den ohmschen Widerstand bedingte Energie-„Verluste" durch Erwärmung der Leiter auf, die eine Dämpfung der Schwingung zur Folge hätten, wenn nicht gerade im richtigen Rhythmus die Energie nachgeliefert würde. Dies geschieht durch eine Vorrichtung, die vom Schwingkreis selbst gesteuert wird, das Prinzip nennt man Rückkopplung. Eine mögliche Schaltung dafür ist die sogenannte **Meißner-Rückkopplungsschaltung**.

Die folgende Skizze zeigt den prinzipiellen Aufbau dieser Schaltung:

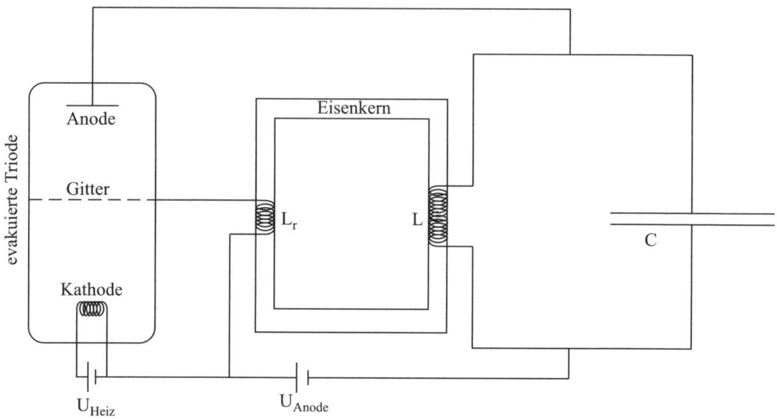

C Schwingkreiskondensator
L Schwingkreisspule
L_r Rückkopplungsspule

Hier befindet sich rechts der eigentliche Schwingkreis, die Spule mit Induktivität L wird über einen Eisenkern magnetisch verbunden mit einer Rückkopplungsspule, die im Rhythmus des Schwingkreises von einem Induktionsstrom durchflossen wird. Dieser wiederum verändert die Spannung des Gitters in der evakuierten Triode links, sodass der Elektronenfluss von der beheizten Kathode zur positiv geladenen Anode gesteuert wird. Es wird dadurch eine ungedämpfte Schwingung erzeugt (besser gesagt: Es *wirkt* dadurch wie eine ungedämpfte Schwingung, es *ist* aber eine gedämpfte mit ausgeglichener Dämpfung!). Die Steuerung über die Spule heißt induktive Kopplung. Man kann stattdessen auch einen Parallelkondensator zur Schwingkreiskapazität C verwenden, das nennt man dann kapazitive Kopplung.

b) Mit der **Thomsonformel** ergibt sich nach Einsetzen:

$$f_1 = \frac{1}{T_1} = \frac{1}{2\pi \cdot \sqrt{L_1 \cdot C}} \qquad (*)$$

$$= \frac{1}{2\pi \cdot \sqrt{1{,}3 \cdot 10^{-6}\,\text{H} \cdot 50 \cdot 10^{-12}\,\text{F}}} \approx 20\,\text{MHz}$$

c) Möchte man (ausschließlich durch Manipulation der Spule) die doppelte Frequenz erreichen, muss man, weil die Induktivität L in der Formel (*) von Teilaufgabe 1 b in der Wurzel des Nenners steht, die **Induktivität vierteln**. Die Spule ist langgestreckt, daher gilt für die Induktivität

$$L = \mu \cdot A \cdot \frac{N^2}{\ell}. \qquad (**)$$

Um L zu vierteln, greift man gerade ein **Viertel der Spulenlänge** ab: N und auch ℓ werden dann um den Faktor 4 kleiner, wegen des Quadrates bei N in (**) die Induktivität also um den Faktor 4 kleiner.

In aller Kürze nur mit Formeln:

$$L_2 = \mu_0 \cdot A \cdot \frac{\left(\frac{N}{4}\right)^2}{\frac{\ell}{4}} = \frac{1}{4} L_1 \;\Rightarrow\; f_2 = \frac{1}{2\pi \cdot \sqrt{L_2 \cdot C}} = \frac{1}{2\pi \cdot \sqrt{\frac{1}{4} L_1 \cdot C}} = 2f_1$$

d) Ideal ist ein Dipol mit der halben Wellenlänge als Eigenlänge. Wegen der Beziehung $c = \lambda_1 \cdot f_1$ ergibt sich als Wellenlänge

$$\lambda_1 = \frac{c}{f_1} = \frac{3{,}0 \cdot 10^8 \,\frac{m}{s}}{20 \cdot 10^6 \text{ Hz}} \approx 15 \text{ m},$$

für den idealen Dipol also eine Länge von 7,5 m.

Wird in Schalterstellung 2 gesendet, ist die Frequenz doppelt so hoch und wegen der konstanten Lichtgeschwindigkeit die Wellenlänge halb so groß, nämlich 7,5 m. Daher passt eine ganze Wellenlänge in den Dipol (also ein ganzzahliges Vielfaches der halben Wellenlänge), dieser eignet sich somit auch für die doppelte Frequenz hervorragend (obwohl hier eine Dipollänge von 3,75 m genügen würde).

e) Skizze der Ladungs- und Stromverteilung längs des Dipols (der Vollständigkeit halber ist die Verteilung auch zum Zeitpunkt t = 0 angegeben):

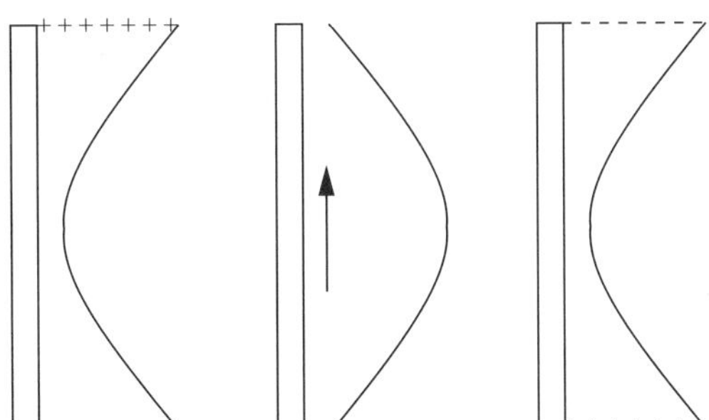

$t = 0$ Ladungsverteilung max. Spannung ($I = 0$)

$t = \frac{T}{4}$ max. Stromstärke ($U = 0$)

$t = \frac{T}{2}$ Ladungsverteilung max. Spannung ($I = 0$)

f) Ein Standardversuch zum Nachweis der Wellennatur der Dipolstrahlung ist das **Doppelspaltexperiment**: Hinter dem Doppelspalt lassen sich auf einem Schirm seitlich versetzte Maxima der Intensität finden, die nach der Teilchentheorie dort nicht liegen dürften. Erst durch Interferenz (wie man sie bei Transversalwellen feststellt) lässt sich das Phänomen erklären.
Ein weiteres Schlüsselexperiment ist der **Nachweis stehender Wellen** bei der senkrechten Reflexion an einer metallischen Fläche. Im Abstand von jeweils einer halben Wellenlänge wechseln sich Knoten und Bäuche ab, wie man mit einem Empfangsgerät nachweisen kann.

Weitere Möglichkeiten:

- Die Dipolstrahlung lässt sich **polarisieren**: Ein feines Strichgitter geeigneten Abstandes lässt nur in einer bestimmten Ebene schwingende Wellen durch, ein zweites Polarisationsfilter dient als Analysator und lässt bei 90 Grad Drehung gegen das erste Filter keine Wellen durch.
- Nachweis von **Beugung-** oder **Brechung** der Strahlung, jeweils schön erklärbar mit dem Huygens'schen Prinzip der Elementarwellen.

2. a) Die Quecksilberdampflampe sendet Licht diskreter Wellenlängen aus, die Maxima sind daher an ganz bestimmten Stellen (seitlich gegenüber der Einfallsrichtung versetzt unter bestimmten Winkeln) zu erwarten.
Für die hier gesuchte Wellenlänge liegt unter dem angegebenen Winkel 16,2° gerade ein Gangunterschied von einer Wellenlänge vor (konstruktive Interferenz bei einem Maximum erster Ordnung). Bei dem bekannten Gitterabstand b gilt dann

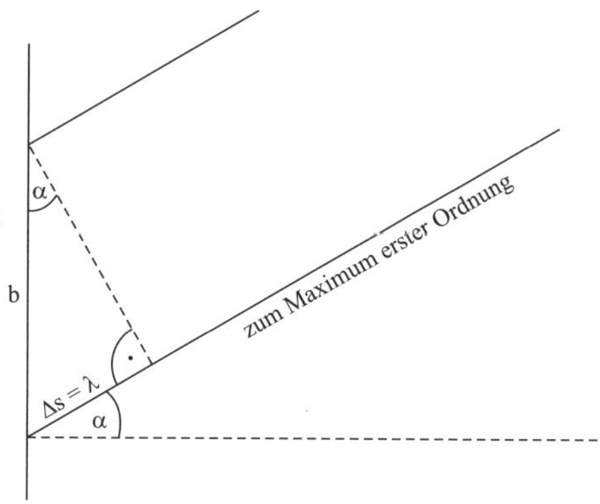

$$\frac{\lambda}{b} = \sin\alpha$$

und damit:

$$\lambda = b \cdot \sin\alpha = \frac{1}{640} \cdot 10^{-3}\ \text{m} \cdot \sin 16{,}2° = 436\ \text{nm}$$

b) Der Grenzwinkel für beobachtbare Maxima ist 90°, d. h., der Sinus wird maximal den Wert 1 annehmen. Damit gilt bei k ganzen Wellenlängen Gangunterschied die Beziehung

$$\frac{k \cdot \lambda}{b} = \sin\alpha \le 1 \quad \Rightarrow \quad k \le \frac{b}{\lambda} = \frac{\frac{1}{640} \cdot 10^{-3}\ \text{m}}{436 \cdot 10^{-9}\ \text{m}} = 3{,}58\ldots$$

Man beobachtet also noch das **Maximum dritter Ordnung** bei dieser Spektrallinie.

c) Die Gleichung $e \cdot U = h \cdot f - W_A$ stellt die Energiebilanz des stattfindenden **Fotoeffekts** dar: Ein Photon mit der Energie $h \cdot f$ trifft die Vakuumfotozelle und löst durch einen Stoßprozess ein Elektron aus dem Kathodenmaterial heraus. Die notwendige Austrittsarbeit W_A wird von der Photonenenergie subtrahiert und der Rest $h \cdot f - W_A$ bleibt als Bewegungsenergie beim ausgelösten Elektron. Dieses fliegt zur Ringanode und lädt diese weiter auf, bis sich (weil die Ladungen dort aufgrund des hochohmigen Spannungsmessers praktisch nicht abfließen können) ein elektrisches Gegenfeld aufgebaut hat, das die schnellsten dieser ausgelösten Elektronen gerade nicht mehr überwinden können. Deren Energie ist dann aber $e \cdot U$ mit der Elektronenladung e und der anliegenden Anodenspannung U, sodass U für eine indirekte Messung der Frequenz (und damit auch der Wellenlänge) geeignet ist.

d) Die Intensität der Beleuchtung ist ein Maß für die Anzahl der Photonen, hat aber mit deren Wellenlänge nichts zu tun. In der in Teilaufgabe 2 c begründeten Bilanzgleichung kommt die Intensität auch nicht vor, sie kann also keine Rolle für U spielen.

Der Fotoeffekt ist Schlüsselexperiment für den Nachweis der Teilchennatur des Lichts. Die Photonen geben ihre Energie (die unabhängig von der Intensität gleich ist) vollständig an ein ausgelöstes Elektron ab. Davon gibt es zwar wegen der geringeren Anzahl der Photonen weniger, aber ihre maximale kinetische Energie ist die gleiche. Das elektrische Gegenfeld an dem Anodenring baut sich zwar nicht ganz so schnell auf, letztlich wird aber der gleiche Wert für U erreicht wie bei starker Intensität.

e) Die beteiligten Größen sind durch folgende drei Gleichungen verknüpft:

$$e \cdot U = h \cdot f - W_A \qquad (1) \qquad \text{Energiebilanz beim Fotoeffekt}$$

$$\frac{\lambda}{b} = \sin\alpha \qquad (2) \qquad \text{Beugungsbedingung für Maximum 1. Ordnung}$$

$$c = \lambda \cdot f \qquad (3) \qquad \text{Grundgleichung der Wellenlehre}$$

Die Austrittsarbeit W_A lässt sich (bei bekanntem h!) aus α und U ermitteln, indem man für ein solches Maximum erster Ordnung den Winkel α_1 sowie die Spannung U_1 bestimmt: Aus dem Winkel lässt sich die Wellenlänge mit der Gleichung (2) bestimmen, daraus mit (3) die Frequenz f_1, diese wird zusammen mit der gemessenen Spannung in die nach der Austrittsarbeit aufgelöste Gleichung (1) eingesetzt.
Umgekehrt liefert (bei bekannter Austrittsarbeit!) Gleichung (1) bei nur einem Messwertepaar ein Ergebnis für h, wenn man nur anders auflöst.

Die Fragestellung zielt auf die **Bestimmung beider Größen**, dies gelingt durch das Aufnehmen von mindestens zwei Wertepaaren:
Der **Wert für h** lässt sich aus α und U ermitteln, indem man für zwei solche Maxima erster Ordnung die Winkel α_1 und α_2 sowie die Spannungen U_1 und U_2 bestimmt. Dazu ermittelt man aus den Winkeln die Wellenlängen mit der Gleichung (2), daraus mit (3) die Frequenzen f_1 und f_2; diese werden zusammen mit den gemessenen Spannungen in die Gleichung (1) eingesetzt. Bei Differenzbildung der linken und rechten Seiten von

$$W_A = h \cdot f_1 - e \cdot U_1 \text{ und } W_A = h \cdot f_2 - e \cdot U_2 \qquad (4)$$

fällt die Austrittsarbeit heraus und h lässt sich berechnen:

$$0 = h \cdot (f_1 - f_2) - e \cdot (U_1 - U_2) \quad \Rightarrow \quad h = e \cdot \frac{U_1 - U_2}{f_1 - f_2}$$

Das Einsetzen dieses Wertes für die Planck-Konstante in eine der Gleichungen (4) liefert dann die **Austrittsarbeit**.

Weitere Messwertpaare erlauben Mittelwertbildung und erhöhen somit die Genauigkeit.

Grundkurs Physik (Bayern): Abiturprüfung 2009 – Aufgabe III
Streuversuch von Rutherford, Franck-Hertz-Versuch

1. **Streuversuch von Rutherford**

Aufgrund seiner Untersuchungen über den Durchgang von α-Teilchen durch Materie entwickelte E. Rutherford 1911 das nach ihm benannte Atommodell.

a) Erläutern Sie anhand einer Skizze kurz den Versuchsaufbau und die Durchführung des Streuversuchs von Rutherford. 5 BE

b) Stellen Sie die wesentlichen Versuchsergebnisse und die daraus von Rutherford für sein Atommodell gezogenen Schlüsse dar. 5 BE

Für die potenzielle Energie E_{pot} eines α-Teilchens im Coulombfeld eines Atomkerns der Kernladungszahl Z gilt:

$$E_{pot} = \frac{1}{4\pi \cdot \varepsilon_0} \cdot \frac{2Z \cdot e^2}{r}$$

Dabei ist r der Abstand der Mittelpunkte der beiden Teilchen.

c) Ein α-Teilchen hat in großer Entfernung von einem als ortsfest betrachteten Atomkern die Geschwindigkeit $v = 1{,}75 \cdot 10^7 \,\frac{m}{s}$ und fliegt zentral auf diesen zu. Bestimmen Sie für das α-Teilchen den kleinstmöglichen Abstand r_{min} zum Atomkern, wenn es sich dabei um einen Goldkern handelt. 5 BE

d) Wie ändert sich der kleinstmögliche Abstand aus Teilaufgabe 1 c, wenn man jetzt den Goldkern nach dem Stoß nicht mehr als ortsfest annimmt?
Eine kurze qualitative Begründung genügt. 4 BE

e) Rutherford war sich der Unzulänglichkeiten seines Atommodells durchaus bewusst. Erläutern Sie zwei wesentliche Mängel seiner Theorie. 6 BE

2. **Franck-Hertz-Versuch**

Der dänische Physiker Niels Bohr, ein Schüler Rutherfords, entwickelte ein Modell, in dem Atome nur ganz bestimmte Energiebeträge aufnehmen und dadurch zur Aussendung elektromagnetischer Strahlung mit charakteristischen Wellenlängen angeregt werden können. Dies wurde im Jahr 1913 von J. Franck und G. Hertz experimentell bestätig.

a) Fertigen Sie eine beschriftete Skizze vom Aufbau des Franck-Hertz-Versuchs an und erläutern Sie kurz die Vorgehensweise bei diesem Experiment. 5 BE

Inzwischen gibt es auch Franck-Hertz-Röhren, die mit dem Edelgas Neon gefüllt sind. Für eine solche Röhre liefert die Aufzeichnung einer Messung das nebenstehende Schirmbild. Der Abstand zweier aufeinanderfolgender Maxima auf der Rechtswertachse im Diagramm entspricht einer Energiedifferenz von 18,3 eV.

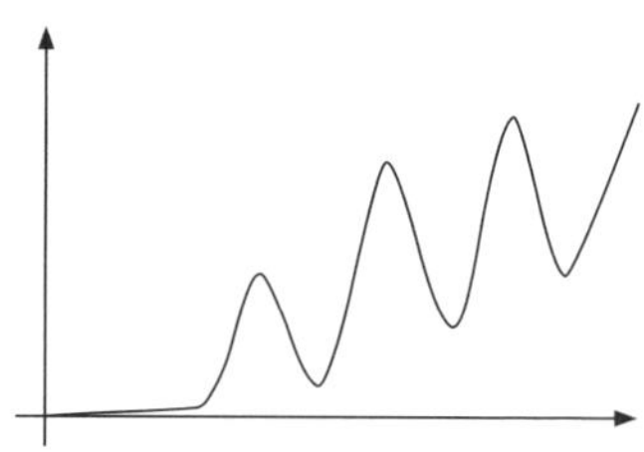

b) Welche Messgrößen werden auf den beiden Achsen angetragen?
Erklären Sie das Zustandekommen des Kurvenverlaufs. 8 BE

c) Man erwartet, dass die angeregten Gasatome beim Übergang in den Grundzustand elektromagnetische Strahlung aussenden. Geben Sie die Energie eines solchen Photons an und berechnen Sie die Wellenlänge dieser Strahlung. Geben Sie den zugehörigen Bereich des elektromagnetischen Spektrums an. 5 BE

Neben Strahlung der berechneten Wellenlänge sendet das angeregte Gas beim Übergang in den Grundzustand rotes Licht der Wellenlänge 729 nm und zusätzlich Strahlung einer weiteren Wellenlänge aus.

d) Beschreiben Sie allgemein ein Verfahren, um die Wellenlänge von sichtbarem Licht zu bestimmen. 6 BE

e) Skizzieren Sie ein vereinfachtes Termschema des verwendeten Gases mit den notwendigen Energieniveaus. Erklären sie damit die Entstehung des roten Lichts und der zusätzlich auftretenden Strahlung. Berechnen Sie die Energie E_{Ph} eines Photons dieser Strahlung. 6 BE

f) Neben der Ermittlung des Planck'schen Wirkungsquantums h über den Fotoeffekt oder aus dem Franck-Hertz-Versuch lässt sich diese Naturkonstante auch aus dem Spektrum einer Röntgenröhre bestimmen. Erläutern Sie dies. 5 BE

60 BE

Tipps und Hinweise zur Lösung von Aufgabe III

Tipp zu Teilaufgabe 1a

Rutherford verwendete außerdem Goldfolie.

Tipp zu Teilaufgabe 1b

Beachten Sie besonders das Auftreten starker Streuungen (also großer Winkel).

Tipps zu Teilaufgabe 1c

Das Teilchen wird vom Coulombwall des Atoms gebremst.

Stellen Sie eine Energiebetrachtung an.

Tipp zu Teilaufgabe 1d

Überlegen Sie, woher die zusätzliche Bewegungsenergie des Goldatoms stammt.

Tipp zu Teilaufgabe 1e

Denken Sie beispielsweise an Strahlungsverluste.

Tipp zu Teilaufgabe 2a

Vergessen Sie nicht die Gitteranode, bei der das elektrische Gegenfeld beginnt.

Tipp zu Teilaufgabe 2b

Es werden letztendlich Elektronen gezählt, die durch das Franck-Hertz-Rohr fliegen. Im Diagramm wird an der Rechtswertachse die Beschleunigungsspannung U_B angetragen.

Tipp zu Teilaufgabe 2c

Der sichtbare Bereich des elektromagnetischen Spektrums liegt etwa zwischen 400 nm und 750 nm.

Tipp zu Teilaufgabe 2d

Die Interferenzerscheinungen müssen ausgenützt werden.

Tipp zu Teilaufgabe 2e

Denken Sie an ein stufenweises Rückkehren in den Grundzustand.

Tipp zu Teilaufgabe 2f

Beachten Sie die Grenzen des Röntgenspektrums (Grenzwellenlänge).

Lösung zu Aufgabe III

1. a) Beim Streuversuch von Rutherford wird eine dünne Goldfolie (ca. 2000 Atome dick) mit Alphastrahlung beschossen. Die gestreuten Alphateilchen werden mit einem Leuchtschirm oder einem anderen Detektor nachgewiesen und die Häufigkeit der unter allen möglichen Winkeln gestreuten Teilchen aufgezeichnet.

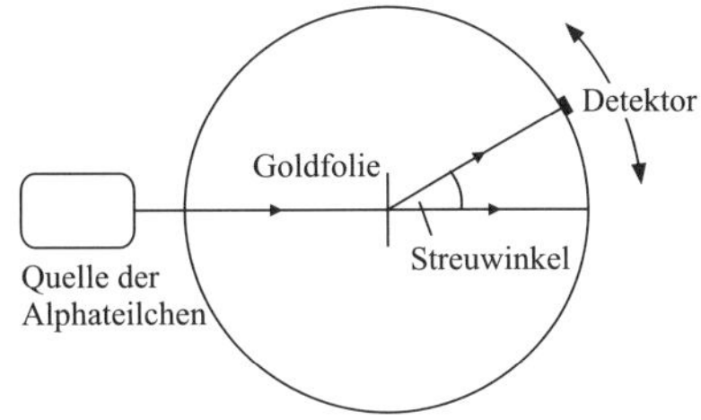

b) **Versuchsergebnisse:** Die meisten Alphateilchen passieren die Goldfolie ungehindert. Große Streuwinkel sind selten, es treten aber auch gelegentlich mehr als 90° und sogar Rückstreuung auf.

Deutung: Rutherford schloss daraus auf eine hochkonzentrierte Masse mit der positiven Ladung im sogenannten **Atomkern**, da nur unter der Annahme der vergleichsweise riesigen Leerräume zwischen Kern und Hülle so viele unabgelenkte Alphateilchen erklärbar sind. Durch die Vorstellung einer hohen Masse und lokal eng begrenzter positiver Ladung im Kern wird auch die Rückstreuung nachvollziehbar, da die Alphateilchen hierfür einen massiven Stoßpartner benötigen. Nach der bis dahin üblichen Atomvorstellung (Thomson'sches Rosinenteig-Modell) wäre die Ladung im ganzen Raum verschmiert angeordnet und ein derart großer Streuwinkel nicht möglich.
Nach Rutherfords Modell befindet sich also fast die gesamte Atommasse und die ganze positive Ladung im kleinen Kern, die negativ geladenen Elektronen fliegen um diesen herum und bilden die im Durchmesser um etwa 5 Zehnerpotenzen größere **Atomhülle**. Materie besteht also im Wesentlichen aus Hohlräumen.

c) Wenn das Alphateilchen (mit den in der angegebenen Formel bereits berücksichtigten 2 Protonen) mit der gegebenen Geschwindigkeit (und damit kinetischer Energie) zentral auf den Goldkern (mit 79 positiv geladenen Protonen) zufliegt, dann wird durch die Coulombabstoßung das Alphateilchen gebremst und seine Bewegungsenergie in potenzielle Energie umgewandelt, mit deren Hilfe das Alphateilchen dann wieder abgestoßen und auf diese Weise zurückgestreut wird.
Energetisch bedeutet das für den Augenblick des Umkehrpunktes (Minimalabstand r):

$$E_{kin} = E_{pot}$$

$$\frac{1}{2} m_\alpha \cdot v^2 = \frac{1}{4\pi \cdot \varepsilon_0} \cdot \frac{2 \cdot 79 \cdot e^2}{r}$$

$$\Rightarrow \quad r = \frac{1}{\pi \cdot \varepsilon_0} \cdot \frac{79 \cdot e^2}{m_\alpha \cdot v^2}$$

$$= \frac{1}{\pi \cdot 8{,}85 \cdot 10^{-12} \, \frac{C}{Vm}} \cdot \frac{79 \cdot (1{,}60 \cdot 10^{-19}\,C)^2}{6{,}64 \cdot 10^{-27}\,kg \cdot \left(1{,}75 \cdot 10^7 \, \frac{m}{s}\right)^2}$$

$$\approx 3{,}58 \cdot 10^{-14}\,m$$

d) Bei der bisherigen Berechnung wurde davon ausgegangen, dass der Goldkern fest im Atomverband der Goldfolie eingebaut ist und bei dem Stoß in Ruhe bleibt. Ohne diese Voraussetzung nimmt auch der Goldkern schon während des Stoßes (also vor Erreichen des minimalen Abstandes r) ein wenig Energie auf (mittels der er sich nach dem Stoß fortbewegt). Diese Energie fehlt bei der potenziellen Energie des Alphateilchens am Umkehrpunkt und der Minimalabstand wird dadurch etwas größer.

e) Ein wesentlicher Mangel des Rutherford'schen Atommodells besteht darin, dass die **Stabilität der Atome** nicht nachvollziehbar ist: Nach der klassischen Physik würde man erwarten, dass die Elektronen der Hülle wegen der Anziehungskräfte des Kerns (Elektrostatik) oder auch wegen der Strahlungsverluste beim Umkreisen (Elektrodynamik) in diesen hineinstürzen, statt weiterhin um den Kern zu fliegen.
Außerdem kann man mit diesem Modell die **diskreten Spektren** der Atome nicht erklären, weil grundsätzlich alle Energiedifferenzen zwischen verschiedenen Anregungsniveaus zulässig wären. Das Bohr'sche Atommodell folgte als Übergangslösung, mit der diese beiden Mängel behoben waren.

2. a) In einem Ofen befindet sich ein Rohr (siehe Skizze unten), in dessen Inneren ein starker Unterdruck herrscht. Ein Tröpfchen Quecksilber wird durch Erhitzen so weit verdampft, dass ein Gasdruck von ca. 20 hPa herrscht – so wenig, dass die in der Glühkathode durch den Heizstrom emittierten Elektronen die Auffängerplatte jenseits der Gitteranode trotz der Stöße mit einigen Quecksilberatomen noch erreichen können, so viel andererseits, dass genügend solche Stöße vorkommen.
Durch eine regelbare Beschleunigungsspannung werden die Elektronen in Richtung Gitter beschleunigt. Eine geringe Gegenspannung zwischen Gitter und Auffängerplatte hält Elektronen mit sehr kleiner kinetischer Energie (praktisch null) davon ab, die Platte zu erreichen. Ein Messverstärker registriert die auftreffenden Elektronen.

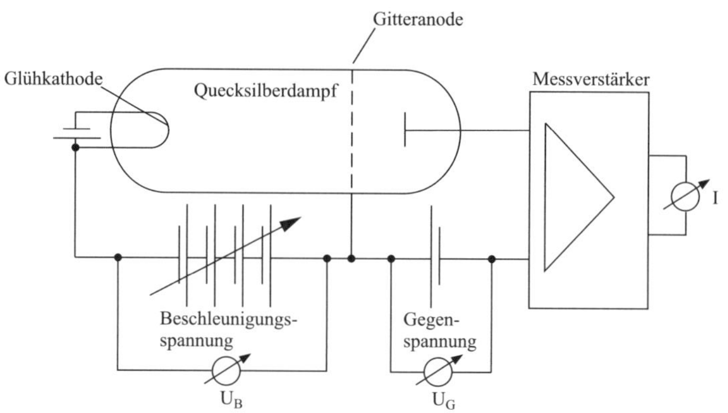

b) **Messgrößen:** An der Rechtswertachse wird üblicherweise die Beschleunigungsspannung U_B in Volt angetragen, an der Hochwertachse die im Messverstärker gemessene Stromstärke I als Maß für die bei der Platte rechts von der Gitteranode angekommenen Elektronen.

Erklärung des Kurvenverlaufs: Zwischen 0 V und 18,3 V steigt die Stromstärke kontinuierlich an, die Elektronen stoßen wegen des großen Massenunterschiedes praktisch elastisch mit den Neonatomen (praktisch kein Energieverlust, vgl. Tennisball, der gegen eine Hauswand prallt). Mit zunehmender Spannung (und damit Bewegungsenergie) können immer mehr Elektronen die Gegenspannung überwinden und erreichen die Auffängerplatte.

Bei etwas mehr als 18,3 V haben die Elektronen kurz vor der Gitteranode ausreichend Energie, um ein Neonatom anzuregen und dabei die dafür notwendige Energie von 18,3 eV abzugeben (Bild A). Mit der spärlichen Restenergie gelingt es den Elektronen dann nicht mehr, die Auffängerplatte zu erreichen (Gegenspannung!).

A

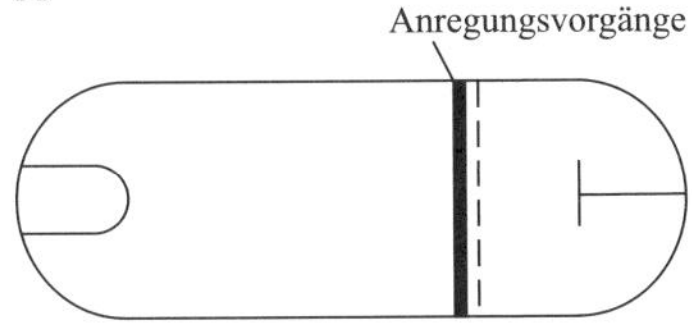

Wird die Spannung weiter gesteigert, dann nimmt die Anzahl der Elektronen am Auffänger wieder zu. Die Elektronen führen ihre elastischen Stöße bereits deutlich vor Erreichen der Gitteranode aus und gewinnen auf der Reststrecke wieder ausreichend Bewegungsenergie für das Gegenfeld (Bild B).

B

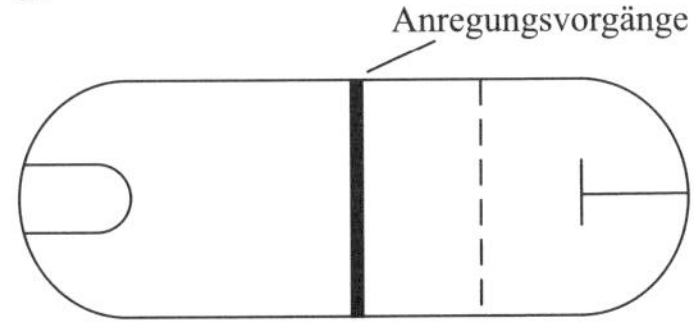

Bei etwa 36,6 V besitzen diejenigen Elektronen, die bereits eine Neonanregung hinter sich haben, erneut kurz vor dem Gitter ausreichend Energie zum Anregen eines Atoms, eine zweite Anregungsschicht bildet sich aus (Bild C).

C

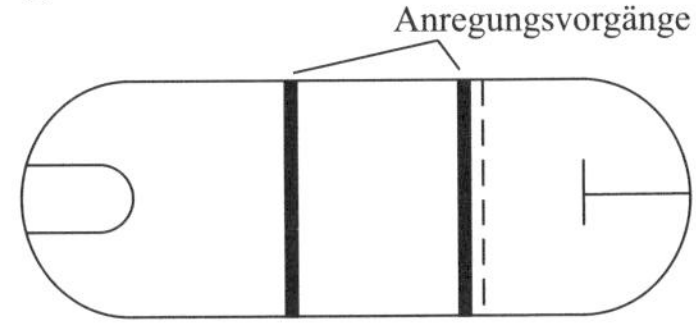

Bei weiterer Spannungserhöhung wandern auch diese Schichten wiederum weiter nach links und bei etwa 14,7 V bildet sich nahe dem Gitter ein dritter Bereich von Anregungsvorgängen, usw. Bei geeigneter Energie der Elektronen (Vielfache von 18,3 eV) treten also auch unelastische Stöße auf, bei dem die Elektronen Energie an die Neonatome abgeben.

Ergänzung: (Fiktiver) Kurvenverlauf bei ausschließlich elastischen Stößen
Würde es nicht zu den Anregungen mit merklicher Energieübertragung an das Quecksilber kommen, dann müsste sich das Phänomen stetig anwachsender Stromstärke (ungefähr so, wie zwischen 0 V und 18,3 V auch tatsächlich beobachtet) weiter fortsetzen, die Minima dürften nicht auftreten.

c) Das angeregte Neonatom muss die ganze Energie von 18,3 eV in Form eines Photons wieder abgeben und kehrt in den Grundzustand zurück. Die Wellenlänge des Photons ergibt sich gemäß $E = h \cdot f$ und $c = \lambda \cdot f$ zu

$$\lambda = \frac{c}{f} = \frac{c}{\frac{E}{h}} = \frac{c \cdot h}{E} = \frac{3{,}0 \cdot 10^{8}\,\frac{m}{s} \cdot 6{,}63 \cdot 10^{-34}\,\text{Js}}{18{,}3 \cdot 1{,}6 \cdot 10^{-19}\,\text{J}} \approx 6{,}79 \cdot 10^{-8}\,\text{m} \approx 68\,\text{nm},$$

liegt also im **UV-Bereich**.

d) Eine Wellenlänge im sichtbaren Bereich lässt sich z. B. mit einem **Gitter** oder einem geeigneten **Doppelspalt** bestimmen, das (bzw. der) mit dem (monochromatischen) Versuchslicht bestrahlt wird. Dahinter befindet sich in ausreichendem Abstand ein Schirm, der die Interferenzmaxima zeigt. Der seitliche Abstand vom Hauptmaximum und der Schirmabstand erlauben dann die Berechnung des seitlichen Winkels. Über den Gangunterschied von ganzzahligen Vielfachen der Wellenlänge für konstruktive Interferenz (Bedingung für Maxima) lässt sich daraus die Wellenlänge berechnen.

e) Die Linie bei 729 nm Wellenlänge ist die der Photonen mit der Energie

$$E = \frac{c \cdot h}{\lambda} = \frac{3{,}00 \cdot 10^8\, \frac{m}{s} \cdot 6{,}63 \cdot 10^{-34}\, Js}{729 \cdot 10^{-9}\, m} \approx 2{,}73 \cdot 10^{-19}\, J \approx 1{,}71\, eV.$$

Die Abbildung zeigt das **vereinfachte Energieniveauschema**. Das Neonatom gibt offenbar zunächst nur einen Teil seiner Anregungsenergie in Form eines Photons des roten Lichts von 1,71 eV ab. Anschließend verharrt es kurzzeitig auf dem angeregten Zwischenzustand 16,59 eV, ehe es unter Aussendung von Licht der Photonenenergie 16,59 eV in den Grundzustand zurückkehrt.

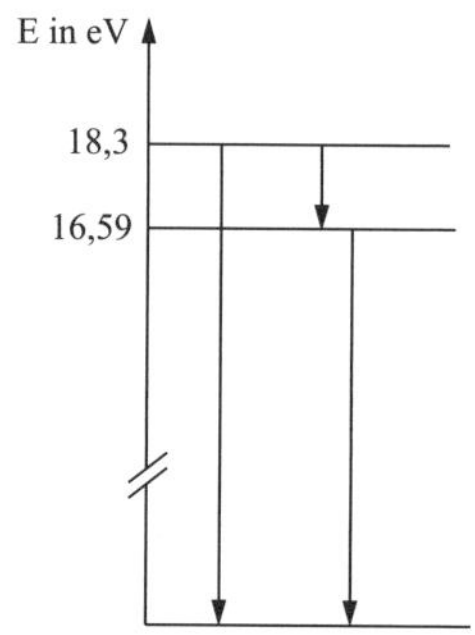

f) Bei Röntgenstrahlung handelt es sich um Bremsstrahlung, die im Vakuum zunächst stark beschleunigte Elektronen aus einer Glühkathode beim Aufprall auf eine Schwermetallanode aussenden. Die Elektronen müssen beim Zusammenstoß mit den schweren Atomen ihre Energie in Form von Photonen abgeben. Dabei können diese maximal die gesamte kinetische Energie $e \cdot U$ eines Elektrons tragen, wenn sie nämlich von Elektronen stammen, die bei **einem einzigen Stoß ihre ganze Energie** abgeben. Im Spektrum der Röntgenröhre zeigt sich dies als **minimale Grenzwellenlänge** λ_{min}, aus der die Planck'sche Konstante bestimmt werden kann:

$$\left.\begin{array}{l} E = h \cdot f_{max} \\ c = \lambda_{min} \cdot f_{max} \end{array}\right\} \Rightarrow \frac{E}{h} = \frac{c}{\lambda_{min}} \Leftrightarrow \frac{e \cdot U}{h} = \frac{c}{\lambda_{min}} \Leftrightarrow h = \frac{e \cdot U \cdot \lambda_{min}}{c}$$

Grundkurs Physik (Bayern): Abiturprüfung 2009 – Aufgabe IV
Radiologische Untersuchung von Mondgestein, Schutz vor γ-Strahlung

1. Radiologische Untersuchungen von Mondgestein

Bei den Apollo-Missionen wurden von Astronauten einige Kilogramm Mondgestein zur Erde gebracht. Viele dieser Steine enthalten eine sehr kleine Menge des radioaktiven Isotops ^{87}Rb. Dieses besitzt die Atommasse 86,909181 u und zerfällt mit einer Halbwertszeit $T_{\frac{1}{2}} = 4{,}88 \cdot 10^{10}$ a in das stabile Strontium-Isotop ^{87}Sr.

a) Geben Sie die Reaktionsgleichung für diesen Zerfall an. 3 BE

b) Berechnen Sie die gesamte Reaktionsenergie. 4 BE

c) Die Mondgesteinsproben enthielten weniger als 100 μg ^{87}Rb. Berechnen Sie die Aktivität einer Probe, die 100 μg ^{87}Rb enthält. Begründen Sie, warum eine genaue Altersbestimmung durch Aktivitätsmessung kaum möglich ist, wenn wie hier die Aktivität der Probe sehr gering ist. 8 BE

Mithilfe eines Massenspektrometers kann man für eine Gesteinsprobe das Verhältnis der Zahl N_{Rb} der ^{87}Rb-Atome zur Zahl N_{Sr} der ^{87}Sr-Atome bestimmen.

d) Erläutern Sie anhand einer geeigneten Skizze einen möglichen Aufbau und die Funktionsweise eines Massenspektrometers. 7 BE

Aufgrund des Zerfalls von ^{87}Rb verändert sich das Verhältnis $N_{Rb} : N_{Sr}$ mit der Zeit.

e) Nehmen Sie zunächst an, dass sich in einer Gesteinsprobe zum Zeitpunkt der Entstehung $4{,}0 \cdot 10^{17}$ Atome des Isotops ^{87}Rb und keine Atome des Isotops ^{87}Sr befinden. Übertragen und vervollständigen Sie die nachfolgende Tabelle.

t	0	$T_{\frac{1}{2}}$	$2T_{\frac{1}{2}}$	$3T_{\frac{1}{2}}$	$4T_{\frac{1}{2}}$
N_{Rb}	$4{,}0 \cdot 10^{17}$				
N_{Sr}	0				
$N_{Rb} : N_{Sr}$	-----				

4 BE

f) Zeichnen Sie mithilfe der Daten aus Teilaufgabe 1e ein Diagramm, in dem das Verhältnis $N_{Rb} : N_{Sr}$ gegen die Zeit t aufgetragen wird. 4 BE

Bei einer bestimmten Probe des Mondgesteins wurde für das Verhältnis $N_{Rb} : N_{Sr}$ der Wert 0,19 gemessen.

g) Welcher Wert ergibt sich aus dem Diagramm von Teilaufgabe 1f für das Alter des Gesteins? 3 BE

Das Ergebnis aus Teilaufgabe 1g ist deutlich zu groß (geeignete Methoden führen zu $3{,}2 \cdot 10^9$ Jahren), da nicht berücksichtigt wurde, dass zum Zeitpunkt der Entstehung bereits ^{87}Sr im Gestein vorhanden war.

h) Wie verändert sich der Verlauf des Diagramms aus Teilaufgabe 1f, wenn man dies berücksichtigt? Erklären Sie, warum man damit ein geringeres Alter erhält, als in Teilaufgabe 1g ermittelt wurde. 6 BE

2. **Schutz vor γ-Strahlen**
In einem Labor wird ein γ-strahlendes Präparat in der Nähe eines Arbeitsplatzes aufbewahrt. Bereits ohne Präparat werden am Arbeitsplatz mit einem Zählgerät 120 Impulse pro Minute registriert (Nulleffekt).

Mit dem Präparat und ohne jegliche Abschirmung steigt am Arbeitsplatz die Zählrate z auf 480 pro Minute. Schirmt man das Präparat mit Blei der Dicke d ab, so sinkt die Zählrate z am Arbeitsplatz gemäß der nebenstehenden Tabelle.

d in cm	0	0,7	1,4	2,1
z in min^{-1}	480	298	209	166

a) Geben Sie eine mögliche Ursache des Nulleffekts an. 2 BE
b) Erklären Sie, weshalb die Messwerte auf eine Halbwertsdicke von 0,7 cm hindeuten. 4 BE
c) Am Arbeitsplatz soll die vom Präparat hervorgerufene Zählrate 10 % der Nullrate nicht übersteigen. Deshalb soll das Präparat in einem Bleitresor aufbewahrt werden. Berechnen Sie, ob eine Wanddicke von 4,2 cm ausreichend ist. 6 BE
d) Als Alternative könnte man auf die Abschirmung verzichten und dafür das Präparat in größerer Entfernung vom Arbeitsplatz aufbewahren. Erläutern Sie, warum die Zählrate auch ohne Absorption mit zunehmender Entfernung vom Präparat geringer wird. 5 BE
e) Wie in Teilaufgabe 2 c soll die vom Präparat hervorgerufene Zählrate 10 % der Nullrate nicht übersteigen. Berechnen Sie, ob eine Vervierfachung des Abstandes vom Präparat zum Arbeitsplatz genügt. 4 BE

60 BE

Tipps und Hinweise zur Lösung von Aufgabe IV

Tipp zu Teilaufgabe 1 a

Beachten Sie die Nukleonenzahlen.

Tipp zu Teilaufgabe 1 b

Verwenden Sie den auftretenden Massendefekt.

Tipp zu Teilaufgabe 1 c

Berücksichtigen Sie bei der Bewertung der berechneten Aktivität die statistischen Schwankungen bei Messergebnissen zur Radioaktivität.

Tipp zu Teilaufgabe 1 d

Zunächst müssen die Teilchen ionisiert und beschleunigt werden, damit sie dann in einem Magnetfeld die Lorentzkraft erfahren.

Tipp zu Teilaufgabe 1 e

Die Summe der Kerne bleibt konstant.

Tipp zu Teilaufgabe 1 g

Hier genügt die Ablesegenauigkeit am Diagramm.

Tipp zu Teilaufgabe 1 h

Untersuchen Sie die Auswirkung der als Summand im Nenner von $\frac{N_{Rb}}{N_{Sr}}$ zusätzlich auftretenden Anzahl von Strontiumkernen, die bereits vorhanden waren.

Tipp zu Teilaufgabe 2 a

Denken Sie hier auch an Wechselwirkungen mit dem Kosmos.

Tipp zu Teilaufgabe 2 b

Nehmen Sie zunächst diese Halbwertsdicke an und vergleichen Sie die idealisierten Rechenergebnisse mit den Messwerten.

Tipp zu Teilaufgabe 2 c

Wie viele Halbwertsdicken hat die Wand?

Tipp zu Teilaufgabe 2 d

Berücksichtigen Sie die bei zunehmendem Abstand größer werdende „ausgeleuchtete" Fläche.

Tipp zu Teilaufgabe 2 e

Der Nulleffekt muss vor der Rechnung abgezogen werden, da er unabhängig vom Abstand ist.

Lösung zu Aufgabe IV

1. a) Weil die Nukleonenzahl bei diesem Zerfall gleich bleibt, muss es sich um einen **Betazerfall** handeln. Die Reaktionsgleichung lautet:

$$^{87}_{37}Rb \rightarrow {}^{87}_{38}Sr + {}^{0}_{-1}e$$

b) Als **Q-Wert** der Reaktion ergibt sich mit der angegebenen Rubidiumatommasse sowie der Strontiumatommasse aus der Formelsammlung:

$$Q = [m_{Rb87} - m_{Sr87}] \cdot 931{,}5\ \text{MeV}$$
$$= [86{,}909181 - 86{,}908884] \cdot 931{,}5\ \text{MeV} \approx 277\ \text{keV}$$

c) Die Halbwertszeit beträgt $4{,}88 \cdot 10^{10}$ a, also ergibt sich für die Zerfallskonstante (Formelsammlung):

$$\lambda = \frac{\ln 2}{4{,}88 \cdot 10^{10}\ \text{a}} \approx 1{,}42 \cdot 10^{-11}\ \frac{1}{\text{a}}$$

Die Anzahl der Kerne in der Probe ist

$$N = \frac{100 \cdot 10^{-9}\ \text{kg}}{87\ \text{u}} = \frac{100 \cdot 10^{-9}\ \text{kg}}{87 \cdot 1{,}66 \cdot 10^{-27}\ \text{kg}} \approx 6{,}92 \cdot 10^{17},$$

das liefert eine Aktivität von

$$A = \lambda \cdot N = 1{,}42 \cdot 10^{-11}\ \frac{1}{\text{a}} \cdot 6{,}92 \cdot 10^{17} = \frac{1{,}42 \cdot 10^{-11} \cdot 6{,}92 \cdot 10^{17}}{365{,}25 \cdot 24 \cdot 3600\ \text{s}} \approx 0{,}31\ \text{Bq}.$$

Dieser Wert liegt im Bereich der Nullrate, der wegen der statistischen Schwankungen keine brauchbaren Messungen ermöglicht.

d) Beim Massenspektrometer müssen die zu messenden Teilchen zunächst ionisiert werden und fliegen dann durch eine Blende in ein **beschleunigendes elektrisches Feld** (Plattenkondensator, siehe Skizze).

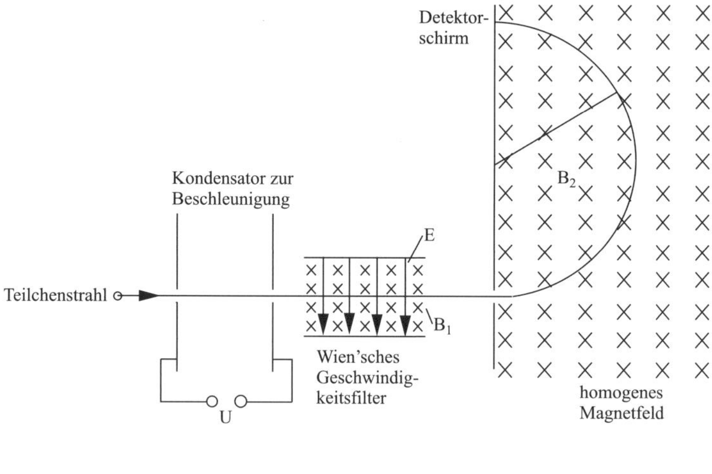

Durch eine weitere Blende erreichen sie ein sogenanntes **Wien'sches Geschwindigkeitsfilter** mit zueinander wie auch zur Flugrichtung senkrechtem elektrischen und magnetischen Feld (elektrische Feldstärke E, magnetische Flussdichte B_1), das nur Teilchen der Geschwindigkeit $v = E \cdot (B_1)^{-1}$ unabgelenkt lässt, sodass sie durch ein kleines Loch das homogene Magnetfeld rechts vom Detektorschirm treffen.
Im Magnetfeld der Flussdichte B_2 erfahren die Teilchen die **Lorentzkraft**, die sie auf eine Kreisbahn zwingt. Aus B_2 und dem Radius der (Halb)-Kreisbahn lässt sich bei bekannter Ladung die Masse sehr präzise bestimmen. Es gilt (weil die Lorentzkraft eine Zentripetalkraft ist):

$$m \cdot \frac{v^2}{r} = e \cdot v \cdot B_2 \quad \Rightarrow \quad m = \frac{r \cdot e \cdot B_2}{v} = \frac{r \cdot e \cdot B_2 \cdot B_1}{E}$$

e) Die Tabelle wird wie folgt ergänzt:

t	0	$T_{\frac{1}{2}}$	$2T_{\frac{1}{2}}$	$3T_{\frac{1}{2}}$	$4T_{\frac{1}{2}}$
N	$4{,}0 \cdot 10^{17}$	$2{,}0 \cdot 10^{17}$	$1{,}0 \cdot 10^{17}$	$5{,}0 \cdot 10^{16}$	$2{,}5 \cdot 10^{16}$
N_{St}	0	$2{,}0 \cdot 10^{17}$	$3{,}0 \cdot 10^{17}$	$3{,}5 \cdot 10^{17}$	$3{,}75 \cdot 10^{17}$
$N_{Rb} : N_{Sr}$	-----	1 : 1	1 : 3	1 : 7	1 : 15

f) Verhältnis $N_{Rb} : N_{Sr}$ in Abhängigkeit von der Zeit:

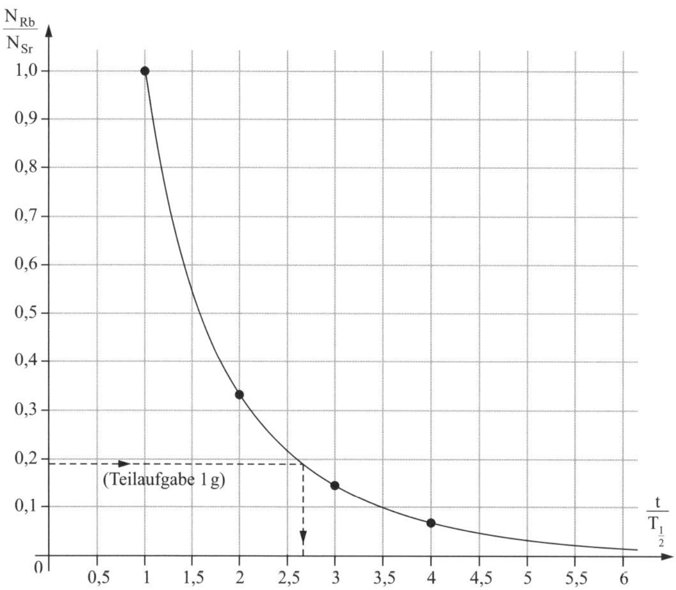

Im Diagramm müssen lediglich die berechneten Wertepaare eingezeichnet und verbunden werden, aber auch die Angabe des Funktionsterms wäre eine mögliche Aufgabenstellung, die zu dem gesuchten Graphen führt. Es gilt nämlich:

$$\left.\begin{array}{l} n_{Rb}(t) = 4{,}0 \cdot 10^{17} \cdot 2^{-\frac{t}{T_{\frac{1}{2}}}} \\ n_{Sr}(t) = 4{,}0 \cdot 10^{17} \cdot \left(1 - 2^{-\frac{t}{T_{\frac{1}{2}}}}\right) \end{array}\right\} \Rightarrow \frac{n_{Rb}}{n_{Sr}} = \frac{2^{-\frac{t}{T_{\frac{1}{2}}}}}{1 - 2^{-\frac{t}{T_{\frac{1}{2}}}}} = \frac{1}{2^{\frac{t}{T_{\frac{1}{2}}}} - 1}$$

g) Liest man den Wert im Diagramm ab (vgl. Graph in Teilaufgabe 1 f), ergibt sich ein Alter von etwa 2,7 Halbwertszeiten, das sind $1{,}3 \cdot 10^{11}$ a.

h) Anfangs vorhandenes Strontium stellt algebraisch im Nenner des Bruches $\frac{N_{Rb}}{N_{Sr}}$ einen konstanten Summanden dar.
Der tatsächliche Bruch ist daher zu jeder Zeit kleiner als der idealisierte Bruch oben, der Wert von 0,19 damit bereits früher erreicht als bei der in 1 f gezeichneten Funktion.

2. a) Mögliche Ursachen des Nulleffekts sind Umgebungsstrahlung oder die überall auf der Erdoberfläche feststellbare Höhenstrahlung, die mit zunehmender Höhe über dem Boden stärker wird.

b) Da laut Angabe nur das Präparat mit der Bleiplatte abgeschirmt wird und der Nulleffekt nach wie vor ungeschwächt mitgezählt wird, muss man die Tabellenwerte um eben diesen Nulleffekt von 120 min^{-1} bereinigen:

d in cm	0	0,7	1,4	2,1
z je min^{-1}	480	298	209	166
z ohne Nulleffekt	360	178	89	46
idealisierter Wert von z ohne Nulleffekt bei 0,7 cm Halbwertsdicke	360	180	90	45

Die Werte der beiden letzten Zeilen stimmen sehr gut überein. Das lässt darauf schließen, dass die Halbwertsdicke tatsächlich 0,7 cm beträgt.

c) 4,2 cm sind gerade 6 Halbwertsdicken, also kommen noch $\frac{1}{2^6} = \frac{1}{64} \approx 1{,}56\ \%$ der Strahlung durch die Bleiplatte.
Bezogen auf den bereinigten Wert von 360 min^{-1} sind das ca. 5,6 min^{-1}, also weniger als der geforderte Grenzwert von 12 min^{-1} (10 % von 120 min^{-1}). Die Abschirmung genügt folglich.

d) Bestrahlt das Präparat aus einer bestimmten Entfernung x eine Einheitsfläche mit der Intensität I, dann wird im Abstand $k \cdot x$ nur noch der Bruchteil $\frac{1}{k^2}$ von I je Flächeninhalt gemessen, weil die gleiche Strahlung wegen des quadratischen Vergrößerungsfaktors bei Flächen nach zentrischer Streckung jetzt eine um den Faktor k^2 größere Fläche ausleuchtet. Die Zählrate nimmt also mit dem Quadrat des Abstandes ab.

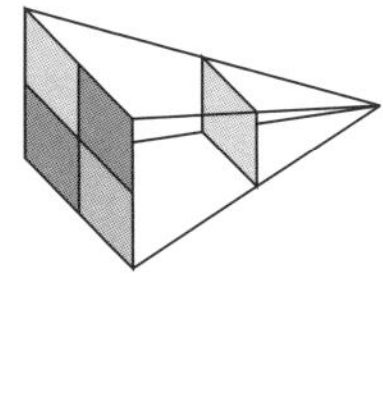

e) Vervierfacht man den Abstand vom Präparat, dann ist die Bestrahlungsstärke je Flächeneinheit nur noch $\frac{1}{16} = 6{,}25\ \%$ von 360 min^{-1} (der Nulleffekt wird nicht geringer!), also 22,5 min^{-1} und damit mehr als 12 min^{-1}. Der vierfache Abstand genügt **nicht**.

Grundkurs Physik (Bayern): Abiturprüfung 2009 – Aufgabe V
Mission zum Merkur, Strahlungsleistung der Sonne

1. **Mission zum Merkur**
Am 26. April 2009 konnte man bei klarer Sicht den Planeten Merkur kurz nach Sonnenuntergang am Abendhimmel sehen. An diesem Abend stand Merkur in größter östlicher Elongation zur Sonne.

a) Fertigen Sie eine maßstabsgetreue Zeichnung an (1 AE entspricht 5 cm), welche die als kreisförmig angenommenen Bahnen von Merkur und Erde um die Sonne sowie deren Positionen bei größter östlicher Elongation Merkurs zeigt. Berechnen Sie für diese Konstellation die Entfernung Merkurs von der Erde sowie den Winkelabstand Sonne–Merkur für einen Beobachter auf der Erde. 9 BE

In den darauf folgenden Wochen verkürzt Merkur zunächst seinen Abstand zur Erde und wird sich eineinhalb Monate später in größter westlicher Elongation befinden.

b) Tragen Sie die Positionen von Erde und Merkur zu diesem Zeitpunkt in die Zeichnung von Teilaufgabe 1a ein und diskutieren Sie, ob bzw. wo Merkur im Zeitraum zwischen größter östlicher und westlicher Elongation mit bloßem Auge zu beobachten ist. 7 BE

Die Raumsonde Messenger startete am 3. August 2004 und wird voraussichtlich im Juni 2011 in einen Orbit um Merkur einschwenken.

c) Die kinetische Energie der Sonde ist auf der Merkurbahn größer als auf der Erdbahn. Trotzdem muss die Sonde auf ihrer langen Reise zum Merkur durch mehrere Swing-by-Manöver an Erde, Venus und Merkur abgebremst werden. Erklären Sie diesen scheinbar widersprüchlichen Sachverhalt. 4 BE

d) Die Sonde wird den Planeten Merkur auf einer starken exzentrischen Bahn umlaufen, wobei der Abstand der Sonde von der Merkuroberfläche zwischen ca. 200 km und ca. 15 000 km schwanken wird. Zeigen Sie durch Rechnung, dass die Sonde für einen Umlauf etwa 12 Stunden benötigt. 6 BE

Durch die Sonneneinstrahlung heizt sich die Sonde stark auf, obwohl der Hitzeschild 60 % der Strahlungsleistung reflektiert. Die größte Temperatur erreicht der Hitzeschild im Perihel des Merkur.

e) Berechnen Sie den Perihelabstand r_p des Merkur.
[zur Kontrolle: $r_p = 0{,}307$ AE] 4 BE

f) Schätzen Sie die maximale Temperatur ab, auf die sich der Hitzeschild aufheizt. Nehmen Sie hierzu vereinfachend an, dass der Hitzeschild nicht gekrümmt ist, dass die Strahlung senkrecht auf den Schild fällt und dass die aufgenommene Wärme nur von der Vorder- und Rückseite des Hitzeschilds wieder abgestrahlt wird. 7 BE

g) Außer der starken Wärmestrahlung geht von der Sonne noch eine weitere Gefahr für die Sonde aus. Erläutern Sie diese knapp. 4 BE

2. **Strahlungsleistung der Sonne**

Die Solarkonstante kann mit folgendem Versuch abgeschätzt werden:
Ein geschwärzter Metallblock der Masse m wird der Sonnenstrahlung ausgesetzt, wobei eine Seitenfläche mit Flächeninhalt A senkrecht beschienen wird. Dabei wird die Temperatur des Blocks in Abhängigkeit von der Zeit gemessen. Die spezifische Wärmekapazität c der gesamten Anordnung wurde in einem Vorversuch ermittelt.

a) Leiten Sie eine Formel her, mit deren Hilfe man aus den gemessenen Größen die Solarkonstante abschätzen kann. Nennen Sie zwei in der Praxis nur schwer vermeidbare Fehlerquellen. 7 BE

Bis etwa 1930 kannte man die Prozesse der Energieumwandlung in der Sonne nicht. Eine Vermutung war, dass die Strahlungsenergie der Sonne aus freigesetzter Gravitationsenergie E_G stammt. Diese lässt sich nach dem Term

$$E_G = \frac{G \cdot m_{\odot}^2}{R_{\odot}}$$

berechnen, wobei $R_{\odot}$ der Sonnenradius und $m_{\odot}$ die Sonnenmasse ist.

b) Berechnen Sie, wie lange die Sonne bei ihrer momentanen Leuchtkraft mit der freigesetzten Gravitationsenergie strahlen könnte. Nennen Sie ein Argument, das gegen die oben genannte Vermutung spricht. 8 BE

c) Erläutern Sie kurz den Prozess, aus dem die Strahlungsenergie der Sonne tatsächlich stammt. 4 BE

60 BE

Tipps und Hinweise zur Lösung von Aufgabe V

Vorbemerkung: **MESSENGER** (**ME**rcury **S**urface, **S**pace **EN**vironment, **GE**ochemistry and **R**anging) ist eine Raumsonde der NASA, die den sonnennächsten Planeten erforschen soll. Die Sonde startete am 3. August 2004 und soll am 18. März 2011 in eine Umlaufbahn um den Merkur einschwenken.

Tipps zu Teilaufgabe 1 a

- Überlegen Sie sich, wie die Reihenfolge der Untergänge von Sonne und Merkur bei Merkur als Abendstern aussieht.
- Betrachten Sie für die Entfernung Erde – Merkur das (besondere) Dreieck mit den Eckpunkten Merkur, Erde, Sonne.

Tipps zu Teilaufgabe 1 b

- Nicht vergessen: Die Erde bewegt sich in 1,5 Monaten auf ihrer Bahn weiter!
- Wie verändert sich die Sichtbarkeit des Merkur am Abend?
- Kann man den Merkur in der unteren Konjugation beobachten?

Tipp zu Teilaufgabe 1 c

- Stellen Sie sich vor, die Messengersonde würde eine Hohmannbahn fliegen. Welche Perihelgeschwindigkeit hat die Sonde dann auf der Merkurbahn?

Tipp zu Teilaufgabe 1 d

- Achtung: Die Perihel- bzw. Apheldistanz sind gemäß Text zur Merkuroberfläche angegeben!

Tipps zu Teilaufgabe 1 f

- Denken Sie an die Berechnung einer Gleichgewichtstemperatur eines Planeten.
- Welche Unterschiede zum Planeten treten in dieser Aufgabenstellung auf?

Tipp zu Teilaufgabe 1 g

- Denken Sie darüber nach, was die Sonne außer Wärmestrahlung noch an den interplanetaren Raum abgibt.

Tipps zu Teilaufgabe 2 a

- Die aufgenommene Energie ist Wärme. Denken Sie an die Größe Solarkonstante.
  Welche Einheit hat die Solarkonstante?
- Die Fehlerquellen müssen *schwer* vermeidbar sein (also nicht etwa Ablesefehler am Thermometer!).

Tipps zu Teilaufgabe 2 b

- Bedenken Sie, welche Strahlungsleistung die Sonne hat. Gehen Sie bei der Berechnung davon aus, dass die gesamte berechnete Gravitationsenergie für die Strahlungsleistung verwendet wird.
- Betrachten Sie abschließend die Zeit im Verhältnis zur Lebensdauer des Sonnensystems.

Tipp zu Teilaufgabe 2 c

- Wie lautet die Prinzipgleichung der Energieerzeugung der Sonne?

Lösung zu Aufgabe V

1. **Mission zum Merkur**

   a) Für die Zeichnung (Abbildung 1): Erde: 1 AE ≙ 5cm; Merkur: 0,387 AE ≙ 1,9 cm.
   Größte östliche Elongation ist **links** (Abendstern; die Sonne geht vor Merkur unter!)
   Entfernung Merkur – Erde: f

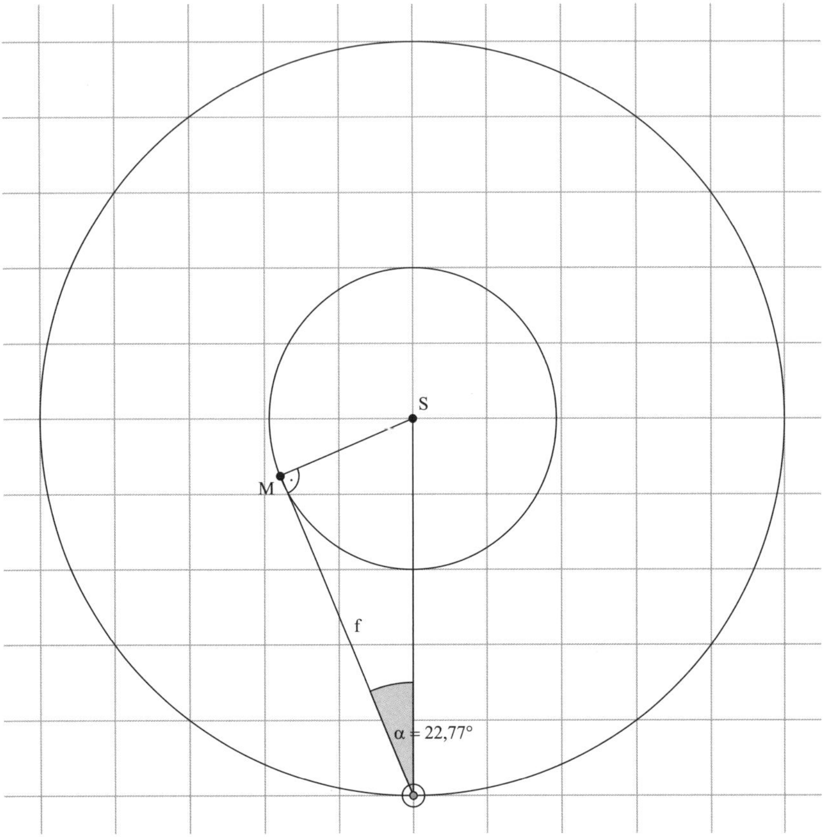

Abb. 1

Entfernung des Merkur von der Erde:

$$f^2 = \overline{ES}^2 - \overline{MS}^2 = (1\ \text{AE})^2 - (0{,}387\ \text{AE})^2 = 0{,}85\ \text{AE}^2 \quad \Rightarrow \quad f = 0{,}922\ \text{AE}$$

Winkelabstand Sonne – Merkur von der Erde aus:

$$\sin\alpha = \frac{\overline{SM}}{\overline{SE}} = 0{,}387 \quad \Rightarrow \quad \alpha = 22{,}8°$$

b) In eineinhalb Monaten bewegt sich die Erde um den Winkel $\beta = 1{,}5 \cdot 30° = 45°$ weiter (Abbildung 2).
In dieser Zeit nähert sich Merkur der Sonne und somit wird der Elongationswinkel kleiner, sodass die Beobachtungszeit als Abendstern geringer wird, bis er schließlich so nah an der Sonne steht, dass er nicht mehr beobachtbar ist.
Nach der unteren Konjunktion (Merkur vor Sonne), nimmt der Winkelabstand auf der anderen Seite zu, sodass Merkur nach einiger Zeit am Morgenhimmel zu beobachten ist, erst nur kurze Zeit, dann wieder etwas länger.

Über die Dauer entscheidet die Lage der Ekliptik zum Horizont.

Merkur steht nun auf der anderen Seite der Sonne.

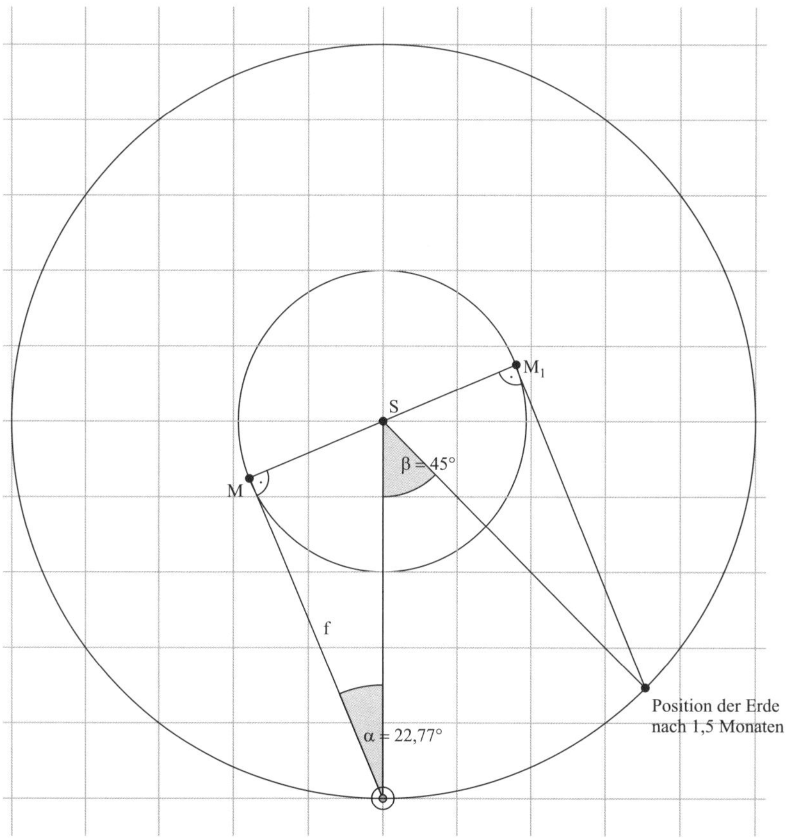

Abb. 2

c) Beim Flug von der Erde („Aphel" der Messengerbahn) zum Merkur („Perihel" der Messengerbahn) nimmt die kinetische Energie der Sonde zu. Die Perihelgeschwindigkeit ist jedoch größer als die Kreisbahngeschwindigkeit des Merkurs, und somit muss die Sonde auf diese Geschwindigkeit abgebremst werden.

d) Aus den gegebenen Distanzen kann zunächst die große Halbachse a der Umlaufbahn und daraus mithilfe des 3. Kepler'schen Gesetzes die Umlaufdauer T berechnet werden.

Bezeichnen r_P und r_A den größten bzw. kleinsten Abstand der Umlaufbahn zum Merkur (= Ellipsenbrennpunkt) und r_M den Merkurradius, dann gilt für a:

$$a = \frac{1}{2} \cdot (r_P + r_A) = \frac{1}{2} \cdot \left((200\ \text{km} + r_M) + (r_M + 15\,000\ \text{km})\right)$$

$$= \frac{1}{2} \cdot (200\ \text{km} + 2 \cdot 2\,439\ \text{km} + 15\,000\ \text{km}) = 10 \cdot 10^3\ \text{km}$$

3. Kepler'sche Gesetz:

$$\frac{T^2}{a^3} = \frac{4\pi^2}{G \cdot m_M} \quad \Leftrightarrow \quad T^2 = \frac{a^3 \cdot 4\pi^2}{G \cdot m_M}$$

$$= \frac{(10 \cdot 10^6\ \text{m})^3 \cdot 4\pi^2}{6{,}67 \cdot 10^{-11}\ \text{m}^3\ \text{kg}^{-1}\ \text{s}^{-2} \cdot 0{,}055 \cdot 5{,}98 \cdot 10^{24}\ \text{kg}}$$

$$= 1{,}8 \cdot 10^9\ \text{s}^2$$

$$\Rightarrow \quad T = 4{,}242\ldots \cdot 10^4\ \text{s} \approx 12\ \text{h}$$

e) Perihelabstand r_p des Merkurs (a: große Halbachse; ε: numerische Exzentrizität):

$$r_p = a - a \cdot \varepsilon = 0{,}387\ \text{AE} - 0{,}387\ \text{AE} \cdot 0{,}206 = 0{,}307\ \text{AE}$$

f) *Ansatz:* Im thermischen Gleichgewicht wird genauso viel Leistung aufgenommen wie abgegeben,

$$P_{auf} = P_{ab.}$$

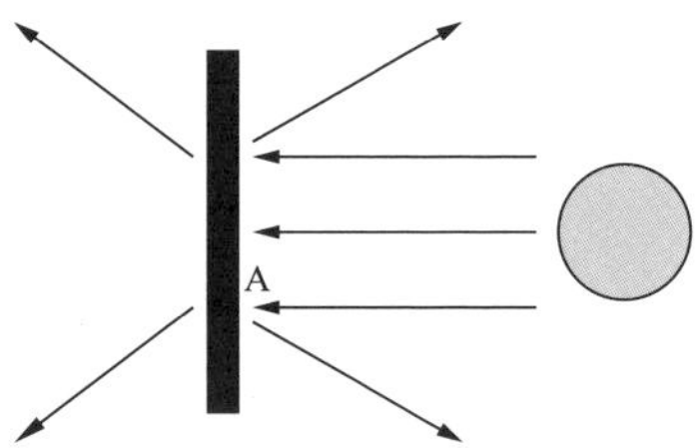

Beachten Sie: Die Abstrahlung erfolgt hier nicht über eine Kugeloberfläche, sondern über **zwei Rechtecksflächen** der Größe A. Die Aufnahme erfolgt über **eine Seite** der Rechtecksfläche.

Leistungsaufnahme

Es gilt mit der angegebenen Albedo von 60 %:

$$P_{auf} = S \cdot (1 - 0{,}60) \cdot A \qquad (*)$$

Dabei ist S die Solarkonstante bei Merkur:

$$S = \frac{L_{Sonne}}{4\pi \cdot (0{,}307\ \text{AE})^2}$$

Da die Solarkonstante $S_E = 1360\ \frac{\text{W}}{\text{m}^2}$ auf der Erde entsprechend mit

$$S_E = \frac{L_{Sonne}}{4\pi \cdot (1\ \text{AE})^2}$$

definiert ist, folgt durch Verhältnisbildung:

$$\frac{S}{S_E} = \frac{1}{0{,}307^2} = 10{,}6 \quad \Rightarrow \quad S = 10{,}6 \cdot S_E = 10{,}6 \cdot 1360\ \frac{\text{W}}{\text{m}^2} = 14{,}4\ \frac{\text{kW}}{\text{m}^2}$$

Eingesetzt in (*) erhält man:

$$P_{auf} = 14{,}4\,\frac{kW}{m^2} \cdot 0{,}4 \cdot A = 5\,772\,\frac{kW}{m^2} \cdot A$$

Leistungsabstrahlung
Die Abstrahlung erfolgt gemäß dem Stefan-Boltzmann-Gesetz:

$$P_{ab} = 2A \cdot \sigma \cdot T^4$$

Gleichgewicht
Setzt man die abgegebene und die aufgenommene Leistung gleich, erhält man:

$$P_{auf} = P_{ab} \Leftrightarrow 5\,772\,\frac{kW}{m^2} \cdot A = 2A \cdot \sigma \cdot T^4$$

$$\Rightarrow \quad T^4 = \frac{5772\,\frac{W}{m^2}}{2\sigma} = \frac{5772\,\frac{W}{m^2}}{2 \cdot 5{,}67 \cdot 10^{-8}\,\frac{W}{m^2K^4}} \approx 5{,}11 \cdot 10^{10}\,K^4 \quad \Rightarrow \quad T \approx 475\,K$$

Man erkennt, dass die Temperatur von der Größe der Fläche unabhängig ist, da sich A kürzen lässt.

g) Die energiereichen **Teilchen des Sonnenwindes** können den Satelliten schaden.

2. **Strahlungsleistung der Sonne**

a) Ein erwärmter Metallblock nimmt durch die Sonneneinstrahlung Energie auf:

$$\Delta Q = c \cdot m \cdot \Delta T$$

Die Solarkonstante bezeichnet die pro Zeit- und Flächeneinheit eintreffende Energie, also erhält man S aus

$$S = \frac{\Delta Q}{\Delta t \cdot A} = \frac{c \cdot m \cdot \Delta T}{\Delta t \cdot A}.$$

Schwer vermeidbare Fehlerquellen:
- Absorption der Energie auf dem Weg durch die Atmosphäre
- Wärmeabgabe (Wärmegleichgewicht!) des Metallblocks

b) Die maximal freigesetzte Gravitationsenergie beträgt:

$$E_G = \frac{G \cdot m_\odot^2}{R_\odot} = \frac{6{,}67 \cdot 10^{-11}\,m^3kg^{-1}s^{-2} \cdot (2 \cdot 10^{30}\,kg)^2}{6{,}96 \cdot 10^8\,m} = 3{,}8 \cdot 10^{41}\,J$$

Die Zeit, in der sich diese Energie bei einer Strahlungsleistung von $L_\odot = 3{,}8 \cdot 10^{26}$ W (Formelsammlung) ansammelt, beträgt

$$t = \frac{3{,}8 \cdot 10^{41}\,J}{3{,}8 \cdot 10^{26}\,W} = 1{,}0 \cdot 10^{15}\,s \approx 3{,}2 \cdot 10^7\,a.$$

Gegen die Vermutung spricht, dass man weiß, dass das Alter der Sonne bei ca. 4 Milliarden Jahren liegt (z. B.: aus Altersbestimmung von Gestein auf der Erde).

c) Die Energiegewinnung der Sonne beruht auf **Kernfusion**. Dabei werden 4 Protonen zu einem Heliumkern verschmolzen, wobei zwei Positronen und zwei Neutrinos sowie ca. 26 MeV frei werden.

Grundkurs Physik (Bayern): Abiturprüfung 2009 – Aufgabe VI
Elektra in den Plejaden, Der Crabnebel, Supernovae

1. **Elektra in den Plejaden**
Die Plejaden sind ein bekannter offener Sternhaufen im Sternbild Stier. Zu diesem Sternhaufen gehört der Hauptreihenstern Elektra, der mit einer Oberflächentemperatur von $1{,}4 \cdot 10^4$ K der Spektralklasse B angehört. Der Satellit Hipparcos hat die jährliche trigonometrische Parallaxe von Elektra zu $8{,}8 \cdot 10^{-3}$ Bogensekunden vermessen.
a) Erläutern Sie unter Verwendung einer Skizze das Prinzip der Entfernungsbestimmung mithilfe der jährlichen Parallaxe. 6 BE
b) Zeigen Sie, dass Elektra $3{,}7 \cdot 10^2$ Lichtjahre entfernt ist. 3 BE
c) Erstellen Sie ein Hertzsprung-Russell-Diagramm und kennzeichnen Sie darin die Lage der drei wichtigsten Sterntypen sowie von Elektra und der Sonne. 6 BE

Es wird vermutet, dass mit den Sternen der Plejaden vereinzelt auch Planeten entstanden sind, deren absolute Helligkeit so groß ist wie die von Jupiter. Jupiter hat in Oppositionsstellung eine scheinbare Helligkeit von –2,8.
d) Gehen Sie davon aus, dass ein derartiger Planet Elektra umkreist.
Berechnen Sie dessen scheinbare Helligkeit und diskutieren Sie, ob dieser Planet mit dem Hubble-Weltraumteleskop beobachtet werden kann. (Das Hubble-Teleskop kann Objekte mit einer scheinbaren Helligkeit von 31 gerade noch erfassen.) 7 BE

2. **Der Crabnebel**
Der Crabnebel M1 im Sternbild Stier gilt als Überrest einer Supernova, die von chinesischen Astronomen im Jahr 1054 n. Chr. beobachtet wurde. Die historischen Berichte legen eine scheinbare Helligkeit von $m = -6$ nahe. Aktuelle Messungen ergaben für den $6{,}3 \cdot 10^3$ Lichtjahre entfernten Nebel einen Winkeldurchmesser von 6,0'. Dieser vergrößert sich mit einer Expansionsrate von 0,38'' pro Jahr. Man kann vereinfachend von einer gleichförmigen Expansion des Nebels ausgehen.
a) Zeigen Sie, dass sich aus der Expansionsrate das richtige Alter des Nebels ergibt. 3 BE
b) Ermitteln Sie die Expansionsgeschwindigkeit des Nebels. 5 BE
c) Berechnen Sie die Leuchtkraft der Supernova von 1054 in Vielfachen der Sonnenleuchtkraft. 6 BE

Im Zentrum des Nebels befindet sich ein Neutronenstern, der mit der Periode $T = 33$ ms rotiert. Der Neutronenstern kann bei einer derart schnellen Rotation nur dann durch Gravitationskräfte zusammengehalten werden, wenn seine mittlere Dichte ρ einen gewissen Mindestwert überschreitet.
d) Zeigen Sie, dass für diesen Mindestwert der Ausdruck

$$\rho = \frac{3\pi}{G \cdot T^2}$$

gilt, wobei G die Gravitationskonstante ist. Betrachten Sie hierfür die Gravitationskraft und die Zentripetalkraft, die auf eine kleine Masse m am Äquator des Neutronensterns wirken. 7 BE
e) Bestimmen Sie den Mindestwert der mittleren Dichte des Neutronensterns im Crabnebel. 3 BE

3. **Supernovae**
Man unterscheidet verschiedene Typen von Supernovae. Supernovae vom Typ II treten im Spätstadium massereicher Sterne auf. Supernovae vom Typ I a können sich dagegen in Doppelsternsystemen mit einem Weißen Zwerg ereignen.

a) Erläutern Sie die Entwicklung eines massereichen Sterns zum Neutronenstern und gehen Sie dabei auch kurz auf die Vorgänge bei einer Supernova vom Typ II ein. 7 BE

Supernovae vom Typ I a beobachtet man sowohl in nahen als auch in fernen Galaxien. Man geht davon aus, dass sie immer die gleiche maximale Helligkeit besitzen.

b) Welche Daten weit entfernter Galaxien sind zur Bestimmung der Hubblekonstante erforderlich? Erläutern Sie, wie man diese Daten erhält. Gehen Sie dabei auch auf die Bedeutung von Supernovae des Typs I a ein. 7 BE

60 BE

Tipps und Hinweise zur Lösung von Aufgabe VI

Tipps zu Teilaufgabe 1 a

- Denken Sie daran, dass neben der Skizze auch eine Erläuterung (Text!) verlangt ist.
- Geben Sie auch die Formeln an, die zur endgültigen Formel der Formelsammlung führen.

Tipp zu Teilaufgabe 1 c

- Einteilung der Achsen: y-Achse L oder M; x-Achse entweder die Spektralklasse oder die Temperatur.

Tipps zu Teilaufgabe 1 d

- Welche absolute Helligkeit hätte Jupiter?
- Anschließend können Sie seine scheinbare Helligkeit in der realen Entfernung berechnen.
- Bedenken Sie, dass das Ergebnis $m \leq 31$ nicht notwendig dazu führt, dass man einen Planeten beobachten kann!

Tipp zu Teilaufgabe 2 a

- Wie lange braucht der Nebel, wenn er sich mit $\frac{0.38''}{a}$ ausbreitet, um auf den angegebenen scheinbaren Durchmesser zu kommen?

Tipps zu Teilaufgabe 2 b

- Beachten Sie, dass die Ausbreitung in alle Richtungen erfolgt.
- Da hier eine Geschwindigkeit $(\frac{km}{s})$ gefragt ist, müssen Sie auf die realen Ausdehnungen zurückgreifen.

Tipp zu Teilaufgabe 2 c

- Über die absolute Helligkeit gelangt man zur Leuchtkraft.

Tipps zu Teilaufgabe 2 d

- Sie benötigen zwei Gleichungen: Eine für die Dichte und eine für das Verhältnis von Zentralkraft zur Gravitationskraft.
- Stellen Sie die Gleichungen geeignet um und setzen Sie ineinander ein.

Tipp zu Teilaufgabe 2 e

- Einsetzaufgabe. Beachten Sie, ob die berechnete Größenordnung zutreffend ist.

Tipps zu Teilaufgabe 3 a

- Überlegen Sie genau, was im Kern des Sternes geschieht und was in der Hülle abläuft. Was sind überhaupt massenreiche Sterne?
- Welcher der stattfindenden Vorgänge bezeichnet man als Supernova?

Tipps zu Teilaufgabe 3 b

- In welchem Gesetz findet man die Hubbelkonstante?
- Welche anderen Größen kommen in diesem Gesetz vor?
- Wie bestimmt man diese?
- Inwieweit können die Supernovae vom Typ I a dabei nützlich sein?

Lösung zu Aufgabe VI

1. **Elektra in den Plejaden**
   Daten von Elektra: $T_{eff} = 1{,}4 \cdot 10^4$ K; Spektralklasse B; $p = (8{,}8 \cdot 10^{-3})''$

   a) Die Bestimmung der jährlichen Parallaxe erfolgt von zwei gegenüberliegenden Punkten der Erdbahn aus. Es wird die Verschiebung des Sternes zum weiter entfernten Sternhintergrund von den beiden Positionen A und B aus gemessen, woraus man den Parallaxenwinkel p erhält. Die gesuchte Entfernung r erhält man dann über die folgende Winkelbeziehung (Abbildung 1):

   $$\tan p = \frac{a}{r}$$

   $$\Rightarrow \quad r = \frac{a}{\tan p}$$

   Dabei wird p im Bogenmaß gemessen. Da alle Parallaxenwinkel kleiner als 1'' sind, gilt in sehr guter Näherung $\tan p \approx p$ und damit:

   $$r = \frac{a}{p}$$

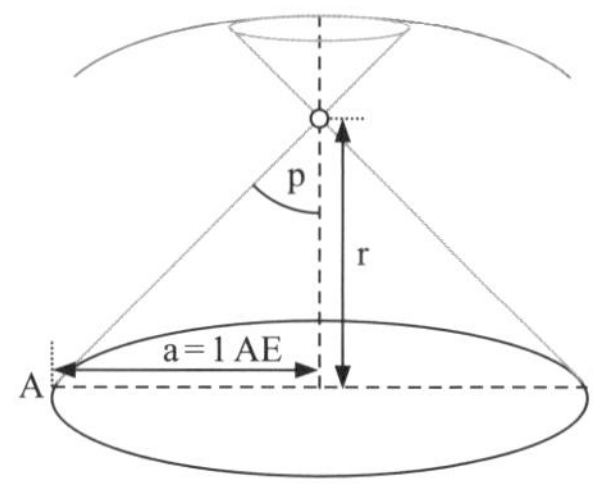

Abb. 1: Jährliche trigonometrische Parallaxe

   b) Mit $\frac{r}{1\,\text{pc}} = \frac{1''}{p}$ erhält man:

   $$r = \frac{1''}{(8{,}8 \cdot 10^{-3})''}\,\text{pc} = 114\,\text{pc} = 114 \cdot 3{,}26\,\text{ly} = 3{,}7 \cdot 10^2\,\text{ly}$$

   c)

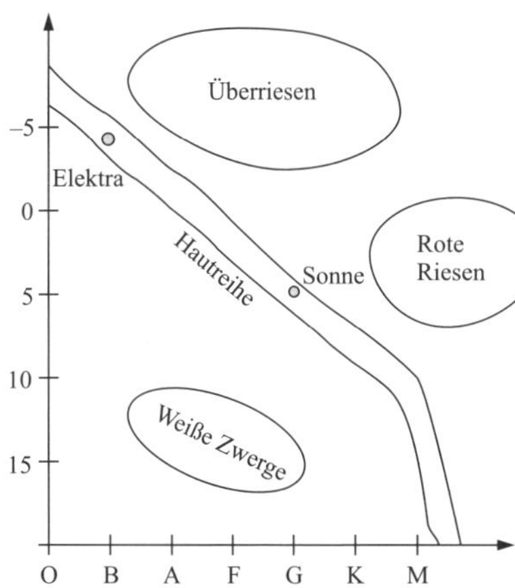

Abb. 2: Hertzsprung-Russell-Diagramm mit Sonne und Elektra

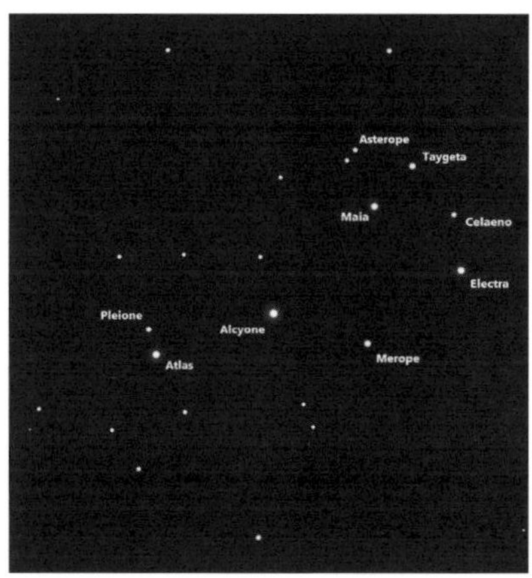

Abb. 3: Plejaden mit Elektra Foto: wikipedia.org

d) Die scheinbare Helligkeit m = –2,8 besitzt Jupiter in Oppositionsstellung, d. h. in einer Erdentfernung von 4,2 AE (= 5,2 AE – 1 AE).
Zunächst berechnet man die absolute Helligkeit von Jupiter mithilfe des Entfernungsmoduls:

$$m - M = 5 \cdot \lg \frac{r}{10\ \text{pc}} = 5 \cdot \lg \frac{4{,}2\ \text{AE}}{2\,062\,650\ \text{AE}} = -28{,}5$$

$$\Rightarrow \quad M = -2{,}8 + 28{,}5 = 25{,}7$$

Nun verschiebt man unseren Jupiter in 114 pc Entfernung und bestimmt wieder mit dem Entfernungsmodul seine scheinbare Helligkeit an diesem Ort:

$$m - M = 5 \cdot \lg \frac{r}{10\ \text{pc}} = 5 \cdot \lg 11{,}4 = 5{,}3$$

$$\Rightarrow \quad m = M + 5{,}3 = 25{,}7 + 5{,}3 = 31$$

Diese Helligkeit entspricht gerade der Grenzhelligkeit des HST. Beobachten kann man den Planeten so jedoch trotzdem nicht, weil die geringe Helligkeit des Planeten vom Stern Elektra ($M \approx -5$) völlig überstrahlt würde.

2. **Der Crabnebel**
m = –6; r = 6,3 · 10^3 ly; Winkeldurchmesser: 6,0'; vergrößert sich um 0,38" pro Jahr

a) Wenn sich der Nebel jedes Jahr um 0,38" ausdehnt und damit bisher auf 6,0' gekommen ist, dann muss er vor

$$t = \frac{6{,}0 \cdot 60''}{\frac{0{,}38''}{a}} = 950\ a$$

entstanden sein. Geht man von

$$2009 - 950 = 1059$$

aus, erreicht man relativ genau das Entstehungsjahr.

Abb. 4: Crabnebel Foto: www.nasa.gov

b) Entfernung:

$$r = 6{,}3 \cdot 10^3\ \text{ly} \cdot \frac{1}{3{,}26}\frac{\text{pc}}{\text{ly}} \cdot 206\,265\,\frac{\text{AE}}{\text{pc}} \cdot 1{,}50 \cdot 10^8\,\frac{\text{km}}{\text{AE}} = 5{,}98 \cdot 10^{16}\ \text{km}$$

Wenn sich der Nebel um 0,38" pro Jahr ausdehnt, dann dehnt er sich in jede Richtung um 0,19" aus. Mithilfe der Formel

$$\frac{\alpha}{360^\circ} = \frac{d}{2\pi \cdot r}$$

erhält man den pro Jahr zurückgelegten Weg zu:

$$d = \frac{\alpha \cdot 2\pi \cdot r}{360^\circ} = \frac{0{,}19'' \cdot 2\pi \cdot 5{,}98 \cdot 10^{16}\ \text{km}}{360 \cdot 3\,600''} = 5{,}5 \cdot 10^{10}\ \text{km}$$

Damit folgt für die Expansionsgeschwindigkeit:

$$v=\frac{s}{t}=\frac{5{,}5\cdot10^{10}\,\text{km}}{1\,\text{a}}=\frac{5{,}5\cdot10^{10}\,\text{km}}{3\,600\cdot24\cdot365\,\text{s}}=1{,}7\cdot10^{3}\,\frac{\text{km}}{\text{s}}$$

c) Zunächst berechnet man die absolute Helligkeit der Supernova mit dem Entfernungsmodul:

$$m-M=5\cdot\lg\frac{6300}{10\cdot3{,}26}=11{,}4$$

$$\Rightarrow\quad M=m-11{,}4=-6-11{,}4=-17{,}4$$

Für die die Leuchtkraft erhält man dann:

$$L^{*}=\frac{L}{L_{\odot}}=q^{M_{\odot}-M}=q^{4{,}8+17{,}4}=8\cdot10^{8}$$

d) Gegeben: Pulsdauer $T=33$ ms

Die Dichte berechnet sich zu (M: Sternmasse, R: Sternradius):

$$\rho=\frac{M}{V}=\frac{M}{\frac{4}{3}\pi\cdot R^{3}}=\frac{3}{4\pi}\cdot\frac{M}{R^{3}}\qquad(1)$$

Der Faktor $M\cdot R^{-3}$ lässt sich unter Berücksichtigung des angegebenen Hinweises abschätzen: Für den Zusammenhalt des Sterns muss am Äquator $F_Z<F_{Grav}$ gelten. Setzt man beide Kräfte ein, ergibt sich

$$m\cdot R\cdot\omega^{2}<\frac{G\cdot m\cdot M}{R^{2}},$$

wobei m eine Masse am Äquator ist. Kürzen von m, Ausmultiplizieren und Umstellen führt auf:

$$R\cdot\frac{4\pi^{2}}{T^{2}}<\frac{G\cdot M}{R^{2}}$$

$$\Leftrightarrow\quad\frac{4\pi^{2}}{G\cdot T^{2}}<\frac{M}{R^{3}}\qquad(2)$$

Einsetzen der Relation (2) in die Formel (1) liefert:

$$\rho=\frac{3}{4\pi}\cdot\frac{M}{R^{3}}>\frac{3}{4\pi}\cdot\frac{4\pi^{2}}{G\cdot T^{2}}=\frac{3\pi}{G\cdot T^{2}}$$

$$\Leftrightarrow\quad\rho>\frac{3\pi}{G\cdot T^{2}}$$

e) Einsetzen der gegebenen Pulsdauer ergibt:

$$\rho>\frac{3\pi}{6{,}67\cdot10^{-11}\,\frac{\text{m}^{3}}{\text{kg}\cdot\text{s}^{2}}\cdot(33\cdot10^{-3}\,\text{s})^{2}}=1{,}3\cdot10^{14}\,\frac{\text{kg}}{\text{m}^{3}}$$

3. **Supernovae**

a) Sterne, welche in einer Supernova mit Endstadium Neutronenstern enden, haben eine Endmasse zwischen 1,4 Sonnenmassen (Chandrasekhar-Grenze) und ca. 2 – 3 Sonnenmassen (Volkhoff-Oppenheimer-Grenze). In einem derartigen Stern ist genügend Masse vorhanden, dass im Kern und der Hülle die verschiedenen Fusionsvorgänge ablaufen können (Abbildung 5). Nachdem in Kern Eisen fusioniert wurde ist keine weitere Kernfusion mehr möglich (Abbildung 6).
Die Druckkraft nach außen verschwindet und die Gravitationskraft bekommt die Herrschaft über den Kern des Sternes. Die äußere Hülle des Sternes wurde im Überriesenstadium schon weit in den interstellaren Raum verteilt. Die Gravitationskraft schiebt den Kern weit zusammen, die Materie im Kern entartet. Auch die elektrische Kraft kann die Gravitationskraft nicht stoppen. Die Elektronen werden in die Atomkerne gedrückt, sodass Neutronen entstehen. Die Neutronenmaterie ist dann in der Lage ein Gleichgewicht mit der Gravitation einzugehen.
Beim Kollaps des Eisenkerns wird Gravitationsenergie in der Größenordnung von 10^{46} J in Bruchteilen einer Sekunde frei, die als Schockwelle durch die äußere Hülle läuft und sie zerreißt (Supernova).

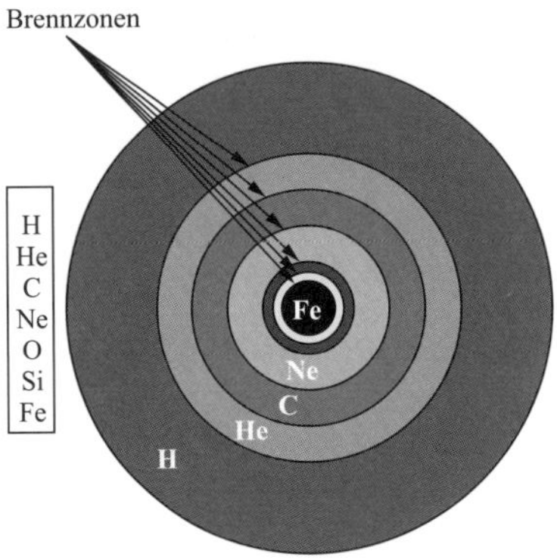

Abb. 5: Schalenaufbau eines massereichen Sterns

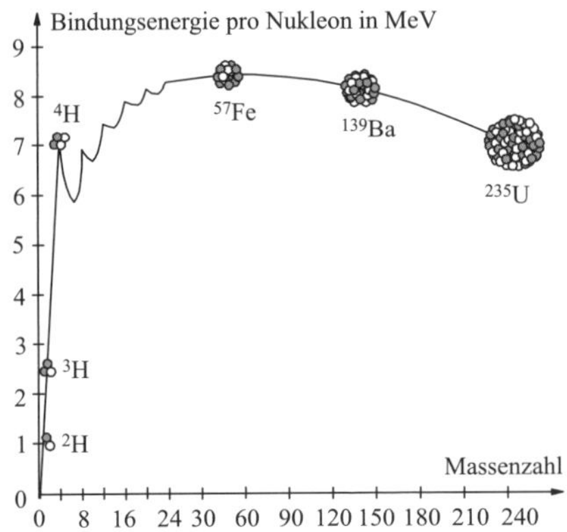

Abb. 6: Kernfusion energetisch bis zum Eisen möglich

b) Das Hubblegesetz lautet:

$$v = H_0 \cdot r \quad \Leftrightarrow \quad H_0 = \frac{v}{r}$$

Es müssen also die Radialgeschwindigkeit v und die Entfernung r bestimmt werden. Die Radialgeschwindigkeit erhält man mithilfe des Dopplereffektes: Man misst die Verschiebung einer charakteristischen Spektrallinie und berechnet mit

$$\frac{\Delta\lambda}{\lambda} = \frac{v}{c}$$

die Radialgeschwindigkeit v. Die Entfernung r misst man mithilfe des Entfernungsmoduls: Die scheinbare Helligkeit kann man beobachten, und die absolute muss von einem geeigneten Objekt bekannt sein – oder berechnet werden. Geeignet sind hierfür z. B. RR-Lyrae Sterne oder Cepheiden. Ebenso geeignet ist eine Supernova vom Typ I (Explosion eines weißen Zwerges in einem Doppelsternsystem), da hier immer in etwa die gleiche absolute Helligkeit vorliegt.

Grundkurs Physik (Bayern): Abiturprüfung 2010 – Aufgabe I
Trennung von Isotopen, Erdmagnetfeld und Archäologie

1. **Trennung von Isotopen**
Ein Teilchenstrahl enthält einfach positiv geladene Ionen der Kohlenstoffisotope ^{12}C und ^{14}C.
Die Massen der Isotope betragen $m_{12} = 1{,}99 \cdot 10^{-26}$ kg und $m_{14} = 2{,}33 \cdot 10^{-26}$ kg.
a) Erklären Sie Aufbau und Funktionsweise eines Filters, der es ermöglicht, einen Strahl von Ionen identischer Geschwindigkeit v_0 zu erzeugen. 5 BE

Alle so gefilterten Ionen haben die Geschwindigkeit $v_0 = 2{,}8 \cdot 10^5\ \text{m} \cdot \text{s}^{-1}$ und gelangen als gebündelter Strahl in die Mittelebene eines Plattenkondensators mit der Länge $\ell = 20{,}0$ cm und dem Plattenabstand $d = 4{,}0$ cm, an dem die Ablenkspannung $U = 250$ V anliegt. Die Anordnung ermöglicht eine Trennung der beiden Isotope.

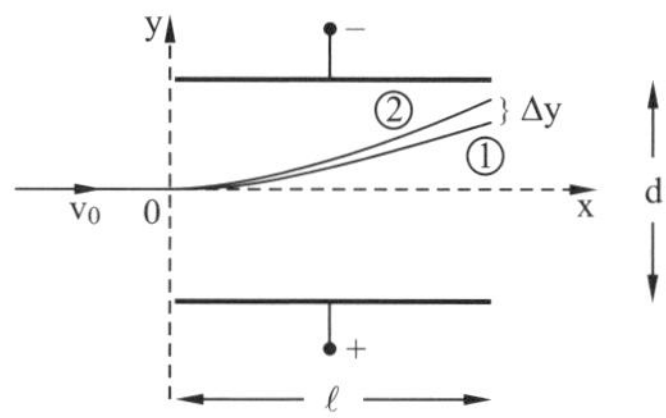

b) Berechnen Sie, welche Beschleunigungen die Ionen der Kohlenstoffisotope ^{12}C und ^{14}C durch das homogene Feld des Kondensators erfahren. 6 BE
c) Zeigen Sie, dass für die Bewegung der Ionen innerhalb des homogenen Kondensatorfeldes die Bahngleichung

$$y = \frac{e \cdot U}{2m \cdot d \cdot v_0^2} \cdot x^2$$

gilt.
Erläutern Sie, welche der skizzierten Bahnen welchem Isotop zugeordnet werden muss. 7 BE
d) Berechnen Sie die Differenz Δy der y-Koordinaten der beiden Isotope nach Durchlaufen des Kondensators. 4 BE
e) Die getrennten Ionenstrahlen können den Kondensator nur dann verlassen, wenn die Ablenkspannung U kleiner als eine obere Grenze U_{max} ist. Berechnen Sie den Wert von U_{max}. 5 BE

Anstelle eines elektrischen Feldes kann zur Trennung der beiden Teilchenarten auch ein homogenes Magnetfeld verwendet werden.
f) Erstellen Sie eine Skizze mit Richtung der magnetischen Feldlinien und den entsprechenden Bahnkurven der Isotope. Begründen Sie Ihre Zuordnung der Bahnkurven zu den Isotopen. 5 BE
g) Beschreiben Sie die Unterschiede hinsichtlich Bahnform und Geschwindigkeitsbetrag der Teilchen bei Trennung im elektrischen bzw. magnetischen Feld. 4 BE

2. **Erdmagnetfeld und Archäologie**

Eine Untersuchung des Erdmagnetfelds ist für verschiedene Wissenschaften aufschlussreich.

a) Die Flussdichte des Erdmagnetfelds kann zum Beispiel mithilfe einer Hallsonde bestimmt werden. Erklären Sie das Zustandekommen einer Hallspannung anhand einer Skizze und zeigen Sie, dass die Hallspannung direkt proportional zur magnetischen Flussdichte B ist. 7 BE

In der Archäologie lassen sich durch Analyse des Erdmagnetfelds die Grundrisse ehemaliger Bebauungen ermitteln, da zum Beispiel Material, das zur Auffüllung eines Grabens verwendet wurde, eine lokale Veränderung des Magnetfelds verursachen kann. Ein mögliches Verfahren, diese Veränderung nachzuweisen, ist das folgende:

Eine flache, rechteckige Spule (Maße siehe Skizze) wird als liegende Induktionsschleife mit konstanter Geschwindigkeit v parallel zur Erdoberfläche über das Gelände bewegt. Dabei misst man die Induktionsspannung U_i und ermittelt für einen verschütteten Graben der Breite $G = 0{,}80$ m einen Verlauf von U_i wie im untenstehenden Diagramm dargestellt. Die magnetische Flussdichte im Bereich des Grabens soll dabei als homogen vorausgesetzt werden.

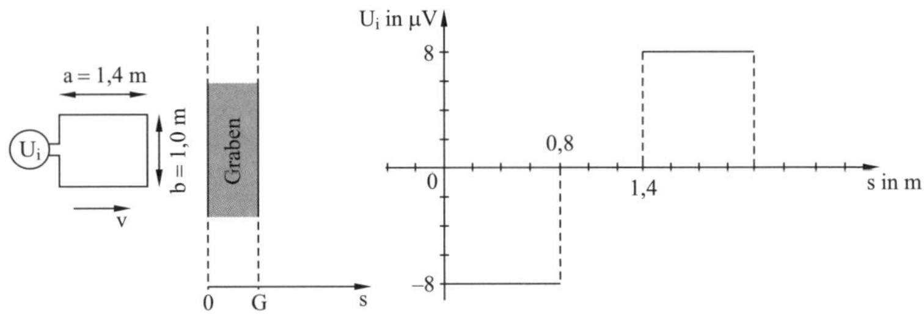

b) Erläutern Sie knapp, unter welchen Bedingungen in einer Spule eine Spannung induziert wird, und erklären Sie damit den Verlauf der Induktionsspannung in obigem Diagramm. 9 BE

In einem zweiten Versuch wird ein quadratischer Drahtrahmen mit Seitenlänge 0,50 m mit der gleichen Geschwindigkeit v über den Graben geführt.

c) Zeichnen Sie das zu erwartende s-U_i-Diagramm für diesen Fall in ein geeignetes Koordinatensystem und erläutern Sie, wie die Breite des Grabens auch mit der kleineren Spule bestimmt werden kann. 8 BE

60 BE

Tipps und Hinweise zur Lösung von Aufgabe I

Tipps zu Teilaufgabe 1 a

- Beschreiben Sie den Wien-Filter.
- Sie müssen gemäß Aufgabenstellung darüber hinaus zeigen, dass die Geschwindigkeit der gefilterten Teilchen unabhängig von deren Masse ist.

Tipp zu Teilaufgabe 1 b

- Sie benötigen den Zusammenhang von Feldstärke, Spannung und Plattenabstand im Plattenkondensator sowie das Newton'sche Kraftgesetz.

Tipps zu Teilaufgabe 1 c

- Bestimmen Sie zunächst aus der Horizontalbewegung die Flugzeit, diese setzen Sie dann in das Zeit-Weg-Gesetz der Vertikalbewegung ein.
- Wie geht die Masse in die Bahngleichung ein?

Tipp zu Teilaufgabe 1 d

- Setzen Sie in die Formel aus Teilaufgabe 1 c ein.

Tipp zu Teilaufgabe 1 e

- Bei zu großer Ablenkspannung prallen die Ionen an die obere Kondensatorplatte. Aufgrund dieses Umstands können Sie einen Ansatz für U_{max} aufstellen.

Tipps zu Teilaufgabe 1 f

- Hier ergeben sich Kreisbahnen!
- Wenden Sie die Dreifingerregel an und beachten Sie den Einfluss der Teilchenmasse auf den Bahnradius.

Tipps zu Teilaufgabe 1 g

- Die Bahnform bei elektrischer Ablenkung ergibt sich aus der in Teilaufgabe 1 c ermittelten Beziehung, die der magnetischen Ablenkung aus der Eigenschaft der Lorentzkraft, eine Zentripetalkraft zu sein.
- Untersuchen Sie, wie sich die Richtung der beiden Kräfte bzgl. der Bewegungsrichtung jeweils auf den Geschwindigkeitsbetrag auswirkt.

Tipps zu Teilaufgabe 2 a

- In der Sonde stellt sich ein Kräftegleichgewicht ein.
- Das elektrische Feld der Querspannung kann näherungsweise als das eines Plattenkondensators angesehen werden.

Tipp zu Teilaufgabe 2 b

- Analysieren Sie die Situation anhand des Induktionsgesetzes. An welcher Stelle ändern sich die magnetische Flussdichte und die vom Magnetfeld durchsetzte Fläche?

Tipps zu Teilaufgabe 2 c

- Ermitteln Sie die Orte, an den sich die Induktionsspannung ändert, analog zu Teilaufgabe 2 b. In diese Überlegung geht die veränderte Spulen*länge* ein.
- Beachten Sie, dass sich wegen der veränderten Spulen*breite* auch der Betrag der Spannung ändert.

Lösung zu Aufgabe I

1. a) Der **Wien'sche Geschwindigkeitsfilter** ist eine Anordnung, die in die Flugbahn der geladenen Teilchen gebracht wird. Dabei durchfliegen diese das elektrische Querfeld eines Plattenkondensators und würden dadurch zur gegenpolig geladenen Platte abgelenkt. Zusätzlich herrscht aber ein zu Geschwindigkeitsrichtung und elektrischer Feldrichtung senkrechtes magnetisches Feld, das an dem sich bewegenden geladenen Teilchen auch die Lorentzkraft angreifen lässt. Bei einer ganz bestimmten Geschwindigkeit v_0 heben sich die elektrische und die Lorentzkraft gegenseitig auf und die Teilchen mit eben dieser Geschwindigkeit passieren eine kleine Blende am Ende der Anordnung unabgelenkt, alle anderen treffen deren Öffnung nicht.

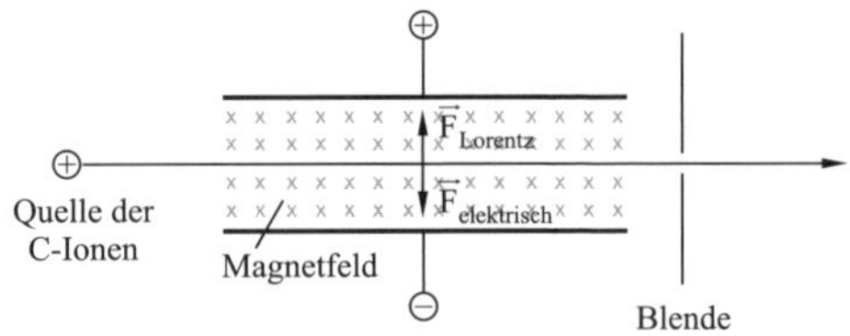

Ebenso wäre die elektrisch wie magnetisch anders gepolte Lösung richtig.

Für die **Geschwindigkeit der unabgelenkten Teilchen** gilt wegen Kräftegleichheit:

$$F_{elektrisch} = F_{Lorentz}$$
$$q \cdot E = q \cdot v \cdot B$$
$$v_0 = \frac{E}{B}$$

v_0 ist somit unabhängig von Masse und Ladung der Kohlenstoffionen. Wegen der Anordnung als Plattenkondensator ist weiterhin $E = \frac{U}{d}$ und damit:

$$v_0 = \underline{\underline{\frac{U}{B \cdot d}}}$$

b) Die senkrecht zur Einfluggeschwindigkeit v_0 wirkende elektrische Feldkraft

$$F_{elektrisch} = E \cdot q = \frac{U}{d} \cdot e$$

bewirkt die Beschleunigung

$$a = \frac{F_{elektrisch}}{m} = \frac{U \cdot e}{d \cdot m} \qquad (*)$$

in vertikaler Richtung, bei ^{12}C also:

$$a_{12} = \frac{U \cdot e}{d \cdot m_{12}} = \frac{250\ \text{V} \cdot 1{,}6 \cdot 10^{-19}\ \text{C}}{4{,}0 \cdot 10^{-2}\ \text{m} \cdot 1{,}99 \cdot 10^{-26}\ \text{kg}} \approx \underline{\underline{5{,}0 \cdot 10^{10}\ \frac{\text{m}}{\text{s}^2}}}$$

Bei ^{14}C ergibt sich entsprechend:

$$a_{14} = \frac{U \cdot e}{d \cdot m_{14}} = \frac{250\ \text{V} \cdot 1{,}6 \cdot 10^{-19}\ \text{C}}{4{,}0 \cdot 10^{-2}\ \text{m} \cdot 2{,}33 \cdot 10^{-26}\ \text{kg}} \approx \underline{\underline{4{,}3 \cdot 10^{10}\ \frac{\text{m}}{\text{s}^2}}}$$

Einheitenumrechnung:

$$1\frac{V\cdot C}{m\cdot kg}=1\frac{\frac{J}{C}\cdot C}{m\cdot kg}=1\frac{J}{m\cdot kg}=1\frac{Nm}{m\cdot kg}=1\frac{N}{kg}=1\frac{\frac{kg\cdot m}{s^2}}{kg}=1\frac{m}{s^2}$$

a_{14} lässt sich wegen $F_{elektrisch}=m_{12}\cdot a_{12}=m_{14}\cdot a_{14}$ auch schneller berechnen:

$$a_{14}=a_{12}\cdot\frac{m_{12}}{m_{14}}=5{,}0\cdot 10^{10}\ \frac{m}{s^2}\cdot\frac{1{,}99}{2{,}33}\approx \underline{\underline{4{,}3\cdot 10^{10}\ \frac{m}{s^2}}}$$

c) Ist das Ion in waagrechter Richtung eine Strecke $x=v_0\cdot t$ geflogen (das dauert $t=\frac{x}{v_0}$, wobei $x\le \ell$ ist), dann ist wegen der vertikalen Beschleunigung (∗) die Gesamtablenkung in vertikaler Richtung:

$$\left.\begin{array}{l} a=\dfrac{U\cdot e}{d\cdot m} \\ y=\dfrac{1}{2}a\cdot t^2=\dfrac{1}{2}a\cdot\left(\dfrac{x}{v_0}\right)^2 \end{array}\right\}\Rightarrow\ y=\frac{1}{2}\cdot\frac{U\cdot e}{d\cdot m}\cdot\left(\frac{x}{v_0}\right)^2=\underline{\underline{\frac{U\cdot e}{2d\cdot m\cdot v_0^2}\cdot x^2}}$$

Die Ionenmasse steht im Nenner, also werden leichtere Ionen stärker abgelenkt. **Bahn 2** gehört folglich zum leichteren ^{12}**C**.

d) Für die Differenz der beiden y-Werte ergibt sich mit der Bahngleichung aus Teilaufgabe c am Ende des Kondensators ($x=\ell$):

$$\Delta y=y_{12}-y_{14}=\frac{U\cdot e\cdot \ell^2}{2d\cdot v_0^2}\cdot\left(\frac{1}{m_{12}}-\frac{1}{m_{14}}\right)$$

$$=\frac{250\ V\cdot 1{,}6\cdot 10^{-19}\ C\cdot (0{,}200\ m)^2}{2\cdot 0{,}040\ m\cdot\left(2{,}8\cdot 10^5\ \frac{m}{s}\right)^2}\cdot\left(\frac{1}{1{,}99\cdot 10^{-26}\ kg}-\frac{1}{2{,}33\cdot 10^{-26}\ kg}\right)$$

$$\approx \underline{\underline{1{,}9\cdot 10^{-3}\ m}}$$

e) Strahl 2 (vom leichteren Isotop) muss den Kondensator noch verlassen können, also muss im Grenzfall gelten:

$$\frac{d}{2}=\frac{U_{max}\cdot e\cdot \ell^2}{2d\cdot m_{12}\cdot v_0^2}$$

$$\Rightarrow\ U_{max}=\frac{m_{12}\cdot v_0^2\cdot d^2}{e\cdot \ell^2}$$

$$=\frac{1{,}99\cdot 10^{-26}\ kg\cdot\left(2{,}8\cdot 10^5\ \frac{m}{s}\right)^2\cdot (0{,}040\ m)^2}{1{,}6\cdot 10^{-19}\ C\cdot (0{,}200\ m)^2}$$

$$\approx 3{,}9\cdot 10^2\ V=\underline{\underline{0{,}39\ kV}}$$

f) Für die magnetische Feldkraft gilt, weil sie eine Zentripetalkraft ist:

$$F_{Lorentz} = F_Z$$

$$e \cdot v_0 \cdot B = \frac{m \cdot v_0^2}{r}$$

$$\frac{e \cdot B}{v_0} = \frac{m}{r}$$

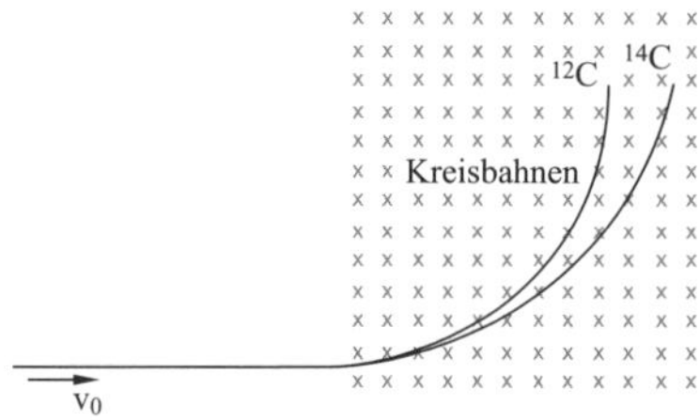

Da bei gleicher Geschwindigkeit $r \sim m$ gilt, gehört der Kreis mit kleinerem Radius zum leichteren Isotop:

$$\underline{\underline{r_{12} < r_{14}}}$$

Dabei zeigt die magnetische Feldkraft in die Zeichenebene hinein (Dreifingerregel der rechten Hand!)

g) Bei der **elektrischen** Ablenkung bleibt die Horizontalkomponente der Geschwindigkeit gleich, der vertikale Anteil nimmt zu, die **Gesamtgeschwindigkeit** wird also **größer**. Als Bahn ergibt sich eine **Parabelbahn** (vgl. Teilaufgabe 1 c).
Bei der **magnetischen** Ablenkung steht die Lorentzkraft stets senkrecht auf der augenblicklichen Geschwindigkeit, sodass sich die Beschleunigung nur in einer Richtungsänderung auswirkt – das Teilchen bewegt sich auf einer **Kreisbahn** –, den **Geschwindigkeitsbetrag** aber **gleich** lässt.

2. a) Eine Hallsonde ist ein flacher Leiter (in der Skizze rechts ein Quader), der in ein Magnetfeld eingebracht wird. In der Längsrichtung wird er von einem Strom bekannter Stärke I durchflossen: Ist das Magnetfeld wie eingezeichnet orientiert, erfahren positive Ladungsträger, die von links kommen, eine **Lorentzkraft** nach oben, negative Ladungsträger von rechts werden nach unten abgelenkt.

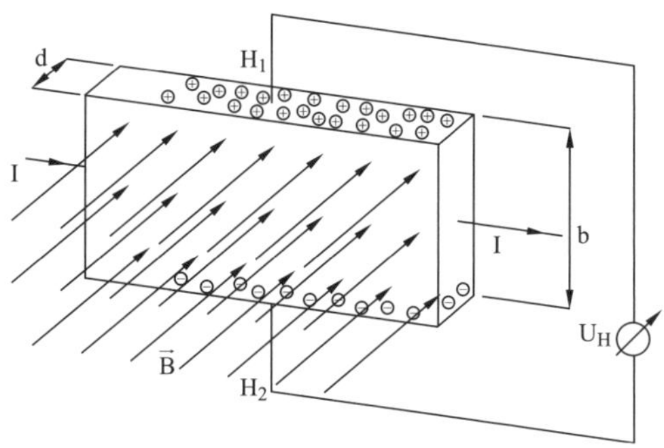

Dadurch ergibt sich eine Querspannung U_H zwischen den Hallelektroden H_1 und H_2, die zur Stromstärke und zur magnetischen Flussdichte proportional ist. Die positive Ladungsansammlung oben bzw. die negative unten hindern weitere Ladungsträger durch ihre Coulombabstoßung mehr und mehr an der Lorentzablenkung. Es stellt sich ein **Kräftegleichgewicht** ein, das eine empfindliche (d. h. präzise und stromlose!) Spannungsmessung ermöglicht. Auf jeden Ladungsträger wirkt:

$$F_{Lorentz} = F_{elektrisch}$$

$$q \cdot v \cdot B = q \cdot \frac{U_H}{b} \quad \Rightarrow \quad U_H = b \cdot v \cdot B$$

Für I = konst. ist auch v = konst. und damit:

$$\underline{\underline{U_H \sim B}}$$

b) In einer Spule wird Spannung induziert, wenn sich der magnetische Fluss $\Phi = A \cdot B$ ändert, also bei von null verschiedener Flussdichte B die vom Magnetfeld durchsetzte Fläche A sich ändert oder auch sich die Flussdichte im Inneren der vom Magnetfeld durchsetzten Spule ändert. Im genannten Beispiel bewegt sich die Spule mit konstanter Fläche A bei zunächst konstanter Flussdichte nach rechts, bis die vordere Querseite den linken Grabenrand überstreicht. Da im Grabenbereich eine andere Flussdichte herrscht und ein zunehmend großer Teil der Spule davon beeinflusst wird, bildet sich die Induktionsspannung aus. Die Spule ist länger als der Graben breit; wenn also 80 cm weiter die volle Grabenbreite unter der Spule liegt, dann ändert sich die gesamte Flussdichte in der Spule vorerst nicht und die Induktionsspannung verschwindet.
Sobald dann das linke (in Bewegungsrichtung hintere) Spulenende bei $s = 1{,}40$ m den linken Grabenrand trifft, beginnt das Magnetfeld des Grabens wieder aus der Spule zu verschwinden (Induktionsspannung mit anderem Vorzeichen), bis die Spule den Graben vollständig hinter sich gelassen hat (80 cm weiter). An diesem Punkt bricht die Induktionsspannung wieder zusammen und bleibt fortan null, weil sich im Weiteren weder A noch B ändern.

c) Da die Induktionsspannung direkt proportional zur Fläche A und (wegen der konstanten Länge) auch zu deren Breite b, ist der halbe Spannungswert zu erwarten.
Mit der gegenüber der Situation in Teilaufgabe 2 b verkürzten Spulenlänge finden die Spannungsänderungen in kürzeren Abständen statt:

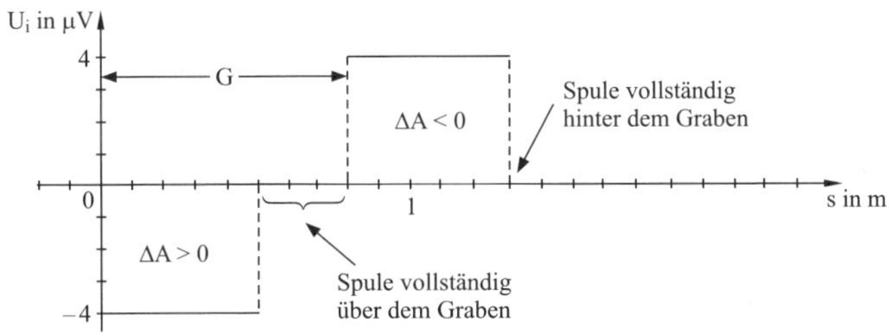

Ist die Spule kürzer als die Grabenbreite G (>a), dann liegt niemals der ganze Graben unter der Spule, sondern stattdessen die ganze Spule über dem Graben. Man muss in diesem Fall den Weg vom Einsetzen der Induktionsspannung bis zum Umpolen derselben als Maß für G verwenden.

Etwas überraschend ist vielleicht bei dieser Darstellung die ungewohnte Einheit der Rechtswertachse; hier wird meistens die Zeit angetragen und nicht wie hier der zurückgelegte Weg (über die angegebene Geschwindigkeit lässt sich das aber auch bei Bedarf umrechnen).

Grundkurs Physik (Bayern): Abiturprüfung 2010 – Aufgabe II
Elektromagnetische Wellen, Optische Gitter, Energieübertragung mit Magnetfeldern

1. **Elektromagnetische Wellen**
Zur Übertragung von Nachrichten werden seit Guglielmo Marconi (1874–1937) elektromagnetische Wellen mit Frequenzen bis in den GHz-Bereich verwendet.
   a) Bestimmen Sie die Länge eines Dipols, der auf die im Amateurfunk häufig benutzte Frequenz von 145 MHz abgestimmt ist. 3 BE
   b) Die vom Dipol in der Grundschwingung abgestrahlten Wellen sollen von einem zweiten Dipol in größerer Entfernung empfangen werden. Nennen Sie zwei Bedingungen, die eingehalten werden müssen, damit der Empfang optimal ist. 4 BE

Die nebenstehende Abbildung zeigt zwei baugleiche, senkrecht zur Zeichenebene aufgestellte Sendedipole D_1 und D_2 im Abstand $\overline{D_1D_2} = 1{,}5\lambda$.

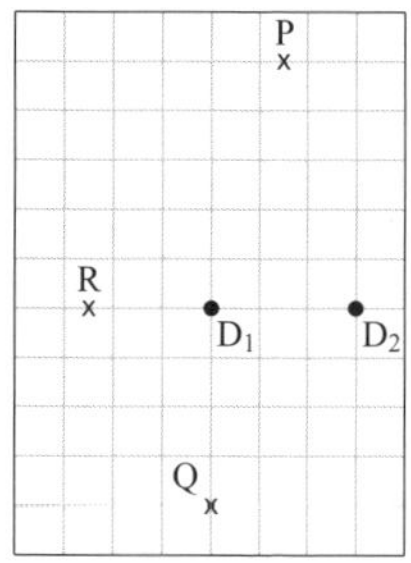

   c) Die Dipole werden gleichphasig zu Schwingungen angeregt. Untersuchen Sie qualitativ die Empfangsstärken an den Stellen P, Q und R. 6 BE
   d) Geben Sie an, inwiefern sich die Empfangsintensitäten an diesen Stellen ändern, wenn die Dipole gegenphasig schwingen. 3 BE

2. **Optische Gitter**
   a) Beschreiben Sie einen Versuch zur Bestimmung der Wellenlänge eines Lasers mithilfe eines optischen Gitters. Geben Sie an, welche Größen gemessen werden bzw. bekannt sein müssen, und zeigen Sie auf, wie λ daraus berechnet werden kann. 7 BE
   b) Welche Vorteile ergeben sich bei Verwendung eines Gitters im Vergleich zu einem Doppelspalt? 4 BE

Zur Aufnahme der nebenstehenden Interferenzfigur wurden zwei Strichgitter verwendet, die unmittelbar hintereinander so aufgestellt wurden, dass die Gitterlinien senkrecht zueinander ausgerichtet sind. Der Abstand der Gitter zum Schirm ist deutlich größer als ein Meter.

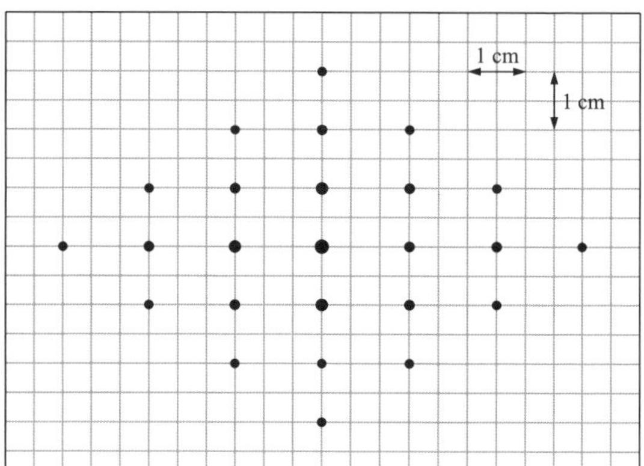

c) Bestimmen Sie das Verhältnis der beiden Gitterkonstanten und entscheiden Sie, ob bei dem Gitter mit dem größeren Strichabstand die Gitterlinien waagrecht oder senkrecht liegen. Begründen Sie Ihre Antwort! 0/5 BE

d) Bestimmen Sie die Gitterkonstante b des Gitters, dessen Linien waagrecht liegen, wenn der Abstand zwischen Gitter und Schirm $a = 1{,}5$ m beträgt und Licht der Wellenlänge $\lambda = 630$ nm verwendet wird. 5/5 BE

3. Energieübertragung mit Magnetfeldern

Nach einer Meldung der Süddeutschen Zeitung vom 27. 11. 2008 kann elektrische Energie „durch die Luft" übertragen werden. Dazu hat der amerikanische Physiker Marin Soljacic zwei Spulen im Abstand von zwei Metern aufgestellt. Die eine Spule gibt Energie ab und wird als „Sendespule" bezeichnet, die andere Spule ist die „Empfangsspule".

a) Schildern Sie, wie prinzipiell Energie von einer Spule auf eine andere übertragen werden kann. Gehen Sie auch darauf ein, warum Gleichstrom dabei nicht geeignet ist. Wie sollten die beiden Spulen zueinander orientiert sein, damit die Energieübertragung möglichst effektiv ist? 0/6 BE

Durch die Sendespule mit der Induktivität $L = 25\ \mu H$ fließt ein Wechselstrom der Frequenz $f = 10$ MHz. Sie gibt dabei in jeder Sekunde die Energie 400 J ab, hat also eine „Sendeleistung" von $P = 400$ W.

b) Zur Abschätzung der maximalen Stromstärke I_0 in der Sendespule wird davon ausgegangen, dass die Sendespule während einer Schwingungsperiode doppelt so viel Energie abgibt, wie ihre maximale magnetische Energie beträgt. Zeigen Sie, dass dann für die Leistung P der Zusammenhang $P = L \cdot I_0^2 \cdot f$ gilt, und berechnen Sie daraus I_0. 6/6 BE

? c) Über die Empfangsspule wird eine 60-Watt-Glühlampe betrieben. Bestimmen Sie den Wirkungsgrad der Energieübertragung. Wie könnte diese Art der Energieübertragung Verwendung finden? Diskutieren Sie kurz, welche Nachteile dabei in Kauf zu nehmen wären. 3/6 BE

d) Sende- und Empfangsanordnung können auch als in Resonanz gestimmte Schwingkreise aufgefasst werden. Berechnen Sie die Kapazität des „Sendeschwingkreises". 5/5 BE

38/60 BE

Tipps und Hinweise zur Lösung von Aufgabe II

Tipp zu Teilaufgabe 1 a

- Die ideale Dipollänge ist die halbe Wellenlänge.

Tipp zu Teilaufgabe 1 b

- Beachten Sie Bauweise und Aufstellweise des Empfangsdipols.

Tipp zu Teilaufgabe 1 c

- Verwenden Sie die Information, dass ein Kästchen einer halben Wellenlänge entspricht.

Tipp zu Teilaufgabe 1 d

- Es werden Punkte konstruktiver Interferenz zu Punkten destruktiver Interferenz u. u.

Tipps zu Teilaufgabe 2 a

- Hier geht es um die Interferenz von Lichtwellen.
- Nennen Sie die Bedingung für konstruktive Interferenz und leiten Sie daraus die gesuchte Bestimmungsgleichung für die Wellenlänge her.
- Bei hinreichend großem Schirmabstand kann die Kleinwinkelnäherung verwendet werden.

Tipp zu Teilaufgabe 2 b

- Denken Sie an die Messgenauigkeit (Ablesbarkeit am Schirm).

Tipp zu Teilaufgabe 2 c

- Berücksichtigen Sie hier, dass das feinere Gitter die größeren Maximaabstände liefert.

Tipps zu Teilaufgabe 2 d

- Verwenden Sie das Ergebnis aus Teilaufgabe 2 a.
- Die Längeneinheit für den Abstand der Punktreihen ist in der Zeichnung angegeben.

Tipp zu Teilaufgabe 3 a

- Denken Sie an einen Transformator ohne Eisenkern.

Tipp zu Teilaufgabe 3 b

- Eine Formel für den maximalen Energieinhalt des magnetischen Feldes findet sich in der Formelsammlung.

Tipp zu Teilaufgabe 3 c

- Wenden Sie die Definitionsgleichung für den Wirkungsgrad an. Bewerten Sie u. a. dieses Ergebnis für die Diskussion.

Tipp zu Teilaufgabe 3 d

- Verwenden Sie die Thomsongleichung.

Lösung zu Aufgabe II

1. a) Die **optimale Länge** eines solchen Dipols ist die halbe Wellenlänge, also:

$$L = \frac{\lambda}{2} = \frac{1}{2} \cdot \frac{c}{f} = \frac{1}{2} \cdot \frac{3{,}00 \cdot 10^8\,\frac{m}{s}}{145 \cdot 10^6\,\frac{1}{s}} \approx \underline{\underline{1{,}03\text{ m}}}$$

b) **Bedingung 1:** parallele Lage auf möglichst „gleicher Höhe“ (das bedeutet gemeinsames Lot der Fußpunkte bzw. Spitzen)

Bedingung 2: gleiche Dipollänge

c) Im **Punkt P** auf der Symmetrieachse zwischen den Sendern ist der zurückgelegte Weg der Signale von D_1 und D_2 gleich lang, die **konstruktiver Interferenz** ermöglicht eine also gute Empfangsstärke.
Der **Punkt Q** hat von D_1 den Abstand von vier halben Wellenlängen, D_1 und D_2 liegen drei halbe Wellenlängen voneinander entfernt. Der Abstand zwischen D_2 und Q beträgt folglich nach dem Satz des Pythagoras genau fünf halbe Wellenlängen und ist damit eine halbe kürzer als zwischen D_1 und Q. Die Signale löschen sich daher gegenseitig aus, **destruktive Interferenz** ermöglicht keinen Empfang.
Der **Punkt R** liegt auf der Verbindungsgeraden D_1D_2. Weil die beiden Sender gerade drei halbe Wellenlängen Abstand voneinander haben, ist der Gangunterschied auf der ganzen Verbindungsgeraden überall drei halbe Wellenlängen. Damit tritt **destruktive Interferenz** auf, es ist also auch in R kein Empfang möglich.

d) In jedem der drei Fälle ändert sich wegen der Gegenphasigkeit der Signale die destruktive zur konstruktiven Interferenz und umgekehrt; es besteht also **minimaler Empfang bei P** und **maximaler Empfang in Q und R**.

2. a) **Bestimmung der Laserwellenlänge**
Der Strahl des Lasers trifft auf das optische Gitter (Spaltabstand b), dahinter fängt im (ausreichend großen) Abstand a ein Schirm das Interferenzbild auf. Die Ursache des Interferenzmusters liegt im Gangunterschied der Strahlen, die durch verschiedene Gitterspaltöffnungen treten (vgl. Bild links).

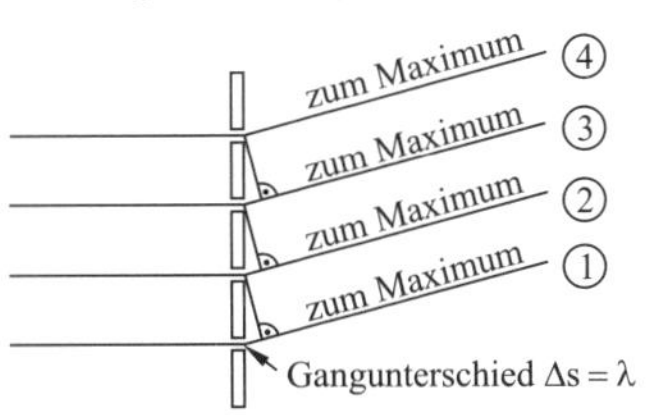

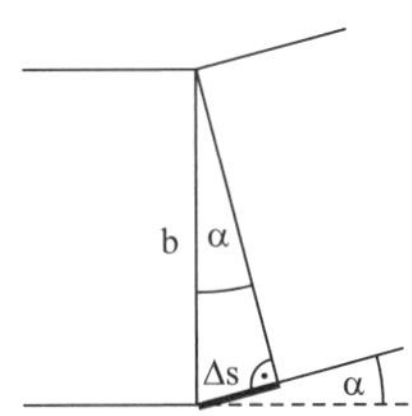

Ist der Gangunterschied zwischen Strahl 1 und Strahl 2 gerade eine ganze Wellenlänge, tritt konstruktive Interferenz zwischen diesen Strahlen auf (und entsprechend auch mit den anderen Strahlen 3, 4 usw.) und auf dem Schirm in hinreichend großem Abstand a überlagern sich diese nahezu parallelen Strahlen konstruktiv zu einem Maximum (im Falle $\Delta s = \lambda$ zu einem Maximum 1. Ordnung). Dabei gilt aufgrund der Geometrie im rechtwinkligen Dreieck (vgl. Bild rechts):

$$\left.\begin{matrix} \Delta s = b \cdot \sin\alpha \\ \Delta s = \lambda \end{matrix}\right\} \Rightarrow \lambda = b \cdot \sin\alpha$$

Um die Wellenlänge zu bestimmen, muss also zunächst die Gitterkonstante b bekannt sein. Der Winkel α lässt sich aus dem seitlichen Abstand d von Haupt- und 1. Nebenmaximum auf dem Schirm sowie dem Schirmabstand a ermitteln:

$$\tan\alpha = \frac{d}{a}$$

Für kleine Winkel α (d. h. falls $d \gg a$) gilt dann in sehr guter Näherung:

$$\lambda = b \cdot \sin\alpha \approx b \cdot \tan\alpha = \underline{\underline{\frac{b \cdot d}{a}}} \qquad (*)$$

b) Beim Gitter sind die Maxima **heller** und **schmaler** (schärfer) als beim Doppelspalt, das liefert bessere Messergebnisse.

c) Bei den Punktreihen beträgt das Abstandsverhältnis waagrecht zu senkrecht gerade $d_w : d_s = 3:2$. Dabei bezeichnet d_w den waagrechten Abstand zwischen den senkrecht verlaufenden Punktreihen, die auf den Interferenzlinien liegen, die das Gitter mit senkrechten Gitterlinien erzeugt; deren Gitterabstand betrage $b_{G,s}$. Entsprechend gehört zum senkrechten Abstand d_s das Gitter mit den waagrecht verlaufenden Gitterlinien (Gitterkonstante $b_{G,w}$). Durch Einsetzen in die Beziehung (*) aus Teilaufgabe 2 a folgt wegen der gemeinsamen Wellenlänge und des praktisch gleichen Schirmabstandes a:

$$\lambda = \frac{b_{G,s} \cdot d_w}{a} = \frac{b_{G,w} \cdot d_s}{a} \quad \Rightarrow \quad \frac{b_{G,s}}{b_{G,w}} = \frac{d_s}{d_w} = \frac{2}{3} \quad \Rightarrow \quad \underline{\underline{b_{G,w} > b_{G,s}}}$$

Beim Gitter mit dem größeren Strichabstand liegen die Gitterlinien waagrecht.

d) Dem Punktmuster entnimmt man den Abstand $d_s = 1$ cm, also erhält man mit $a = 1{,}5$ m und $\lambda = 630 \cdot 10^{-9}$ m durch Einsetzen in (*):

$$b_{G,w} = \frac{\lambda \cdot a}{d_s} = \frac{630 \cdot 10^{-9}\,\text{m} \cdot 1{,}5\,\text{m}}{1 \cdot 10^{-2}\,\text{m}} \approx 9 \cdot 10^{-5}\,\text{m} = \underline{\underline{0{,}09\,\text{mm}}}$$

3. a) Elektrische Energie kann durch Umwandlung und Rückumwandlung in magnetische Feldenergie von einer Spule auf eine andere übertragen werden. Man spricht bei den beiden Spulen dann von **induktiver Kopplung**.
Die sogenannte Primärspule wird von einem **Wechselstrom** durchflossen, der eine ständige Änderung des Magnetfeldes dieser Primärspule zur Folge hat. Bringt man in dieses magnetische Wechselfeld der Primärspule nun eine andere Spule (die Sekundärspule), induziert das sich ständig ändernde Magnetfeld dort eine Wechselspannung. Einen hohen Wirkungsgrad erzielt man dabei, wenn man das Magnetfeld in einem Eisenkern (aus feinen, gegeneinander elektrisch isolierten Schichten, damit Wirbelströme vermieden werden) „bindet". So ist der übliche Transformator aufgebaut (siehe linkes Bild).

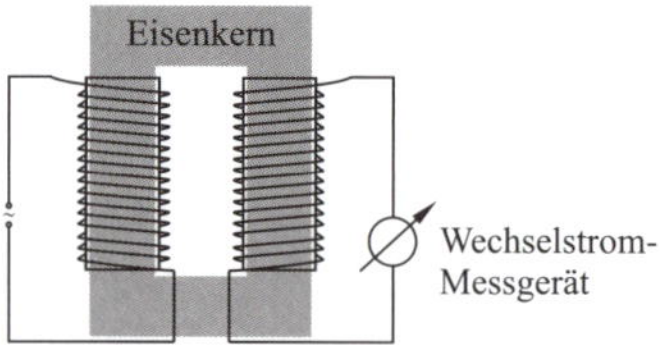

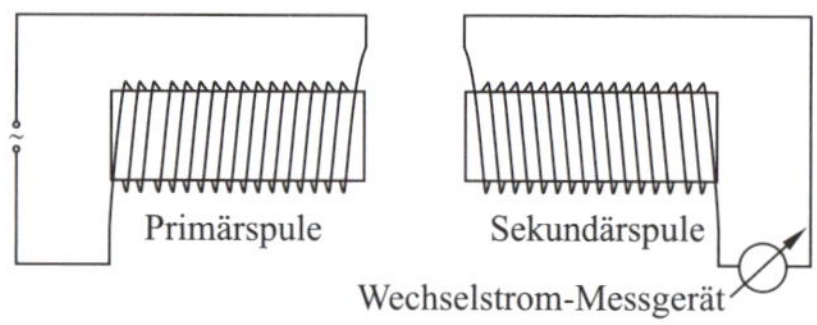

Soll wie hier beschrieben die Energie **durch die Luft** übertragen werden, sollten die Spulen in möglichst geringem Abstand voneinander wie im rechten Bild auf einer Linie angeordnet sein, damit ein möglichst großer Teil der Feldlinien aus der Primärspule auch das Innere der Sekundärspule erreicht und damit zur Induktion dort beiträgt.

Bei dieser Aufgabe wird gefragt, wie *prinzipiell* Energie von einer Spule auf eine andere übertragen werden kann. Das ist eigentlich auch auf andere, etwa mechanische Weise möglich (z. B. elastischer Stoß), das ist hier aber offensichtlich nicht gemeint.

b) Der maximale magnetische Energieinhalt wird bei der maximalen Stromstärke I_0 erreicht und beträgt

$$E_{mag,\,max} = \frac{1}{2} L \cdot I_0^2.$$

Wenn die Sendespule während einer Schwingungsdauer $T = \frac{1}{f}$ das Doppelte dieser Energie abgibt, folgt für die Sendeleistung:

$$2 \cdot \frac{1}{2} L \cdot I_0^2 = P \cdot T \quad \Rightarrow \quad P = \frac{L \cdot I_0^2}{T} = L \cdot I_0^2 \cdot f$$

Mit den angegebenen Werten ist dann:

$$I_0 = \sqrt{\frac{P}{L \cdot f}} = \sqrt{\frac{400\ \text{W}}{25 \cdot 10^{-6}\ \text{H} \cdot 10 \cdot 10^6\ \frac{1}{\text{s}}}} \approx \underline{\underline{1{,}3\ \text{A}}}$$

Einheitenbetrachtung:

$$1\sqrt{\frac{\text{W}}{\text{H} \cdot \frac{1}{\text{s}}}} = 1\sqrt{\frac{\text{V} \cdot \text{A} \cdot \text{s}}{\frac{\text{Vs}}{\text{A}}}} = 1\sqrt{\text{A}^2} = 1\ \text{A}$$

c) Den **Wirkungsgrad** erhält man unmittelbar aus dessen Definitionsgleichung:

$$\eta = \frac{P_{output}}{P_{input}} = \frac{60\ \text{W}}{400\ \text{W}} = 0{,}15 = \underline{\underline{15\ \%}}$$

Verwendbarkeit
Diese Technik könnte für den Betrieb elektrischer Geräte ohne Versorgungskabel eingesetzt werden (statt Batterie oder Akkuversorgung), allerdings ist der Wirkungsgrad gering und durch die elektrischen Wechselfelder in der Umgebung können gesundheitliche Risiken nicht ausgeschlossen werden. Auch Funkübertragungen könnten durch diese „Signale" gestört werden.

d) Für die Resonanz eines Schwingkreises gilt die **Thomsongleichung**, mit der sich die Kapazität berechnen lässt:

$$f = \frac{1}{2\pi \cdot \sqrt{L \cdot C}}$$

$$\Rightarrow \quad C = \frac{1}{(2\pi \cdot f)^2 \cdot L} = \frac{1}{\left(2\pi \cdot 10 \cdot 10^6\ \frac{1}{\text{s}}\right)^2 \cdot 25 \cdot 10^{-6}\ \text{H}} \approx 1{,}0 \cdot 10^{-11}\ \text{F} = \underline{\underline{10\ \text{pF}}}$$

Grundkurs Physik (Bayern): Abiturprüfung 2010 – Aufgabe III
Sonnenspektrum, Materiewellen

1. **Sonnenspektrum**
Im Jahre 1814 entdeckte Joseph von Fraunhofer im Sonnenspektrum dunkle Linien. Diese Linien entstehen durch Absorption von Licht bestimmter Wellenlängen.
a) Erläutern Sie dieses Phänomen anhand eines Demonstrationsversuchs. 8 BE

In der folgenden Abbildung ist die Lage einiger Fraunhofer'scher Linien in einem linearen Maßstab dargestellt. Fraunhofer hat die wichtigsten Linien mit Großbuchstaben gekennzeichnet.

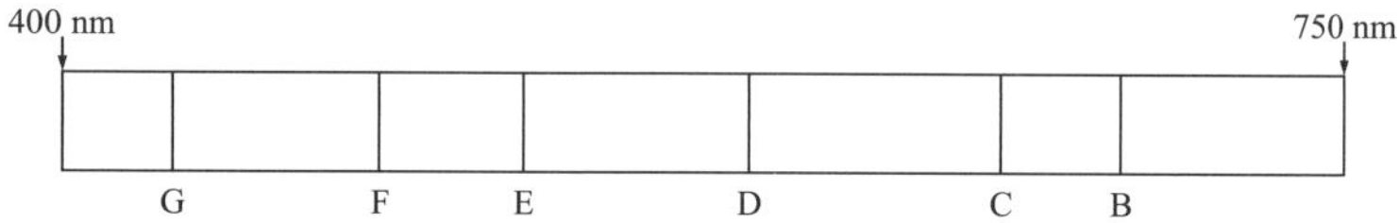

b) Bestimmen Sie aus der Abbildung die Wellenlänge für die B-Linie. In welchem Farbbereich liegt sie? 5 BE
c) Die B-Linie findet man bei der Untersuchung des Sonnenlichts auf der Erdoberfläche, nicht aber in der Raumstation ISS. Geben Sie hierfür einen möglichen Grund an. 4 BE

Man findet im Sonnenspektrum auch dunkle Linien, die der Balmerserie des Wasserstoffs zuzuordnen sind.
d) Berechnen Sie die zwei Wellenlängen der Balmerserie, die zum energieärmsten Licht dieser Serie gehören, und ordnen Sie diese den entsprechenden Fraunhoferlinien in der Abbildung zu. 7 BE
e) Welche Aussage können Sie aufgrund der Existenz der Balmer-Absorptionslinien über die Wasserstoffatome auf der Sonnenoberfläche treffen? 4 BE

2. **Materiewellen**
Bei einem Doppelspaltversuch treffen Elektronen mit der Materiewellenlänge $\lambda = 30$ pm auf einen Doppelspalt mit dem Spaltmittenabstand $b = 6{,}2$ µm.
a) Berechnen Sie für die Wellenlänge λ nichtrelativistisch die Geschwindigkeit v der Elektronen und die erforderliche Beschleunigungsspannung, die die anfangs ruhenden Elektronen durchlaufen müssen, um diese Geschwindigkeit zu erreichen.
[zur Kontrolle: $v = 2{,}4 \cdot 10^7 \frac{\text{m}}{\text{s}}$] 7 BE
b) Der Abstand zwischen Schirm und Doppelspalt beträgt $\ell = 1{,}00$ m. Berechnen Sie den Abstand x zwischen dem 0. und 1. Interferenzmaximum. 4 BE

Die Impulsunschärfe Δp_x senkrecht zur Flugrichtung lässt sich mithilfe der Unschärferelation $\Delta x \cdot \Delta p_x \approx h$ abschätzen. Legen Sie als Ortsunschärfe Δx den Spaltmittenabstand b zugrunde.
c) Berechnen Sie die Impulsunschärfe Δp_x und die zugehörige Geschwindigkeitskomponente Δv_x senkrecht zur Flugrichtung.
[zur Kontrolle: $\Delta v_x \approx 1{,}2 \cdot 10^2 \frac{\text{m}}{\text{s}}$] 4 BE

d) Um die Konsequenzen der Unschärferelation für den Fall des Doppelspalts zu veranschaulichen, soll nun ein klassisches Teilchen betrachtet werden, das am Doppelspalt die in Teilaufgabe 2 c berechnete Geschwindigkeitskomponente Δv_x besitzt.
Berechnen Sie den Abstand zwischen dem Auftreffort eines solchen Teilchens und dem Auftreffort eines Teilchens ohne eine solche Geschwindigkeitskomponente auf dem Schirm und vergleichen Sie mit den Abmessungen des Interferenzmusters. 4 BE

e) Der Interferenzversuch wird mit so wenigen Elektronen durchgeführt, dass die Auftreffpunkte der einzelnen Teilchen auf dem Schirm nachweisbar sind. Dabei wird der Doppelspalt dem Elektronenstrahl so kurz ausgesetzt, dass praktisch alle verwendeten Elektronen gleichzeitig durch den Doppelspalt treten.
Beschreiben Sie anhand einer Skizze das zu erwartende Schirmbild. 4 BE

f) Nun wird der Versuch so durchgeführt, dass zwar die gleiche Elektronenzahl wie in Teilaufgabe 2 e auf dem Schirm auftrifft, allerdings über einen so deutlich längeren Zeitraum verteilt, dass sich im Bereich des Doppelspaltes stets nur ein Elektron befindet.
Beschreiben Sie Unterschiede und Gemeinsamkeiten bei der Entstehung des zu erwartenden Schirmbilds im Vergleich zu Teilaufgabe 2 e.
Erläutern Sie, ob und ggf. wie sich die Schirmbilder nach Abschluss der beiden Versuche unterscheiden. Welchen Einfluss hat die Wechselwirkung der Elektronen untereinander auf das Schirmbild? 5 BE

g) Man kann ein ähnliches Schirmbild wie in Teilaufgabe 2 e auch mit Licht erzeugen. Welche Bedingungen muss das dabei verwendete Licht erfüllen? 4 BE

60 BE

Tipps und Hinweise zur Lösung von Aufgabe III

Tipps zu Teilaufgabe 1 a

- Denken Sie hier etwa an die gelbe Natriumlinie.
- Vergleichung Sie die Strahlrichtung des absorbierten mit der des emittierten Lichts.

Tipp zu Teilaufgabe 1 b

- Verwenden Sie die Angabe, dass der Maßstab linear ist.

Tipp zu Teilaufgabe 1 c

- Einzige mögliche Ursache ist die Atmosphäre.

Tipps zu Teilaufgabe 1 d

- Bei der Balmerserie liegt das tiefere Energieniveau bei $n = 2$.
- Verwenden Sie auch hier wieder den linearen Maßstab der Abbildung.

Tipp zu Teilaufgabe 1 e

- Welche Bedingung müssen die in Frage kommenden Wasserstoffatome erfüllen?

Tipps zu Teilaufgabe 2 a

- Verwenden Sie die Formel für die de-Broglie-Wellenlänge.
- Die Beschleunigungsspannung erhalten Sie über die Bewegungsenergie.

Tipps zu Teilaufgabe 2 b

- Sie benötigen die Bedingung für konstruktive Interferenz; der Beugungswinkel lässt sich aus der Geometrie der Anordnung bestimmen.
- Bei dem angegebenen Schirmabstand gilt die Kleinwinkelnäherung.

Tipp zu Teilaufgabe 2 c

- Es gilt $\Delta p_x = m \cdot \Delta v_x$.

Tipp zu Teilaufgabe 2 d

- Verwenden Sie die Flugzeit für das unabgelenkte Teilchen zur Bestimmung der seitlichen Ablenkung. Vergleichen Sie mit Teilaufgabe 2 b.

Tipp zu Teilaufgabe 2 e

- Skizzieren Sie qualitativ eine mögliche Intensitätsverteilung.

Tipp zu Teilaufgabe 2 f

- Gehen Sie jeweils kurz auf die *Entstehung* und das *endgültige Aussehen* der Schirmbilder ein.

Tipp zu Teilaufgabe 2 g

- Wie müssen Intensität und Wellenlänge des verwendeten Lichts beschaffen sein?

Lösung zu Aufgabe III

1. a) Im Inneren der Sonne entsteht Licht in einem kontinuierlichen Spektrum, das keine schwarzen Linien aufweist. Ebenso verhält es sich bei der Glühlampe. Das folgende **Demonstrationsexperiment** beschreibt das Zustandekommen der **Fraunhofer'schen Linien**:
Durchstrahlt man mit dem Licht einer Glühlampe einem Glasbehälter, der mit Natriumdampf gefüllt ist, dann absorbieren die Natriumatome das gelbe Licht mit der für Natrium typischen Wellenlänge im gelben Bereich. Diese Photonen besitzen gerade die Energie, die notwendig ist, um ein Elektron von einer Schale auf eine andere Schale zu „heben". Weil diese Schalenkonfiguration instabil ist, „fällt" das Elektron gleich wieder zurück und gibt dabei die gleiche Energie in Form von eines Photons (also wiederum gelbem Licht der gleichen Wellenlänge) ab. Im Gegensatz zu dem vorher *gerichteten* gelben Licht wird dieses jetzt *nach allen Seiten gleichermaßen* emittiert, sodass in der ursprünglichen Strahlrichtung nur noch ein verschwindend kleiner Anteil an gelbem Licht zu finden ist. Darum erscheinen an den entsprechenden Stellen im Spektrum (fast) schwarze Linien, die man Fraunhofer'sche Linien nennt.
Bei der Sonne finden diese Prozesse in den äußeren Schichten statt, sodass aus den schwarzen Linien im Spektrum auf die dort vorhandenen chemischen Elemente geschlossen werden kann, deren Spektren man kennt.

   b) Wegen des linearen Maßstabes muss man nur den Abstand der B-Linie vom rechten Rand zur Breite des Gesamtspektrums ins Verhältnis setzen, um die Wellenlänge zu bestimmen:

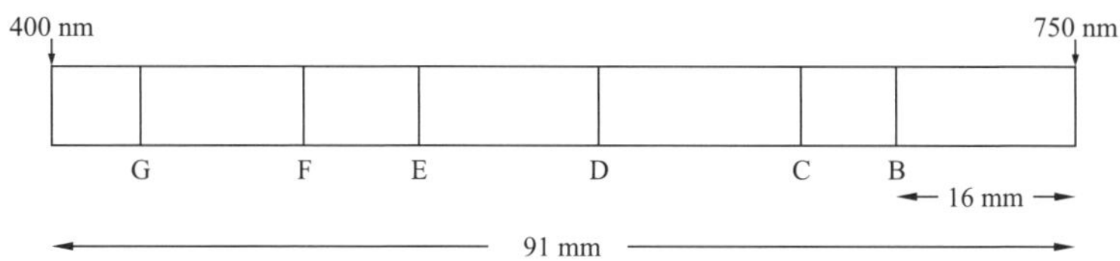

   Damit ergibt sich

$$\lambda_B \approx 750\text{ nm} - \frac{16\text{ mm}}{91\text{ mm}} \cdot (750\text{ nm} - 400\text{ nm}) \approx \underline{\underline{690\text{ nm}}},$$

   also Licht im **roten** Bereich.

   c) Fehlt dieses rote Licht erst *nach* Durchleuchten der Erdatmosphäre (weil es auf der ISS noch im Spektrum enthalten ist), wird es offenbar dort absorbiert.

   Tatsächlich absorbiert molekularer Sauerstoff gerade diese Photonen.

   d) Die **Balmerserie** wird beschrieben durch die Formel

$$\frac{1}{\lambda} = R \cdot \left(\frac{1}{2^2} - \frac{1}{n^2} \right)$$

   mit der Rydbergkonstante $R = 1{,}097 \cdot 10^7 \frac{1}{m}$ und $n > 2$.

Die energieärmsten Balmerlinien sind gefragt; sie haben die größten Wellenlängen und damit die kleinsten Werte für n, also 3 und 4. Die Wellenlängen betragen daher

$$\frac{1}{\lambda_3} = R \cdot \left(\frac{1}{4} - \frac{1}{9}\right) \quad \Rightarrow \quad \lambda_3 = \frac{36}{5 \cdot R} = \frac{36}{5 \cdot 1{,}097 \cdot 10^7 \frac{1}{m}} \approx \underline{\underline{656 \text{ nm}}}$$

$$\frac{1}{\lambda_4} = R \cdot \left(\frac{1}{4} - \frac{1}{16}\right) \quad \Rightarrow \quad \lambda_4 = \frac{16}{3 \cdot R} = \frac{16}{3 \cdot 1{,}097 \cdot 10^7 \frac{1}{m}} \approx \underline{\underline{486 \text{ nm}}}$$

Diese Linien sind im abgebildeten Diagramm bezogen auf den linken Rand wie folgt zuzuordnen:

- $\lambda_3 = 656$ nm

$$\frac{656 \text{ nm} - 400 \text{ nm}}{350 \text{ nm}} \cdot 91 \text{ mm} \approx 66{,}6 \text{ mm} \quad \rightarrow \quad \textbf{C-Linie}$$

- $\lambda_4 = 486$ nm

$$\frac{486 \text{ nm} - 400 \text{ nm}}{350 \text{ nm}} \cdot 91 \text{ mm} \approx 22{,}4 \text{ mm} \quad \rightarrow \quad \textbf{F-Linie}$$

e) Da die Absorptionslinien der Balmerserie im Sonnenspektrum deutlich sichtbar sind, müssen reichlich **Wasserstoffatome im ersten angeregten Zustand (n = 2)** an der Sonnenoberfläche vorhanden sein, die für diese Fraunhofer'schen Linien sorgen.

2. a) Mit der Formel von **de Broglie** $p = \frac{h}{\lambda} = m \cdot v$ ist die **Elektronengeschwindigkeit**:

$$v = \frac{h}{m \cdot \lambda} \qquad (*)$$

$$= \frac{6{,}63 \cdot 10^{-34} \text{ Js}}{9{,}11 \cdot 10^{-31} \text{ kg} \cdot 30 \cdot 10^{-12} \text{ m}} = 2{,}424\ldots \cdot 10^7 \frac{m}{s} \approx \underline{\underline{2{,}4 \cdot 10^7 \frac{m}{s}}}$$

Für die **Beschleunigungsspannung** gilt $e \cdot U = \frac{1}{2} m \cdot v^2$ und damit:

$$U = \frac{m \cdot v^2}{2e} = \frac{9{,}11 \cdot 10^{-31} \text{ kg} \cdot (2{,}242\ldots \cdot 10^7 \frac{m}{s})^2}{2 \cdot 1{,}6 \cdot 10^{-19} \text{ C}} \approx \underline{\underline{1{,}7 \text{ kV}}}$$

Statt mit dem (nicht gerundeten) Zahlenwert von v können Sie auch mit (*) rechnen:

$$U = \frac{m \cdot \left(\frac{h}{m \cdot \lambda}\right)^2}{2e} = \frac{h^2}{2e \cdot m \cdot \lambda^2} =$$

$$= \frac{(6{,}63 \cdot 10^{-34} \text{ Js})^2}{2 \cdot 1{,}6 \cdot 10^{-19} \text{ C} \cdot 9{,}11 \cdot 10^{-31} \text{ kg} \cdot (30 \cdot 10^{-12} \text{ m})^2} \approx \underline{\underline{1{,}7 \text{ kV}}}$$

Einheitenbetrachtung:

$$1 \frac{J^2 \cdot s^2}{C \cdot kg \cdot m^2} = 1 \frac{(VAs)^2 \cdot s^2}{As \cdot kg \cdot m^2} = 1 \frac{V^2 \cdot A \cdot s^3}{kg \cdot m^2} = 1 \frac{V \cdot (VAs)}{kg \cdot \frac{m}{s^2} \cdot m} = 1 \frac{V \cdot J}{Nm} = 1 \text{ V}$$

b) Die Skizze zeigt (nicht maßstäblich) die Situation am Doppelspalt. Wegen $\ell \gg b$ können die Strahlen vom Doppelspalt zum Schirm als **parallel** angesehen werden.

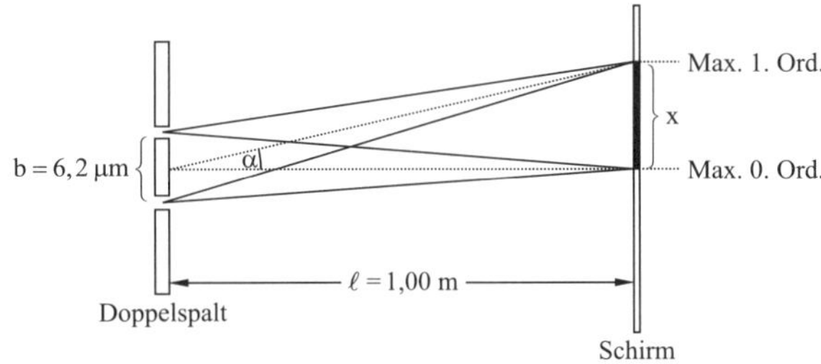

Um den Abstand x zwischen den Maxima nullter und erster Ordnung zu ermitteln, benötigt man zwei Formeln. Die erste ist die Bedingungsgleichung für **konstruktive Interferenz**; beim Maximum 1. Ordnung beträgt der Gangunterschied Δs der Wellenzüge gerade eine Wellenlänge: $\Delta s = b \cdot \sin\alpha = \lambda$. Die zweite Gleichung ergibt sich aus der **Geometrie** der Anordnung: $\tan\alpha = \frac{x}{\ell}$.

Weil wegen $\ell \gg b$ der Beugungswinkel α sehr klein ist, gilt außerdem $\sin\alpha \approx \tan\alpha$, sodass insgesamt folgt:

$$\lambda = b \cdot \sin\alpha \approx b \cdot \tan\alpha = b \cdot \frac{x}{\ell}$$

$$\Rightarrow \quad x \approx \frac{\lambda \cdot \ell}{b} = \frac{30 \cdot 10^{-12}\,\text{m} \cdot 1{,}00\,\text{m}}{6{,}2 \cdot 10^{-6}\,\text{m}} \approx \underline{\underline{4{,}8 \cdot 10^{-6}\,\text{m}}}$$

c) Durch Umstellen der Unschärferelation ergibt sich

$$\Delta p_x \approx \frac{h}{\Delta x} \approx \frac{h}{b} = \frac{6{,}63 \cdot 10^{-34}\,\text{Js}}{6{,}2 \cdot 10^{-6}\,\text{m}} = 1{,}068\ldots \cdot 10^{-28}\,\text{Ns} \approx \underline{\underline{1{,}1 \cdot 10^{-28}\,\text{Ns}}}$$

und damit:

$$\Delta v_x = \frac{\Delta p_x}{m} = \frac{1{,}068 \cdot 10^{-28}\,\text{Ns}}{9{,}11 \cdot 10^{-31}\,\text{kg}} = 1{,}17\ldots \cdot 10^2\,\frac{\text{m}}{\text{s}} \approx \underline{\underline{1{,}2 \cdot 10^2\,\frac{\text{m}}{\text{s}}}}$$

d) Ohne diese Unschärfe fliegt das Teilchen zum nullten Maximum und benötigt dafür die Flugzeit $t = \ell \cdot v^{-1}$. Mit dieser Unschärfe ergibt sich eine **seitliche Ablenkung**

$\Delta x = \Delta v_x \cdot t = \Delta v_x \cdot \ell \cdot v^{-1} = 1{,}17 \cdot 10^2\,\frac{\text{m}}{\text{s}} \cdot 1{,}00\,\text{m} \cdot (2{,}424 \cdot 10^7\,\frac{\text{m}}{\text{s}})^{-1} \approx 4{,}8 \cdot 10^{-12}\,\text{m} = x$,

also gerade das **erste Nebenmaximum**.

e) Es werden beim Maximum 0. Ordnung in der Mitte die meisten Treffer zu finden sein, beim ersten Nebenmaximum schon deutlich weniger und nach außen hin dann noch weniger, sodass sich etwa das Bild rechts ergeben könnte. Die Intensität des jeweiligen Maximums ist ein Maß für die Wahrscheinlichkeit, dass ein einzelnes Elektron den Streifen trifft.

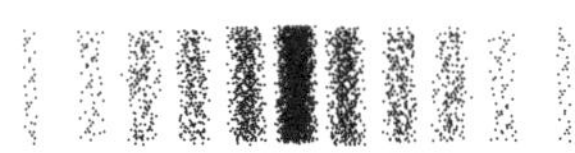

f) Die beiden Interferenzbilder unterscheiden sich am Ende **nicht**, im zweiten Fall baut es sich lediglich langsamer auf. Die Wechselwirkungen zwischen den Elektronen spielen bei der Interferenz keine Rolle.

g) Das Licht muss von **geringer Intensität** und **konstanter Wellenlänge** sein (monochromatisches Licht).

Grundkurs Physik (Bayern): Abiturprüfung 2010 – Aufgabe IV
Der natürliche Kernreaktor in Oklo, Plutonium 244

1. **Der natürliche Kernreaktor in Oklo**

In einem Kilogramm natürlich vorkommenden Urans sind 7,1 g des Isotops ^{235}U enthalten, der Rest besteht im Wesentlichen aus dem Isotop ^{238}U.

a) Berechnen Sie die Aktivität von 1,0 kg natürlichem Uran. 8 BE

Die Halbwertszeiten von ^{238}U und ^{235}U sind sehr groß, sodass sich die Anzahl der Nuklide während eines Menschenlebens nicht merklich ändert.

b) Erläutern Sie, wie man die Halbwertszeit von langlebigen Isotopen experimentell ermitteln kann. 5 BE

c) Geben Sie an, vor wie vielen Jahren es viermal so viel ^{235}U wie heute gab. 3 BE

d) Erklären Sie, warum der Anteil von ^{235}U am gesamten Uranvorkommen damals deutlich größer war als heute. 5 BE

Vor zwei Milliarden Jahren lag der Anteil von ^{235}U bei etwa 3,6 %. Uran in diesem Verhältnis ist kernreaktorfähig. Tatsächlich wird vermutet, dass in Oklo, einer afrikanischen Erzlagerstätte mit sehr großem Uranvorkommen, ein natürlicher Kernreaktor in Betrieb war. Ein Indiz dafür ist der erhöhte Anteil von ^{143}Nd am natürlichen Neodymvorkommen. Dies könnte durch Vorgänge entstanden sein, die im Folgenden näher beleuchtet werden.

e) Trifft ein thermisches Neutron auf einen ^{235}U-Kern, können zum Beispiel ein ^{143}Ba-Kern, ein weiterer Tochterkern und drei freie Neutronen entstehen. Geben Sie die Reaktionsgleichung an. 3 BE

f) Die Atommasse von ^{143}Ba beträgt 142,92062 u, die des anderen Tochternuklids 89,919524 u. Berechnen Sie daraus die bei der in Teilaufgabe 1 e betrachteten Spaltreaktion freiwerdende Energie. 4 BE

g) Der ^{143}Ba-Kern zerfällt in mehreren Schritten in das stabile Isotop ^{143}Nd. Begründen Sie, welche Zerfälle dabei auftreten können. 3 BE

h) Pro gespaltenem ^{235}U-Kern werden insgesamt ca. 198 MeV frei. Dieser Wert liegt deutlich über dem in Teilaufgabe 1 f ermittelten Wert. Woher stammt die restliche Energie? 3 BE

i) Vermutlich wurden in dem natürlichen Reaktor in Oklo über einen Zeitraum von etwa 500 000 Jahren ca. fünf Tonnen ^{235}U gespalten. Berechnen Sie daraus die durchschnittliche Leistung des Reaktors und schätzen Sie ab, wie viele Menschen unserer zivilisierten Welt (täglicher Energiebedarf pro Person etwa 0,36 GJ) mit einem Kraftwerk dieser Leistung versorgt werden könnten. 7 BE

j) In die Uranerzlagerstätte konnte damals Wasser eindringen. Erläutern Sie kurz, warum dies für die Aufrechterhaltung des „Reaktorbetriebs" notwendig war. 4 BE

2. **Plutonium 244 – das schwerste natürlich vorkommende Element**
Lange Zeit hielt man Uran für das schwerste natürlich vorkommende Element, bis im Jahr 1971 ^{244}Pu entdeckt wurde.

a) Ermitteln Sie, zu welcher natürlichen Zerfallsreihe ^{244}Pu gehört. 2 BE

b) Bestimmen Sie die Zahl der α- und der β^--Zerfälle von ^{244}Pu bis zum ersten Isotop, das in der Formelsammlung zu dieser Zerfallsreihe angegeben wird. 5 BE

c) Bei den α-Zerfällen werden neben α-Teilchen auch γ-Quanten frei. Erklären Sie das Auftreten der γ-Quanten. 4 BE

d) Obwohl zwischen Mutter- und Tochterkernen stets die gleiche Energiedifferenz besteht, haben die emittierten Elektronen beim β^--Zerfall unterschiedliche Energien. Nehmen Sie zu diesem vermeintlichen Widerspruch Stellung. 4 BE

60 BE

Tipps und Hinweise zur Lösung von Aufgabe IV

Tipp zu Teilaufgabe 1 a

- Addieren Sie die Aktivitäten beider Isotope.
- Bestimmen Sie die die Einzelaktivitäten mithilfe der Halbwertszeiten (Formelsammlung).

Tipp zu Teilaufgabe 1 b

- Messen Sie nur die Aktivität und die Masse des Präparates.

Tipp zu Teilaufgabe 1 c

- Denken Sie an die Halbwertszeiten.

Tipp zu Teilaufgabe 1 d

- Vergleichen Sie die Halbwertszeiten der Isotope.

Tipp zu Teilaufgabe 1 e

- Stellen Sie die Kernladungs- und Nukleonenbilanz auf.

Tipp zu Teilaufgabe 1 f

- Verwenden Sie die exakten Atommassen aus der Formelsammlung bzw. Angabe.

Tipp zu Teilaufgabe 1 g

- Vergleichen Sie Nukleonen- und Kernladungszahlen.

Tipp zu Teilaufgabe 1 h

- Berücksichtigen Sie die Prozesse aus Teilaufgabe g.

Tipps zu Teilaufgabe 1 i

- Berechnen Sie zunächst die Anzahl der ^{235}Uran-Kerne im Reaktor, daraus die erzeugte Gesamtenergie und schließlich die Durchschnittsleistung.
- Setzen Sie das Ergebnis mit der gegebenen Tagesleistung eines gegenwärtigen Menschen ins Verhältnis.

Tipp zu Teilaufgabe 1 j

- Vergleichen Sie die Geschwindigkeiten der frei werdenden und der auslösenden Neutronen.

Tipp zu Teilaufgabe 2 a

- Betrachten Sie den Rest bei Division durch 4.

Tipp zu Teilaufgabe 2 b

- Wie ändern sich Nukleonen- und Kernladungszahl bei Alpha- bzw. Betazerfällen?

Tipp zu Teilaufgabe 2 c

- Führen Sie eine Energiebetrachtung durch.

Tipp zu Teilaufgabe 2 d

- Welche Teilchen entstehen beim Betazerfall? Was bedeutet das für die Energieverteilung?

Lösung zu Aufgabe IV

1. a) Die Halbwertszeiten der beiden Uranisotope stehen in der Formelsammlung:

$$T_{\frac{1}{2},\,{}^{235}_{92}U} = 7{,}1 \cdot 10^8\ \text{a} \quad \text{und} \quad T_{\frac{1}{2},\,{}^{238}_{92}U} = 4{,}5 \cdot 10^9\ \text{a}$$

In 1,0 kg Natururan sind 7,1 g ${}^{235}_{92}U$, das sind etwa

$$N_{235} = \frac{7{,}1 \cdot 10^{-3}\ \text{kg}}{235 \cdot 1{,}66 \cdot 10^{-27}\ \text{kg}} \approx 1{,}82 \cdot 10^{22}$$

Kerne mit der Aktivität:

$$A_{235} = \lambda_{235} \cdot N_{235} = \frac{\ln 2 \cdot N_{235}}{T_{\frac{1}{2},\,{}^{235}_{92}U}} \approx \frac{\ln 2 \cdot 1{,}82 \cdot 10^{22}}{7{,}1 \cdot 10^8 \cdot 365 \cdot 24 \cdot 3600\ \text{s}} \approx 5{,}7 \cdot 10^5\ \text{Bq}$$

Der Rest des Natururans, also 992,9 g, ist ${}^{238}_{92}U$, das sind etwa

$$N_{238} = \frac{992{,}9 \cdot 10^{-3}\ \text{kg}}{238 \cdot 1{,}66 \cdot 10^{-27}\ \text{kg}} \approx 2{,}51 \cdot 10^{24}$$

Kerne mit der Aktivität:

$$A_{238} = \lambda_{238} \cdot N_{238} = \frac{\ln 2 \cdot N_{238}}{T_{\frac{1}{2},\,{}^{238}_{92}U}} \approx \frac{\ln 2 \cdot 2{,}51 \cdot 10^{24}}{4{,}5 \cdot 10^9 \cdot 365 \cdot 24 \cdot 3600\ \text{s}} \approx 1{,}2 \cdot 10^7\ \text{Bq}$$

Die **Gesamtaktivität** ist damit:

$$A = A_{235} + A_{235} \approx 5{,}7 \cdot 10^5\ \text{Bq} + 1{,}2 \cdot 10^7\ \text{Bq} \approx \underline{\underline{13\ \text{MBq}}}$$

b) Wenn die Halbwertszeit sehr groß ist (wie etwa beim ^{238}U), dann lässt sich eine merkliche Abnahme der Aktivität nicht abwarten. Es wird dann die augenblickliche Aktivität $A(t)$ gemessen und die **Halbwertszeit berechnet**:

$$A(t) = \lambda \cdot N(t) = \frac{\ln 2 \cdot N(t)}{T_{\frac{1}{2}}} \quad \Rightarrow \quad T_{\frac{1}{2}} = \frac{\ln 2}{A(t)} \cdot N(t) = \underline{\underline{\frac{\ln 2}{A(t)} \cdot \frac{m}{m_{Atom}}}}$$

c) Viermal so viel ^{235}U wie heute gab es vor 2 Halbwertszeiten, also vor **1,4 · 10⁹ Jahren**.

d) Die Halbwertszeit von ^{238}U ist mehr als sechsmal größer als die von ^{235}U, das ^{235}U zerfällt also wesentlich schneller als ^{238}U (und doch so langsam!), sodass sich sein Anteil in Natururan deutlich schneller verringert als der von ^{238}U.

e) Zunächst lässt sich folgende Teilgleichung der Angabe entnehmen:

$${}^{235}_{92}U + {}^{1}_{0}n \rightarrow {}^{143}_{56}Ba + {}^{?}_{?}? + 3 \cdot {}^{1}_{0}n$$

Die Bilanz der Nukleonen ergibt für den anderen Tochterkern 90, die Kernladungszahl 36, also handelt es sich um **Krypton**:

$$\underline{\underline{{}^{235}_{92}U + {}^{1}_{0}n \rightarrow {}^{143}_{56}Ba + {}^{90}_{36}Kr + 3 \cdot {}^{1}_{0}n}}$$

f) Der **Q-Wert** der Reaktion ist (mit den Atommassen der Neutronen und von ^{235}U aus der Formelsammlung sowie den restlichen Atommassen aus der Aufgabenstellung):

$$Q = c^2 \cdot (m_{U235} - 2m_n - m_{Ba143} - m_{Kr90})$$
$$= c^2 \cdot u \cdot (235{,}04392 - 2 \cdot 1{,}008665 - 142{,}92062 - 89{,}919524)$$
$$= 931{,}5\ \text{MeV} \cdot 0{,}186446$$
$$\approx \underline{\underline{174\ \text{MeV}}}$$

g) Wenn wie angegeben $^{143}_{56}Ba$ zu $^{143}_{60}Nd$ zerfällt, ändert sich die Anzahl 143 der Nukleonen nicht, ein Alphazerfall ist somit ausgeschlossen. Stattdessen wächst die Protonenzahl um 4, es finden also **vier Betazerfälle** statt, bei denen je ein Neutron zu einem Proton wird unter Emission eines schnellen Elektrons. Auch **Gammastrahlung** ist zu erwarten, weil die Zwischenzustände oftmals zunächst in einer zusätzlich angeregten Form erreicht werden und sich durch Gammaemission „entspannen".

h) Der Q-Wert aus Teilaufgabe 1 f verwendet den Bariumkern quasi als Endprodukt, dessen weiterer Zerfall zu ^{143}Nd wird nicht berücksichtigt. Auch ^{90}Kr ist kein stabiles Nuklid und zerfällt weiter.

i) Aus der Gesamtenergie

$$E_{ges} = N \cdot 198\ \text{MeV}$$
$$= \frac{5\,000\ \text{kg}}{235{,}04392 \cdot 1{,}66 \cdot 10^{-27}\ \text{kg}} \cdot 198 \cdot 10^6 \cdot 1{,}6 \cdot 10^{-19}\ \text{J} \approx 4{,}1 \cdot 10^{17}\ \text{J}$$

des Naturreaktors von Oklo ergibt sich dessen **durchschnittliche Leistung** zu:

$$P = \frac{E_{ges}}{500\,000 \cdot 365 \cdot 24 \cdot 3\,600\ \text{s}} \approx \underline{\underline{26\ \text{kW}}}$$

Die Durchschnittsleistung pro heutigem Einwohner beträgt:

$$P_{einzeln} = \frac{0{,}36 \cdot 10^9\ \text{J}}{24 \cdot 3\,600\ \text{s}} \approx 4{,}2\ \text{kW}$$

Die Leistung dieses Reaktors würde also **6 Menschen** unserer Zeit versorgen können.

j) Für die Auslösung der Reaktionen sind **thermische**, also langsame **Neutronen** notwendig. Bei den Spaltungen entstehen aber viele schnelle Neutronen, die durch das Wasser abgebremst werden (Wasserstoff ist ein etwa gleich schwerer Stoßpartner und nimmt beim Aufprall viel Bewegungsenergie vom Neutron auf) und anschließend die Kettenreaktion aufrecht erhalten. Das Wasser dient also als **Moderator** – ohne Wasser käme die Reaktion bald zum Erliegen.

2. a) Ermittelt man den Vierer-Divisionsrest der Nukleonenzahl 244, also $244 : 4 = 61$ Rest 0, dann ergibt sich die **Thorium (^{232}Th)-Reihe**.

Natürliche Zerfallsarten lassen die Nukleonenzahl gleich (Beta- und Gammazerfälle) oder verringern sie um 4 (Alphazerfall), sodass bei Atomen der gleichen, natürlichen Zerfallsreihe immer der gleiche Rest bei Division durch 4 bleibt.

b) Das erste in der Formelsammlung angegebene Isotop dieser Reihe ist $^{232}_{90}Th$. Daher müssen von $^{244}_{94}Pu$ aus wegen $244 - 232 = 12$ **drei Alphazerfälle** auftreten, bei denen die Kernladungszahl um 6 kleiner wird (2 je Alphazerfall). Es bliebe also $94 - 6 = 88$. Da Thorium die Ordnungszahl 90 hat, finden noch **zwei Betazerfälle** statt.

c) Verlässt ein Heliumkern (Alphateilchen) den Kern, so ist die Konstellation der übrigen Nukleonen zunächst nicht energetisch optimal. Beim „Ordnen" des Restkerns tritt Gammastrahlung auf, die überschüssige Energie abführt.

d) Betastrahlung tritt immer innerhalb eines **kontinuierlichen Energiespektrums** auf, was wegen gleichzeitiger Energie- und Impulserhaltung auf ein weiteres Teilchen hinweist, das ebenso entsteht: das Antineutrino (es trägt den Rest der Energie).

Grundkurs Physik (Bayern): Abiturprüfung 2010 – Aufgabe V
Die Rosetta-Mission, Die Sonne

1. **Die Rosetta-Mission**
   Am 27. Februar 2004 wurde von der European Space Agency (ESA) die Sonde Rosetta gestartet. Sie wird im Jahr 2014 den Kometen Tschurjumov-Gerasimenko erreichen. Rosetta soll den Kometenkern, der die Masse $m_{TG} = 3{,}35 \cdot 10^{13}$ kg hat, auf einer kreisförmigen Bahn mit Radius $r = 3$ km umrunden und auf ihm einen Lander der Masse $m_L = 100$ kg absetzen. Für die Bahn des Kometen Tschurjumov-Gerasimenko um die Sonne gelten die folgenden Daten:
   Umlaufzeit $T = 6{,}56$ a; numerische Exzentrizität $\varepsilon = 0{,}60$.
   a) Berechnen Sie die Länge a der großen Halbachse sowie die Apheldistanz r_A und die Periheldistanz r_P der Kometenbahn.
   [zur Kontrolle: $r_P = 1{,}4$ AE] 6 BE
   b) Berechnen Sie die Bahngeschwindigkeit v_P des Kometen Tschurjumov-Gerasimenko im Perihel und begründen Sie, warum diese deutlich größer als die Aphelgeschwindigkeit ist. 5 BE
   c) Berechnen Sie die Umlaufdauer T_R von Rosetta um den Kometen. 4 BE

   Für die Dichte des Kometenkerns nimmt man an, dass sie etwa gleich der von Eis ($\rho_{Eis} = 9 \cdot 10^2 \frac{kg}{m^3}$) ist.
   d) Erläutern Sie kurz den Aufbau eines Kometen, sein Verhalten in Sonnennähe und begründen Sie, warum die Annahme über die Dichte sinnvoll ist. 5 BE
   e) Berechnen Sie den Radius r_{TG} des Kometenkerns, wenn dieser als kugelförmig angenommen wird.
   [zur Kontrolle: $r_{TG} = 2$ km] 4 BE
   f) Berechnen Sie die Gravitationskraft zwischen Lander und Kometenkern, wenn der Lander auf dessen Oberfläche aufgesetzt hat, und begründen Sie, warum der Lander mithilfe einer Harpune landen und mit Bohrern befestigt werden muss. 5 BE

   Der Komet Tschurjumov-Gerasimenko hatte bis zum Jahr 1840 eine Periheldistanz von 4 AE, diese änderte sich innerhalb kurzer Zeit auf 3 AE. Seit 1959 beträgt die Periheldistanz nur noch 1,4 AE.
   g) Durch welchen Prozess können solch sprunghafte Änderungen der Umlaufbahn bewirkt werden? 4 BE

2. **Die Sonne**

Die Energie, die die Sonne abstrahlt, wird durch kernphysikalische Prozesse in ihrem Zentrum freigesetzt.

a) Erläutern Sie allgemein zwei Formen des Energietransports, die in der Sonne eine wesentliche Rolle spielen. 4 BE

b) Beschreiben Sie den Aufbau der Sonne unter Angabe der Größenverhältnisse und gehen Sie dabei auf den Energietransport ein. 6 BE

c) Charakterisieren Sie die Eigenschaften der Sonnenkorona. 4 BE

Das Spektrum der Sonne gibt Aufschluss über viele ihrer Eigenschaften.

d) Erklären Sie das Zustandekommen von Absorptionslinien im Spektrum. 5 BE

e) Die Sonne rotiert an ihrem Äquator in 25 Tagen einmal um ihre eigene Achse. Berechnen Sie die Rotationsgeschwindigkeit v am Sonnenäquator. [zur Kontrolle: $v = 2{,}0\ \frac{\text{km}}{\text{s}}$] 3 BE

Vergleicht man zwei Spektren, von denen das eine am linken und das andere am rechten Rand des Sonnenäquators aufgenommen wurde, so sind entsprechende Absorptionslinien gegeneinander verschoben.

f) Erklären Sie dieses Phänomen und berechnen Sie die maximal mögliche Verschiebung der H_α-Linie (Laborwellenlänge $\lambda_0 = 656{,}5$ nm) zwischen beiden Spektren. 5 BE

60 BE

Tipps und Hinweise zur Lösung von Aufgabe V

Tipp zu Teilaufgabe 1 a

Die gesuchte Halbachse berechnen Sie mithilfe des 3. Kepler'schen Gesetzes. Zur Berechnung der Aphel- und Periheldistanz müssen Sie die Eigenschaften der Ellipse verwenden.

Tipps zu Teilaufgabe 1 b

Verwenden Sie die Energiegleichung. Achten Sie auf die Einheiten, welche über die Gravitationskonstante festgelegt sind (kg, s und m).

Denken Sie auch an die anderen Kepler'schen Gesetze.

Tipp zu Teilaufgabe 1 c

Grundlegender Kraftansatz für die Kometenbewegung ist: Zentralkraft = Gravitationskraft. Hieraus lässt sich die Umlaufdauer bestimmen.

Tipp zu Teilaufgabe 1 d

Denken Sie an die verschiedenen Bilder von Kometen, weit weg von der Sonne und in Sonnennähe.

Tipp zu Teilaufgabe 1 e

Besorgen sie sich die Definition der Dichte aus der Formelsammlung; das Volumen wird hier gemäß Angabe durch ein Kugelvolumen genähert.

Tipps zu Teilaufgabe 1 f

Die Gravitationskraft wird mit dem Gravitationsgesetz berechnet, wobei $r = R$, d. h. der Abstand des Körpers vom Gravitationszentrum entspricht hier dem Radius des Kometenkerns.

Machen Sie sich über das Ergebnis Gedanken – vergleichen Sie die Kraft mit den Ihnen bekannten Kräften.

Tipp zu Teilaufgabe 1 g

Welche physikalische Größe kann Bewegungsbahnen von (trägen) Körpern verändern?
Was kommt als Quelle für diese Größe in Frage?

Tipp zu Teilaufgabe 2 a

Welche Energietransportmechanismen sind für Sterne geeignet? Denken Sie an die Granulation sowie an das Alter der heutigen Energie, welche wir von der Sonne erhalten.

Tipp zu Teilaufgabe 2 b

Schlüsselbegriffe: Kern, Strahlungs- und Konvektionszone, Foto- und Chromosphäre, Korona

Tipp zu Teilaufgabe 2 c

Charakterisieren Sie Dichte und Temperatur dieser Schicht.

Tipp zu Teilaufgabe 2 d

Denken Sie an die Umkehrung der Natriumlinie.

Tipp zu Teilaufgabe 2 e

Die Rotation geschieht mit einer konstanten Geschwindigkeit. Überlegen Sie sich, in welcher Zeit ein fester Punkt der Sonnenoberfläche welchen Weg zurücklegt.

Tipp zu Teilaufgabe 2 f

Wie bewegen sich die Ränder der Sonne in Bezug auf den Beobachter?
Denken sie an den Dopplereffekt.

Lösung zu Aufgabe V

1. **Die Rosetta-Mission**

Hintergrundinformation: Rosetta mit dem Kometenlander Philae ist seit März 2004 auf dem Weg zum Kometen Tschurjumov-Gerasimenko.

2. 3. 2004	Start der Mission
4. 3. 2005	Erster Vorbeiflug an der Erde
25. 2. 2007	Vorbeiflug am Mars
13. 11. 2007	Zweiter Vorbeiflug an der Erde
5. 9. 2008	Vorbeiflug am Asteroiden Steins
13. 11. 2009	Dritter Vorbeiflug an der Erde
Juli 2010	Vorbeiflug am Asteroiden Lutetia
2014	Annäherung an den Kometen

Abb. 1 Rosetta mit Philae

Gegebene Daten:

2014 bei Kometen Tschurjumov-Gerasimenko
$m_{TG} = 3{,}35 \cdot 10^{13}$ kg;
kreisförmige Bahn um den Kometen mit $r = 3$ km;
Lander: $m_L = 100$ kg;
Bahndaten des Kometen: $T = 6{,}56$ a; $\varepsilon = 0{,}60$

a) Nach dem 3. Kepler'schen Gesetz gilt (mit der Erde als Vergleichsplanet):

$$\left(\frac{T_K}{T_E}\right)^2 = \left(\frac{a_K}{a_E}\right)^3 \quad \Rightarrow \quad a_K = \sqrt[3]{\left(\frac{T_K}{T_E}\right)^2} \cdot a_E = \sqrt[3]{6{,}56^2} \cdot 1\ \text{AE} = \underline{\underline{3{,}5\ \text{AE}}}$$

Die Distanzen von Aphel und Perihel erhält man aus der Geometrie der Bahnellipse.

Aphel:

$$r_A = a + e = a + \varepsilon \cdot a = a \cdot (1 + \varepsilon) = 3{,}5\ \text{AE} \cdot (1 + 0{,}60) = \underline{\underline{5{,}6\ \text{AE}}}$$

Perihel:

$$r_P = 2a - r_A = 2 \cdot 3{,}5\ \text{AE} - 5{,}6\ \text{AE} = \underline{\underline{1{,}4\ \text{AE}}}$$

b) Die Bahngeschwindigkeit im Perihel berechnet man mit der Energiegleichung (Formelsammlung). Mit $G = 6{,}67 \cdot 10^{-11}\ \text{m}^3\,\text{kg}^{-1}\,\text{s}^{-2}$ und $M_\odot = 2{,}0 \cdot 10^{30}$ kg ergibt sich:

$$v_P = \sqrt{G \cdot M_\odot \cdot \left(\frac{2}{r_P} - \frac{1}{a}\right)}$$

$$= \sqrt{6{,}67 \cdot 10^{-11}\,\frac{\text{m}^3}{\text{kg} \cdot \text{s}^2} \cdot 2 \cdot 10^{30}\ \text{kg} \cdot \left(\frac{2}{1{,}4} - \frac{1}{3{,}5}\right) \cdot \frac{1}{1{,}5 \cdot 10^{11}\ \text{m}}} \approx \underline{\underline{32\ \frac{\text{km}}{\text{s}}}}$$

Im Perihel befindet sich der Komet am nächsten an der Sonne und spürt somit eine wesentlich größere Gravitationskraft ($F \sim \frac{1}{r^2}$) als im Aphel, sodass dort die Geschwindigkeit kleiner ist.

Alternativ können Sie mit dem 2. Kepler'schen Gesetz argumentieren: Weil der Fahrstrahl vom Brennpunkt (Sonne) auf einen Bahnpunkt (Komet) in gleichen Zeiten gleiche Flächen überstreicht, muss die Bahngeschwindigkeit im Perihel (minimaler Abstand zur Sonne) größer sein als im Aphel (maximaler Abstand zur Sonne).

c) Für den Umlauf von Rosetta um den Kometen gilt Gravitationskraft = Zentralkraft:

$$F_Z = F_G$$

$$M_R \cdot \frac{4\pi^2}{T_R^2} \cdot r = G \cdot \frac{M_R \cdot M_{TG}}{r^2}$$

$$\Rightarrow \quad T_R^2 = \frac{r^3 \cdot 4\pi^2}{G \cdot M_R}$$

$$T_R = 2\pi \cdot \sqrt{\frac{r^3}{G \cdot M_R}}$$

$$= 2\pi \cdot \sqrt{\frac{(3 \cdot 10^3\,\text{m})^3}{6{,}67 \cdot 10^{-11}\,\frac{\text{m}^3}{\text{kg} \cdot \text{s}^2} \cdot 3{,}35 \cdot 10^{13}\,\text{kg}}} \approx 21\,840\,\text{s} \approx \underline{\underline{6{,}1\,\text{h}}}$$

d) Ein Komet besteht aus einem **Kometenkern**, der einige Kilometern Durchmesser besitzt und sich aus Wassereis, CO_2, Eis, Staub und silikatischem Gestein zusammensetzt. In großer Entfernung zur Sonne ist der Kern gefroren. Bei Annäherung an die Sonne bildet sich die **Koma** aus mit Durchmessern zwischen 50 000 bis 150 000 km. Die Koma besteht hauptsächlich aus Molekülen von Kohlenstoff, Sauerstoff, Wasserstoff und Stickstoff. Bei weiterer Sonnenannäherung bilden sich die **Schweife** eines Kometen: der Staubschweif (leicht gekrümmt durch die Bewegung des Kometen) und der Gasschweif, auch Plasmaschweif genannt (weist von der Sonne weg; Ursache: Sonnenwind). Die Länge der Schweife kann bis zu einigen Millionen Kilometern reichen (Abbildungen 2 und 3).
Die **Dichte** eines Kometen wurde erstmalig bei der Giotto-Mission beim Halley'schen Kometen bestimmt. Der Wert liegt sogar unterhalb der von Wassereis. Da der Hauptbestandteil des Kerns Wassereis ist, entspricht auch seine Dichte in etwa dem des Wassereises.

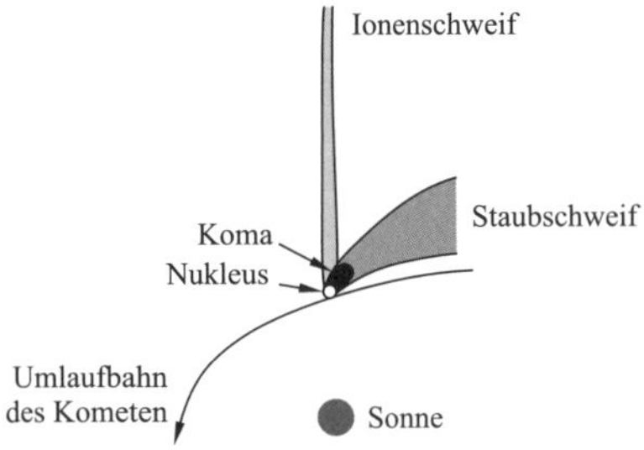

Abb. 2 Aufbau eines Kometen

Abb. 3 Komet Tschurjumov-Gerasimenko

e) Da der Kern kugelförmig angenommen wird, lässt sich der Radius aus den gegebenen Daten für Kernmasse und -dichte berechnen:

$$\rho = \frac{m}{V} = \frac{m}{\frac{4}{3}\pi \cdot r_{TG}^3}$$

$$\Rightarrow \quad r = \sqrt[3]{\frac{3m}{4\pi \cdot \rho}} = \sqrt[3]{\frac{3 \cdot 3{,}35 \cdot 10^{13}\,\text{kg}}{4\pi \cdot 9 \cdot 10^2\,\frac{\text{kg}}{\text{m}^3}}} \approx 2\,071\,\text{m} \approx \underline{\underline{2\,\text{km}}}$$

Achten Sie stets auf die geltenden Ziffern, wenn Sie Rechenergebnisse angeben. Hier müssen Sie den Radius aufgrund der angegebenen Genauigkeit für die Dichte auf ganze Kilometer runden.

f) Die Gravitationskraft berechnet sich mit dem Gravitationsgesetz, wobei der Abstand von Lander- und Kometenkernmasse gleich dem Radius des Kometenkerns ist:

$$F = G \cdot \frac{M_L \cdot M_{TG}}{R^2}$$

$$= 6{,}67 \cdot 10^{-11}\,\frac{\text{m}^3}{\text{kg} \cdot \text{s}^2} \cdot \frac{100\,\text{kg} \cdot 3{,}35 \cdot 10^{13}\,\text{kg}}{(2 \cdot 10^3\,\text{m})^2} \approx \underline{\underline{0{,}06\,\text{N}}}$$

Eine Gewichtskraft von rund 60 mN – die durch andere an der Oberfläche evtl. auftretende Kräfte leicht kompensiert werden kann – ist sicherlich zu gering, als dass der Lander allein durch die Gravitation des Kometenkerns an der Oberfläche gehalten werden kann.

g) Die Umlaufbahn von Kometen wird durch die **Gravitationswirkung der großen Planeten** (wie Jupiter und Saturn) geändert.

2. **Die Sonne**

a) Man unterscheidet bei Sternen die **Strahlung** und die **Wärmekonvektion**:
- Bei der Strahlung wird die Energie durch **elektromagnetische** Strahlung weiterbefördert.
- Bei der Wärmekonvektion transportieren heiße aufsteigende Gase die Energie vom Inneren an den Rand des Sternes.

b) Im **Kern** der Sonne findet man das fusionierte Helium und die Brennzone, in der Helium fusioniert wird. Der Kern erstreckt sich bis ca. 0,2 Sonnenradien. Daran schließt sich bis ca. 0,85 Sonnenradien die **Strahlungszone** an, in der die Sonne die Energie durch Strahlung weiter gibt. Danach beginnt die bis zum Sonnenrand reichende **Konvektionszone**, in der die Energie mit Wärmekonvektion an die Oberfläche transportiert wird. Die Konvektionszone wird durch die nur rund 400 km dicke **Fotosphäre** der Sonne abgeschlossen. Aus dieser Schicht stammt das sichtbare Licht der Sonne. An die Fotosphäre schließt sich die **Chromosphäre** mit einer Dicke von ca. 10 000 km an; sie kann nur bei einer Sonnenfinsternis beobachtet werden. Abschließend kommt die **Korona**, die dann in den interplanetaren Raum übergeht.

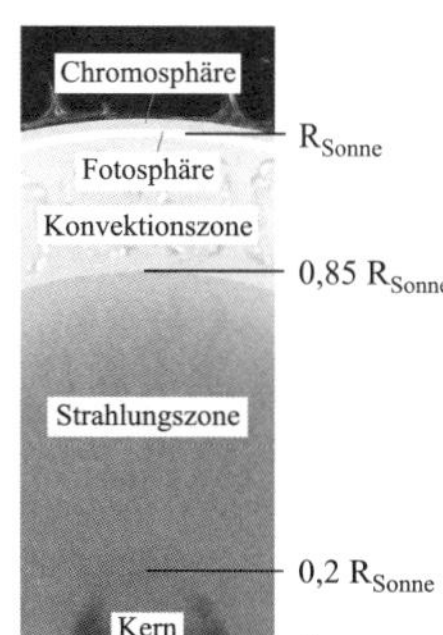

Abb. 4 Aufbau der Sonne

c) Die Sonnenkorona ist die äußerste Schicht, die in den interplanetaren Raum übergeht.

Charakterisierung:

- In der Korona herrscht eine extrem geringe Dichte, sie ist nur sichtbar mit Koronographen oder bei Sonnenfinsternis.
- Die Temperatur steigt innerhalb der Schicht, wohl bedingt durch magnetische Energieauswürfe der Sonne, von rund 1 000 000 K auf bis zu 6 000 000 K an.
- Das grünliche Leuchten der Korona wird durch 12-fach ionisiertes Eisen erzeugt.

d) Absorptionslinien in einem Spektrum entstehen durch **Resonanzfluoreszens**: Atome (Ionen) absorbieren die für sie passende Wellenlänge des ankommenden Lichts. Bei der Abgabe der Energie aus den Atomen (Ionen) wird das Licht in alle Richtungen gestreut, sodass in die Blickrichtung wesentlich weniger Energie gesendet wird und somit im Spektrum eine dunkle Linie entsteht (Abbildung 5; vgl. Umkehrung der Natriumlinie).

Abb. 5 Sonnenspektrum

e) Die Rotationsgeschwindigkeit berechnet sich zu:

$$v_R = \frac{\Delta s}{\Delta t} = \frac{2\pi \cdot R_\odot}{T} = \frac{2\pi \cdot 6{,}96 \cdot 10^8\ \text{m}}{25 \cdot 24 \cdot 3\,600\ \text{s}} \approx 2\,025\ \frac{\text{m}}{\text{s}} \approx \underline{\underline{2{,}0\ \frac{\text{km}}{\text{s}}}}$$

f) Der linke Sonnenrand bewegt sich auf uns mit der Geschwindigkeit $+v_R$ zu, der rechte Sonnenrand bewegt sich mit $-v_R$ von uns weg, sodass die Linie am linken Rand blau verschoben und am rechten Rand rot verschoben wird. Die Berechnung der Verschiebung erfolgt mit der Formel für den **Dopplereffekt**:

$$\frac{\Delta\lambda}{\lambda} = \frac{v}{c}$$

Die Relativgeschwindigkeit zwischen den beiden Bewegungen beträgt

$$v = +v_R - (-v_R) = 2v_R,$$

daher folgt für die **maximale Verschiebung** der Wellenlänge der H_α-Linie:

$$\Delta\lambda = \frac{v}{c} \cdot \lambda = \frac{2 \cdot 2{,}0\ \frac{\text{km}}{\text{s}}}{3{,}0 \cdot 10^5\ \frac{\text{km}}{\text{s}}} \cdot 656{,}5\ \text{nm} \approx \underline{\underline{8{,}8 \cdot 10^{-3}\ \text{nm}}}$$

Bildnachweis
Abb. 1: © DLR
Abb. 3: Wendelstein Observatorium, Christoph Ries, Herbert Raab, Martin Tschimmel

Grundkurs Physik (Bayern): Abiturprüfung 2010 – Aufgabe VI
Der Stern η Carinae, Der Stern Bezek

1. **Der Stern η Carinae**
Der blaue Riesenstern η Carinae im Sternbild Carina (Schiffskiel) gehört zu den rätselhaften Objekten in der Milchstraße.

Angaben zu η Carinae:

Entfernung:	$r = 7{,}5 \cdot 10^3$ Lj
Oberflächentemperatur:	$T = 3{,}8 \cdot 10^4$ K
derzeitige Masse:	$m_\eta = 1{,}1 \cdot 10^2\ m_\odot$

a) Berechnen Sie die zum Maximum der spektralen Intensitätsverteilung von η Carinae gehörende Wellenlänge λ_m und geben Sie an, in welchem Spektralbereich diese liegt. 4 BE

Bei η Carinae wurden in unregelmäßigen Abständen Veränderungen der scheinbaren Helligkeit beobachtet, die mit gewaltigen Energiefreisetzungen des Sterns in Verbindung stehen. Nach einem derartigen Ausbruch stieg die scheinbare Helligkeit von η Carinae im Jahr 1843 auf $m_C = -0{,}8$ an.

b) Zeigen Sie, dass die Leuchtkraft von η Carinae im Verlauf dieses Ausbruchs einen Wert von $9 \cdot 10^6$ Sonnenleuchtkräften erreichte. 7 BE

c) In welchem Zeitraum strahlte der Stern in dieser Ausbruchsphase ebenso viel Energie ab wie die Sonne in einem Jahr? 3 BE

Aktuelle Aufnahmen zeigen η Carinae umgeben von einem sich ausbreitenden Gas- und Staubnebel. Der scheinbare Durchmesser des Nebels beträgt etwa 18", seine Ausbreitungsgeschwindigkeit liegt bei $6{,}0 \cdot 10^2\ \frac{\text{km}}{\text{s}}$.

d) Überprüfen Sie, ob dieser Nebel auf den 1843 beobachteten Ausbruch zurückgeführt werden kann. 6 BE

Auffällig ist auch, dass sich das Spektrum von η Carinae regelmäßig mit einer Periode von 5,52 Jahren verändert. Eine mögliche Erklärung für dieses Verhalten ist, dass es sich bei η Carinae um ein Doppelsternsystem handelt, bei dem der Begleitstern alle 5,52 Jahre hinter η Carinae verschwindet.

e) Bestimmen Sie unter den Annahmen, dass die oben angegebene Masse die Gesamtmasse des Systems ist und dass beide Sterne des Systems sich auf Kreisbahnen um den gemeinsamen Schwerpunkt bewegen, den Abstand d der beiden Himmelskörper und vergleichen Sie diesen mit Größenverhältnissen im Sonnensystem. 5 BE

Astronomen erwarten, dass η Carinae in einer Supernova enden wird. Für eine Abschätzung deren Helligkeit ist eine andere Supernova von Interesse, die in einer 60 Millionen Lichtjahre entfernten Galaxie beobachtet wurde und für deren Vorgängerstern ähnliche Bedingungen angenommen werden wie für η Carinae. Diese Supernova hatte die scheinbare Helligkeit $m_{SN} = 15{,}5$.

f) Berechnen Sie unter der Annahme, dass beide Supernovae etwa die gleiche absolute Helligkeit haben, die zu erwartende scheinbare Helligkeit der Supernova von η Carinae. Wird diese Supernova mit bloßem Auge sichtbar sein? 7 BE

2. **Der Stern Bezek**

Bezek (η Aquilae) ist ein Pulsationsveränderlicher vom Typ Delta Cephei. Der Stern hat eine mittlere Oberflächentemperatur von $5{,}7 \cdot 10^3$ K und befindet sich am Ende seines Riesenstadiums; das Diagramm zeigt schematisch seine Lichtkurve.

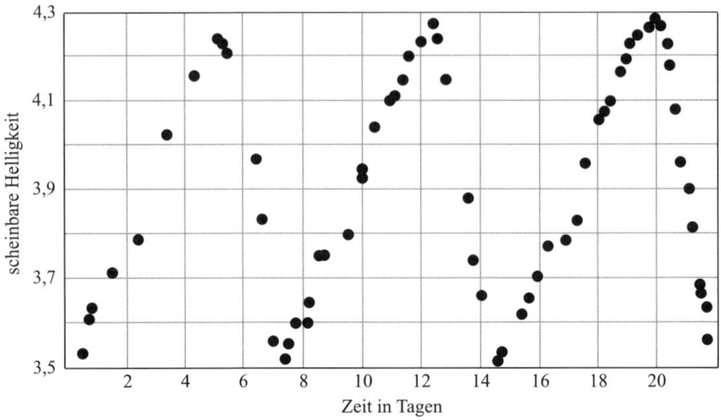

a) Beschreiben Sie die bisherige Entwicklung des Sterns. 7 BE

b) Bestimmen Sie die Entfernung r_B und die mittlere Leuchtkraft L_B (in Vielfachen der Sonnenleuchtkraft) von Bezek. Entnehmen Sie die hierfür erforderlichen Angaben dem Diagramm.
[zur Kontrolle: $L_B = 2{,}9 \cdot 10^3\ L_\odot$] 10 BE

c) Berechnen Sie den mittleren Radius von Bezek in Vielfachen des Sonnenradius. 6 BE

d) Erläutern Sie, welche Bedeutung die Pulsationsveränderlichen vom Typ Delta Cephei für Entfernungsbestimmungen im Weltall haben. 5 BE

60 BE

Tipps und Hinweise zur Lösung von Aufgabe VI

Tipps zu Teilaufgabe 1 a

- Das Maximum findet man in der Planck'schen Strahlungskurve.
- Berechnen Sie das Maximum mithilfe des Wien'schen Verschiebungsgesetzes.

Tipp zu Teilaufgabe 1 b

- Die Aufgabe erfordert einen Zwischenschritt zur Lösung: Bevor Sie die Leuchtkraft berechnen können, benötigen Sie die absolute Helligkeit, welche man mit dem Entfernungsmodul ermitteln kann.

Tipp zu Teilaufgabe 1 c

- Berechnen Sie, welche Energie die Sonne in einem Jahr abstrahlt, und vergleichen Sie mit der in 1 b berechneten Leuchtkraft.

Tipp zu Teilaufgabe 1 d

- Berechnen Sie zunächst die reale Ausdehnung des Nebels in Lichtjahren. Wie lange dauert es, bis der Nebel diese Größe erreicht hat? Beachten sie, dass sich der Nebel radial in alle Richtungen ausbreitet.

Tipps zu Teilaufgabe 1 e

- Von welcher Bahn eines Doppelsternsystems handelt diese Aufgabe? Wenden Sie auf diese Bahn das 3. Kepler'sche Gesetz an und berechnen Sie daraus die große Halbachse.
- Ein Vergleich mit den gleichen Größen im Sonnensystem (angewandt auf Sonne und Erde) erspart eine komplizierte Einheitenrechnung! Verwenden Sie zum Vergleich mit dem Sonnensystem die Planetentabelle in der Formelsammlung.

Tipp zu Teilaufgabe 1 f

- Aus der gleichen absoluten Helligkeit beider Objekte erhalten Sie die scheinbare Helligkeit mithilfe des Entfernungsmoduls. Denken Sie an die Einteilung von Hipparch.

Tipp zu Teilaufgabe 2 a

- Denken Sie an das Hertzsprung-Russell-Diagramm: Wo liegen Cepheidensterne?
  Welche Laufbahn haben sie bis in dieses Stadium hinter sich gebracht?

Tipps zu Teilaufgabe 2 b

- Lesen Sie die Periode aus dem Diagramm am besten mehrfach ab (jeweils zwischen charakteristischen Punkten).
- Lesen Sie Helligkeitsmaximum und -minimum ab. Bestimmen Sie damit die mittlere scheinbare Helligkeit.
- Die Leuchtkraft-Periodenbeziehung für Cepheiden liefert Ihnen dann die absolute Helligkeit. Mit diesem Wert gelangen sie zur Entfernung und zur Leuchtkraft.

Tipp zu Teilaufgabe 2 c

- Zur Lösung benötigen Sie das Gesetz von Stefan und Boltzmann.
  Verwenden Sie sinnvoll Verhältnisse!

Tipp zu Teilaufgabe 2 e

- Denken Sie an die Entfernung, in denen man noch Delta-Cepheiden beobachten kann, sowie an die Entfernungsleiter der Astrophysik.

Lösung zu Aufgabe VI

1. **Der Stern η Carinae**

Gegebene Daten zu η Carinae:

Entfernung:	$r = 7{,}5 \cdot 10^3$ Lj
Oberflächentemperatur:	$T = 3{,}8 \cdot 10^4$ K
derzeitige Masse:	$m_\eta = 1{,}1 \cdot 10^2\, M_\odot$

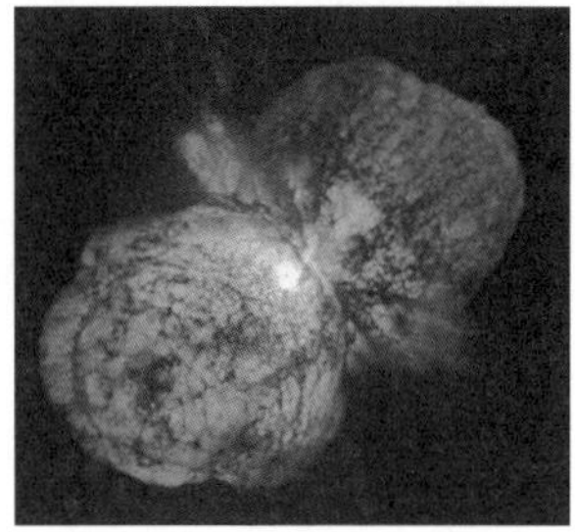

Abb. 1 η Carinae (HST), umgeben von Gas- und Staubnebel

a) Das Strahlungsmaximum ergibt sich aus dem Planck'schen Strahlungsgesetz mithilfe des Wien'schen Verschiebungsgesetzes zu:

$$\lambda_{max} \cdot T = b$$

$$\Rightarrow \quad \lambda_{max} = \frac{b}{T} = \frac{2{,}898 \cdot 10^{-3}\ \text{m} \cdot \text{K}}{3{,}8 \cdot 10^4\ \text{K}}$$

$$= 7{,}6 \cdot 10^{-8}\ \text{m} = \underline{\underline{76\ \text{nm}}}$$

Diese Wellenlänge liegt nicht im sichtbaren Bereich (400 – 800 nm), sondern im **UV-Bereich**.

b) Um die Leuchtkraft des Sterns berechnen zu können, muss zuerst die **absolute Helligkeit** mithilfe des Entfernungsmoduls bestimmt werden. Bei gegebenen Daten für die scheinbare Helligkeit m_C und die Entfernung r erhält man hierfür:

$$m_C - M_C = 5 \cdot \lg \frac{r}{10\ \text{pc}}$$

$$\Rightarrow \quad M_C = m_C - 5 \cdot \lg \frac{r}{10\ \text{pc}} = -0{,}8 - 5 \cdot \lg \frac{7{,}5 \cdot 10^3\ \text{Lj}}{10\ \text{pc}}$$

$$= -0{,}8 - 5 \cdot \lg \frac{2{,}3 \cdot 10^3\ \text{pc}}{10\ \text{pc}} = -0{,}8 - 11{,}8 = -12{,}6$$

Mit $M_C - M_\odot = -2{,}5 \cdot \lg \frac{L_C}{L_\odot}$ folgt daraus die relative **Leuchtkraft** von η Carinae:

$$-2{,}5 \cdot \lg \frac{L_C}{L_\odot} = -12{,}6 - 4{,}8 = -17{,}4$$

$$\lg \frac{L_C}{L_\odot} = 6{,}96 \quad \Rightarrow \quad \frac{L_C}{L_\odot} = 10^{6{,}96} = \underline{\underline{9{,}1 \cdot 10^6}}$$

c) Die Energie, welche die Sonne in einem Jahr abstrahlt, berechnet sich zu $E = L_\odot \cdot 1$ a. Um die Zeit, in der η Carinae die gleiche Energie ausstrahlt, zu erhalten, muss man diesen Wert durch die Strahlungsleistung (= Leuchtkraft) von η Carinae teilen:

$$L_C \cdot t = L_\odot \cdot 1\ \text{a} \quad \Leftrightarrow \quad t = \frac{L_\odot}{L_C} \cdot 1\ \text{a} = \frac{365 \cdot 24 \cdot 3600\ \text{s}}{9{,}1 \cdot 10^6} \approx \underline{\underline{3{,}5\ \text{s}}}$$

d) Gegeben: $\alpha = 18''$, Ausbreitungsgeschwindigkeit $v = 6{,}0 \cdot 10^2\,\frac{km}{s}$.

Abbildung 1 zeigt den Nebel um η Carinae. Zunächst wird der **reale Durchmesser** des Nebels aus dem scheinbaren Durchmesser α berechnet:

$$\frac{\alpha}{360°} = \frac{d}{2\pi \cdot r} \quad \Rightarrow \quad d = \frac{18''}{360 \cdot 3\,600''} \cdot 2\pi \cdot 7{,}5 \cdot 10^3\ \text{Lj} \approx 0{,}65\ \text{Lj}$$

Setzt man eine konstante Ausbreitungsgeschwindigkeit v voraus, dann breitet sich der Nebel gemäß $v = \Delta s \cdot \Delta t^{-1}$ radial aus. Dabei ist der zurückgelegte Weg in eine Richtung $\Delta s = \frac{1}{2} d$, die Ausdehnungszeit berechnet sich daher zu:

$$\Delta t = \frac{d}{2v} = \frac{0{,}65\ \text{Lj}}{2 \cdot 6{,}0 \cdot 10^2\,\frac{km}{s}} = \frac{0{,}65 \cdot 9{,}46 \cdot 10^{12}\ \text{km}}{12{,}0 \cdot 10^2\,\frac{km}{s}} \approx 5{,}1 \cdot 10^9\ \text{s} \approx 1{,}6 \cdot 10^2\ \text{a}$$

Rechnet man mit diesem Wert von heute aus zurück, so landet man im Jahr

$$2010 - 160 = \underline{\underline{1850}},$$

d. h. der Nebel kann auf den 1843 beobachteten Ausbruch zurückgeführt werden.

e) Laut Angabentext bewegt sich der B-Stern auf der relativen wahren Bahn des Sternsystems in $T = 5{,}52$ a um den A-Stern. Nach dem 3. Kepler'schen Gesetz gilt allgemein für kreisförmige Bahnen:

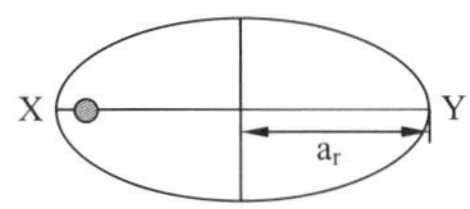

X: Periastron
Y: Apastron
a_r: wahre relative Halbachse

$$\frac{T^2}{a_r^3} = \frac{4\pi^2}{G \cdot M_{gesamt}}$$

Der gesuchte Abstand d ist der Radius a_r. Um d zu bestimmen, ist es zweckmäßig, das Gesetz einmal auf das System von η Carinae und einmal auf das System Erde – Sonne ($a_\odot = 1$ AE; $T_\odot = 1$ a; $M_\odot$) anzuwenden. Division beider Gleichungen liefert:

$$\left.\begin{aligned} \frac{d}{T^2} &= \frac{G \cdot M}{4\pi^2} \\ \frac{a_\odot^3}{T_\odot^2} &= \frac{G \cdot M_\odot}{4\pi^2} \end{aligned}\right\} \Rightarrow \frac{d \cdot T_\odot^2}{T^2 \cdot a_\odot^3} = \frac{M}{M_\odot} \Rightarrow d = \sqrt[3]{\frac{M \cdot T^2}{M_\odot \cdot T_\odot^2}} \cdot a_\odot$$

$$= \sqrt[3]{1{,}1 \cdot 10^2 \cdot 5{,}52^2} \cdot 1\ \text{AE} \approx \underline{\underline{15\ \text{AE}}}$$

Dieser Radius liegt zwischen den Bahnradien von Saturn (9,5 AE) und Uranus (19 AE).

f) Wenn beide Objekte die gleiche absolute Helligkeit haben sollen, dann gilt mit dem Entfernungsmodul:

$$m - 5 \cdot \lg \frac{r}{10\ \text{pc}} = m_{SN} - 5 \cdot \lg \frac{r_{SN}}{10\ \text{pc}}$$

$$m = m_{SN} - 5 \cdot \lg \frac{r_{SN}}{10\ \text{pc}} + 5 \cdot \lg \frac{r}{10\ \text{pc}}$$

$$= 15{,}5 - 5 \cdot \lg \frac{60 \cdot 10^5}{3{,}26} + 5 \cdot \lg \frac{7{,}5 \cdot 10^2}{3{,}26} \approx \underline{\underline{-4}}$$

Diese Supernova erreicht die Helligkeit der Venus. Sie wird daher **mit bloßem Auge sichtbar** sein.

2. **Der Stern Bezek**

a) Delta Cepheiden sind **Überriesen**. Das bedeutet, dass ein Hauptreihenstern größerer Masse (also der oberen Spektralklassen O bzw. B) dadurch, dass im Kern nicht mehr genügend Wasserstoff vorhanden war, sich zum Riesen aufgebläht hat: Die H-Brennzone wurde in die unterer Hülle verschoben, im Kern He zu Kohlenstoff fusioniert. Im Kern wurden anschließend Stickstoff, Sauerstoff, evtl. Silizium oder Eisen fusioniert. In der Hülle sind dabei zwiebelschalenartig einzelne Brennzonen entstanden.

b) **Ansatz:** Die Entfernung ermittelt man mit dem Entfernungsmodul. Den hierfür nötigen Wert für die scheinbare Helligkeit entnimmt man dem Diagramm, den für die absolute Helligkeit berechnet man über die Perioden-Helligkeitsbeziehung für Cepheiden. Die darin eingehende Periodendauer liest man ebenfalls aus dem Diagramm ab.

Zwischen zwei Punkten gleichen Zustands (vgl. Diagramm unten) liegen $2p \mathrel{\hat{=}} 5{,}6$ cm; 10 Tage entsprechen 3,9 cm. Daraus folgt für die **Periodendauer**:

$$2p = \frac{5{,}6\text{ cm}}{3{,}9\text{ cm}} \cdot 10\text{ d} = 14{,}4 \quad \Rightarrow \quad p \approx 7{,}2\text{ d}$$

Die **mittlere scheinbare Helligkeit** entnimmt man zu:

$$m_B = \frac{3{,}5 + 4{,}3}{2} = 3{,}9$$

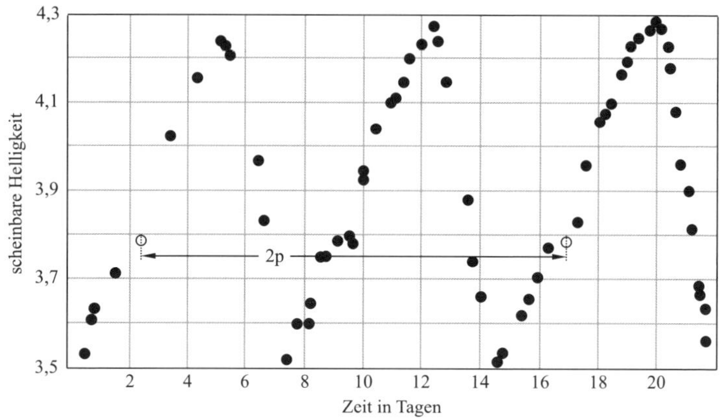

Die **absolute Helligkeit** von Bezek ergibt sich aus der Perioden-Helligkeitsbeziehung für Cepheiden:

$$M_B = -1{,}67 - 2{,}54 \cdot \lg \frac{p}{1\text{ d}} = -1{,}67 - 2{,}54 \cdot \lg 7{,}2 = -3{,}85$$

Eingesetzt in den Entfernungsmodul folgt für die die **Entfernung** von Bezak:

$$m_B - M_B = 5 \cdot \lg \frac{r_B}{10\text{ pc}}$$

$$\Rightarrow \quad r_B = 10\text{ pc} \cdot 10^{\frac{3{,}9+3{,}85}{5}} \approx 355\text{ pc} \approx \underline{\underline{0{,}36\text{ kpc}}}$$

Die **Leuchtkraft** bekommen man mit:

$$M_B - M_\odot = -2{,}5 \cdot \lg \frac{L_B}{L_\odot}$$

$$-3{,}85 - 4{,}8 = -2{,}5 \cdot \lg \frac{L_B}{L_\odot}$$

$$-8{,}65 = -2{,}5 \cdot \lg \frac{L_B}{L_\odot}$$

$$\Rightarrow \quad \frac{L_B}{L_\odot} = 10^{3,46} = \underline{\underline{2{,}9 \cdot 10^3}}$$

Bezak besitzt rund die 3000-fache Sonnenleuchtkraft.

c) Den **Radius** des Sternes berechnet man mit dem **Gesetz von Stefan und Boltzmann**:

$$L = \sigma \cdot 4\pi \cdot R^2 \cdot T^4$$

Wendet man die Gleichung einmal auf Bezak und einmal auf die Sonne an und dividiert beide Gleichungen durch einander, folgt:

$$\frac{L_B}{L_\odot} = \left(\frac{R}{R_\odot}\right)^2 \cdot \left(\frac{T_B}{T_\odot}\right)^4$$

Nach R aufgelöst:

$$R = \left(\frac{T_\odot}{T_B}\right)^2 \cdot \sqrt{\frac{L_B}{L_\odot}} \cdot R_\odot = \left(\frac{5\,800\text{ K}}{5\,700\text{ K}}\right)^2 \cdot \sqrt{2{,}9 \cdot 10^3} \cdot R_\odot = \underline{\underline{56 R_\odot}}$$

d) Da man aus der Beobachtung der scheinbaren Helligkeit und der charakteristischen Periode für Delta-Cepheiden für diese Sterne die absolute Helligkeit mit der Perioden-Helligkeitsbeziehung nach Henrietta Swan Leavitt (1868–1921) berechnen kann, lässt sich für diese Sterne die Entfernung sehr genau bestimmen (vgl. Teilaufgabe 2 b).
Weil diese Sterne als Überriesen hohe Leuchtkräfte haben (vgl. Teilaufgabe 2 c), sind sie auch noch in größeren Entfernungen (also in näheren Galaxien) mit größeren Teleskopen auflösbar, sodass die Entfernung zu diesen Galaxien mithilfe dieser Sterne bestimmt werden kann. Darauf aufbauend kann man dann die Entfernung zu noch weiter entfernten Galaxien mit weiteren Mittel – wie Supernovae – bestimmen (Entfernungsleiter).

Ihre Meinung ist uns wichtig!

Ihre Anregungen sind uns immer willkommen. Bitte informieren Sie uns mit diesem Schein über Ihre Verbesserungsvorschläge!

Titel-Nr.	Seite	Vorschlag

Bitte hier abtrennen

Bitte hier abtrennen

Zutreffendes bitte ankreuzen!

Die Absenderin/der Absender ist:

- ☐ Lehrer/in in den Klassenstufen: ____
- ☐ Fachbetreuer/in
  Fächer: ____
- ☐ Seminarlehrer/in
  Fächer: ____
- ☐ Regierungsfachberater/in
  Fächer: ____
- ☐ Oberstufenbetreuer/in
- ☐ Schulleiter/in
- ☐ Referendar/in, Termin 2. Staatsexamen: ____
- ☐ Leiter/in Lehrerbibliothek
- ☐ Leiter/in Schülerbibliothek
- ☐ Sekretariat
- ☐ Eltern
- ☐ Schüler/in, Klasse: ____
- ☐ Sonstiges: ____

Unterrichtsfächer: (Bei Lehrkräften!)

____

STARK Verlag
Postfach 1852
85318 Freising

20-VM9

Bitte ausfüllen und im frankierten Umschlag an uns einsenden. Für Fensterkuverts geeignet.

Kennen Sie Ihre Kundennummer?
Bitte hier eintragen.

Absender (Bitte in Druckbuchstaben!)

Name/Vorname

Straße/Nr.

PLZ/Ort/Ortsteil

Telefon privat

Geburtsjahr

E-Mail

Schule/Schulstempel (Bitte immer angeben!)

(Bitte blättern Sie um)